中等职业学校教育创新规划教材
新型职业农民中职教育规划教材

农业基础

徐文平　任学坤　郎德山　主编

中国农业大学出版社
·北京·

内 容 简 介

本教材共分三大模块内含10个项目，其中模块一植物的生长发育包括植物的营养器官识别、植物的生殖器官识别与植物的生长3个项目，模块二农作物生长与环境调控包括了解土壤及其基本组成与农作物生长环境调控技术2个项目，模块三农作物生产基础包括农作物种植制度布局、农作物种子与繁育、农作物生产技术、农作物植物保护技术及其调控技术、农作物收获与储藏技术5个项目。每个项目先确定学习目标，对本项目的学习任务概述，再由生产实例引入，后分解为数个学习性工作任务，共35个，每个工作任务由任务目标、任务准备、任务实施、任务拓展、任务评价和任务巩固构成。

图书在版编目(CIP)数据

农业基础 / 徐文平，任学坤，郎德山主编. — 北京 ：中国农业大学出版社，2015. 7(2018. 11 重印)

ISBN 978-7-5655-1348-0

Ⅰ. ①农… Ⅱ. ①徐…②任…③郎… Ⅲ. ①农业技术-基础知识 Ⅳ. ①S

中国版本图书馆CIP数据核字(2015)第170976号

书　　名 农业基础

作　　者 徐文平　任学坤　郎德山　主编

策划编辑 张　蕊　张　玉　　**责任编辑** 张　玉
封面设计 郑　川　　**责任校对** 王晓凤
出版发行 中国农业大学出版社
社　　址 北京市海淀区圆明园西路2号　　**邮政编码** 100193
电　　话 发行部 010-62818525，8625　　读者服务部 010-62732336
编辑部 010-62732617，2618　　出　版　部 010-62733440
网　　址 http://www.cau.edu.cn/caup　　**E-mail** cbsszs @ cau.edu.cn
经　　销 新华书店
印　　刷 北京时代华都印刷有限公司
版　　次 2015年9月第1版　　2018年11月第2次印刷
规　　格 787×1 092　16开本　19.75印张　358千字
定　　价 52.00元

中等职业学校教育及新型职业农民中职教育教材编审委员会名单

编审人员

主　编　徐文平　黑龙江农业职业技术学院
　　　　任学坤　黑龙江农业职业技术学院
　　　　郎德山　潍坊(寿光)科技学院

副主编　申宏波　黑龙江农业职业技术学院
　　　　张晓桐　黑龙江农业职业技术学院

参　编　丁俊杰　黑龙江省农科院佳木斯分院
　　　　纪武鹏　黑龙江省农垦科学院农作物开发研究所

主　审　智刚毅　王青立　陈肖安

编写说明

积极开展与创新中等职业学校教育和新型职业农民中职教育，提高现代农业与社会主义新农村建设一线中等应用型职业人才及新型职业农民的综合素质、专业能力，是发展现代农业和建设社会主义新农村的重要举措。为贯彻落实中央的战略部署及全国职业教育工作会议精神，特根据《教育部关于"十二五"职业教育教材建设的若干意见》《中等职业学校新型职业农民培养方案(试行)》和《中等职业学校专业教学标准(试行)》等文件精神，紧紧围绕培养生产、服务、管理第一线需要的中等应用型职业人才及新型职业农民，并遵循中等农业职业教育与新型职业农民中职教育的基本特点和规律，基于"模块教学、项目引领、任务驱动"和"讲练结合、理实一体"的教育理念，以职业活动为导向，以职业技能为核心，按照职业资格标准和岗位任职所需的知识、能力、素质的要求，编写了《农业基础》中职教育教材。

《农业基础》是农机装备与应用技术专业核心课教材之一。该教材构思新颖，内容丰富，结构合理，以行动导向的教学模式为依据，以学习性工作任务实施为主线，物化了本门课程历年来相关职业院校教育教学改革中所取得的成果，并统筹兼顾中等职业学校教育及新型职业农民中职教育的学习特点。

《农业基础》教材重点介绍农作物生长环境调控技术、农作物种植制度布局、农作物种子与繁育、农作物生产技术、农作物植物保护技术及其调控技术、农作物收获与储藏技术等内容。本教材根据项目驱动式教学的需要，以引导学生主动学习为目的，进行体例架构设计，以适应中等农业职业教育和新型职业农民中职教育创新和改革的需要。本教材内容深入浅出、通俗易懂，具有很强的针对性和实用性，是中等职业教育及新型职业农民中职教育的专用教材，也可作为现代青年农场主培育及农机人员岗位培训的教材，还可供从事相关工作的专业人员作为参考用书使用。

本书由黑龙江农业职业技术学院徐文平、任学坤、潍坊(寿光)科技学院郎德山担任主编，黑龙江农业职业技术学院申宏波、张晓桐任副主编，黑龙江省农科院佳木斯分院丁俊杰、黑龙江省农垦科学院农作物开发研究所纪武鹏参与编写。编写分工为:徐文平负责编写模块三中项目三中的任务1;任学坤负责编写模块一、模块二和模块三中的项目五;郎德山负责编写模块三中的项目一、项目二和项目四;申宏波负责编写模块三中项目三下的任务2;张晓桐负责编写模块三中项目三下的任务3;丁俊杰负责编写模块三中项目三下的任务4;纪武鹏负责编写模块三中项目三下的任务5。全书由徐文平、任学坤统稿。河北省科技工程学校副校长、高级讲师智刚毅、农业部科技教育司王青立和原农业部农民科技教育培训中心陈肖安等同志对教材内容进行了最终审定,在此一并表示感谢。

由于编者水平有限,加之时间仓促,教材中存在着不同程度和不同形式的错误和不妥之处,衷心希望广大读者及时发现并提出,更希望广大读者对教材编写质量提出宝贵意见,以便修订和完善,进一步提高教材质量。

编 者

2015年4月

目　录

模块一　植物的生长发育

模块二　农作物生长与环境调控

模块三 农作物生产基础

模块一
植物的生长发育

项目一　植物营养器官的识别

项目二　植物生殖器官的识别

项目三　植物的生长

项目一　植物营养器官的识别

【项目描述】

器官是由不同的细胞和组织构成的结构，用来完成某些特定功能的结构单位。被子植物由根、茎、叶、花、果实、种子六大器官构成，其中根、茎、叶是植物的营养器官，花、果实、种子是植物的生殖器官。器官之间虽然在结构和生理上有明显的差异，但彼此又密切联系、相互协调，体现了植物的整体性。

本项目分为植物根的识别、植物茎的识别和植物叶的识别3个工作任务。

通过本项目学习识别植物体根、茎、叶三大营养器官的基本形状；掌握植物体这些营养器官的基本类型、生长习性，并能鉴别常见植物营养器官的变态；培养认真严谨、善于思考、沟通协作等能胜任岗位工作的职业素质。

任务1　植物根的识别

【任务目标】

1. 了解植物根的基本形状和类型，熟悉植物根的基本功能。
2. 识别植物根系的类型，掌握常见植物根变态的类型。

【任务准备】

一、资料准备

几种常见植物的根系、几种常见植物的根系标本、显微镜、解剖刀、剪刀、镊子、任务评价表等与本任务相关的教学资料。

二、知识准备

(一)根的类型

根据根的发生部位不同,可将根分为定根和不定根两大类。

1. 定根

定根是指发育于植株特定部位的根。定根包括主根和侧根。由种子的胚根生长发育而成的根称为定根。主根上产生的各级分支和分支上产生的次级分支称为侧根,如图 1-1 所示。

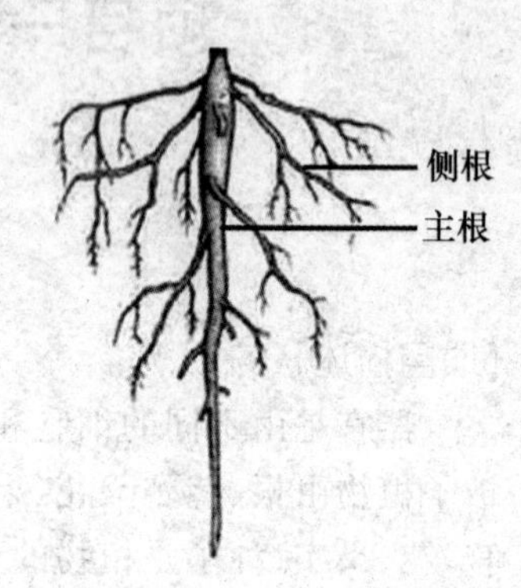

图 1-1 定根

2. 不定根

许多植物除产生定根外,还能从茎、叶、老根或胚轴上生出根来,这些根发生的位置不固定,都称为不定根,如图 1-2 所示。不定根也能不断地产生分支根,即侧根。

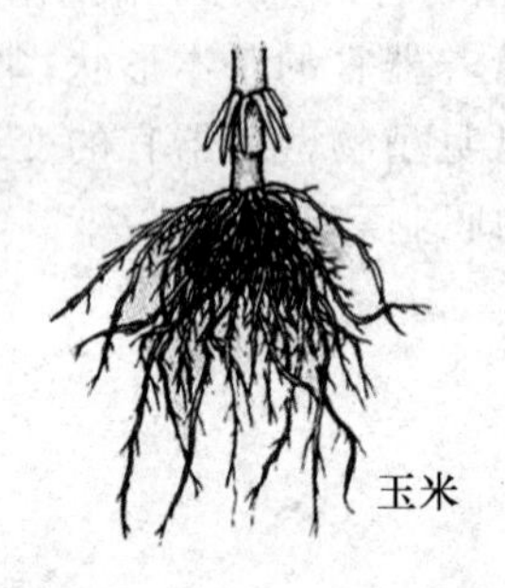

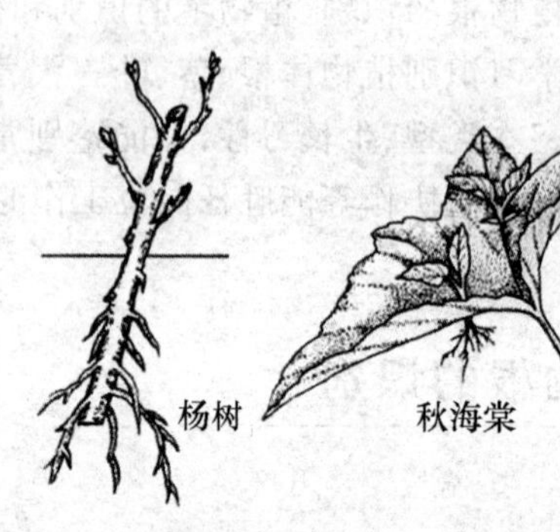

图 1-2 不定根

(二)根系的类型

一株植物地下所有根的总体称为根系。根系是植株的生长发育过程中逐渐形成的,根系常有一定的形态,按其形态的不同可分为直根系和须根系两大类。

1. 直根系

直根系由明显发达的主根及其各级侧根组成。主根发达,入土深,而主根上生出的各级侧根细小,如图 1-3 所示。绝大多数双子叶植物和裸子植物的根系为直根系,如棉花、大豆、油菜、番茄、桃、苹果、松、柏等。直根系植物的根常分布在较深的土层中,属深根性。

2. 须根系

须根系的主根不发达或早期停止生长，由茎的基部生出的不定根组成。须根系主根不发达，粗细长短相差不多，呈丛生状态，基本无主侧根分别，如图 1-4 所示。大多数单子叶植物属于须根系。如小麦、水稻、玉米、高粱、葱、蒜等植物的根系。须根系往往分布在较浅的土层中，属浅根性。

图 1-3　直根系

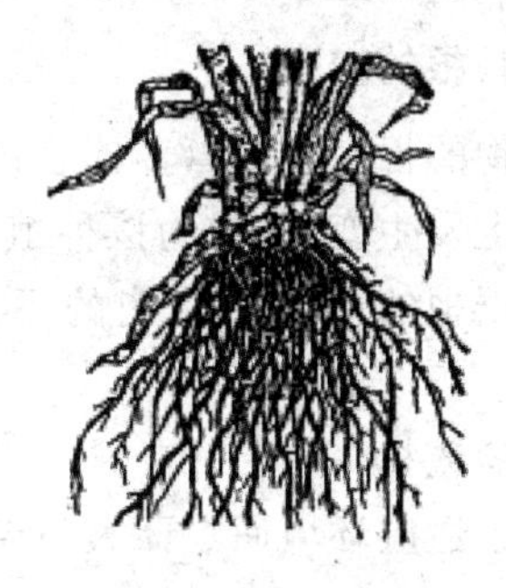

图 1-4　须根系

(三)根的功能

植物根的主要功能有：

1. 支持与固定作用

植物庞大的根系足以支持繁茂的茎叶系统，并把植株牢牢固定在陆生环境中。

2. 吸收作用

植物一生中所需要的水分和养分主要由植物的根吸收获得。

3. 输导作用

植物根把所吸收的水分、矿物质以及其他物质运送到地上部分，供给茎、叶、花、果实的生长发育需要；同时又可接受地上部分合成的营养物质，供根的生长发育。

4. 合成作用

植物根能合成与转化多种有机物，如氨基酸、生物碱及激素、有机氮磷化合物。

5. 分泌作用

一只根能分泌近百种物质，包括糖类、氨基酸、有机酸、脂肪酸、生物素和维生素等。

6. 贮藏作用

如块根作物萝卜、胡萝卜、甘薯是贮藏有机养料的贮藏器官。

7. 繁殖作用

具有营养繁殖能力，如甘薯利用块根产生的不定芽进行繁殖。

8. 经济用途

根还有多种经济用途，它可以食用（如甘薯、萝卜、胡萝卜、甜菜等）、药用（人参、当归、大黄、甘草等）、作为工业原料（甜菜制糖、甘薯制淀粉和酒精灯）、制作工艺品（乔木、藤本植物的老根）。在自然界，根有保护坡地、堤岸和涵养水源、防止水土流失的作用。

（四）根的变态

植物的根、茎、叶营养器官由于长期适应周围的环境，其器官在形态结构及生理功能上发生变化，成为该种植物的遗传特性，这种现象称为变态。

根据根的形态和功能的不同，将根分为贮藏根、气生根和寄生根三种变态类型。

1. 贮藏根

为了适应环境而贮藏大量营养物质的根称为贮藏根。贮藏根又分为块根（如甘薯等）和肉质直根（如萝卜、胡萝卜、甜菜等）两种，如图 1-5 所示。

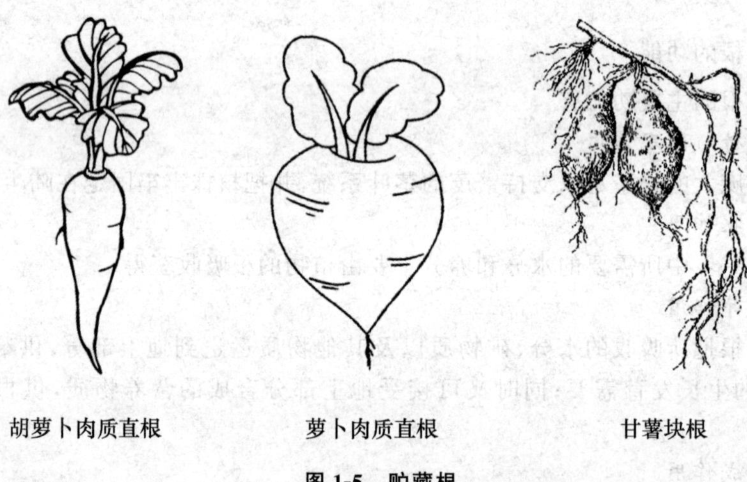

图 1-5　贮藏根

2. 气生根

凡露出地面，生长在空气中的根均称为气生根。气生根根据所担负的生理功能不同，又分为支持根（如玉米等）、攀缘根（如常春藤等）和呼吸根（如榕树、红树等），如图 1-6 所示。

3. 寄生根

有些寄生植物如菟丝子、列当等茎缠绕在寄生茎上，它们的不定根形成吸器，侵入寄主体内，从寄主体内摄取营养物质，这种根称为寄生根，如图 1-7 所示。

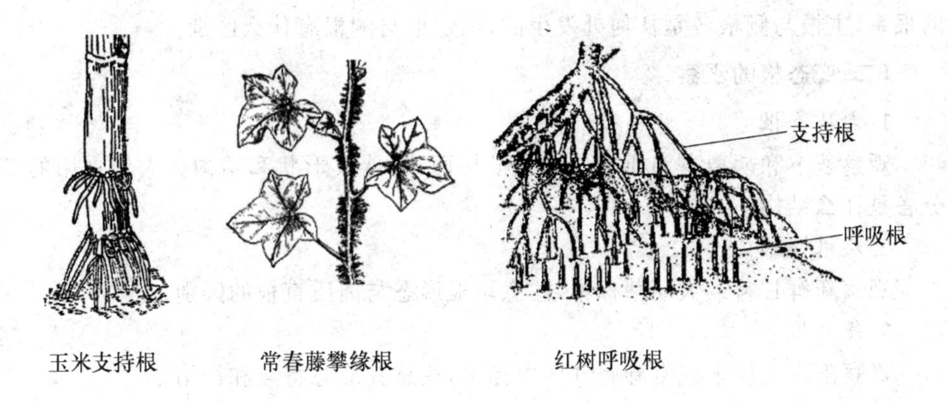

图 1-6 气生根

图 1-7 菟丝子寄生根

【任务实施】

植物根的形态观察

一、目的要求

了解根的基本形态和根系类型;观察认识几种变态根的形态。

二、材料用品

棉花根系、小麦根系、蚕豆幼根、玉米根系、萝卜和胡萝卜肉质根、甘薯和大丽菊块根、玉米和常春藤气生根、菟丝子标本等。

三、内容方法

(一)根系类型的观察

取棉花(或蚕豆)和小麦根系,观察比较两者区别,并分析它们各属于何种类型的根系，主根与侧根各是从何处发生的，不定根与侧根有什么区别。

(二)变态根的观察

1. 肉质直根

观察萝卜和胡萝卜肉质根外形和横切面，辨认其形状和结构。人们食用的部分各是什么结构。

2. 块根

观察新鲜甘薯或大丽菊标本，注意块根形态与肉质直根的区别。

3. 气生根

观察玉米支柱根或常春藤气生根标本，注意其形态特点和作用。

4. 寄生根

观察菟丝子与寄主的标本，注意寄生根的形态特征，分析它与寄主之间的关系。

四、任务要求

1. 绘小麦根系和蚕豆根系图，并注明各根系类型。
2. 绘萝卜、甘薯根系图，并注明食用部分的名称。
3. 绘玉米的支柱根和须根系图，并观察它们有什么不同。
4. 观察常春藤气生根和玉米根系，描述它们有什么区别。

【任务拓展】

认识植物的根尖

植物的根从其顶端到着生根毛的部分，称为根尖。根尖是根的生命活动中最活跃的区域，是根进行吸收、合成、分泌等作用的主要部位。根尖从其顶端起依次可分为根冠、分生区、伸长区和根毛区（开始长根毛的区域）四个区，如图 1-8 所示。

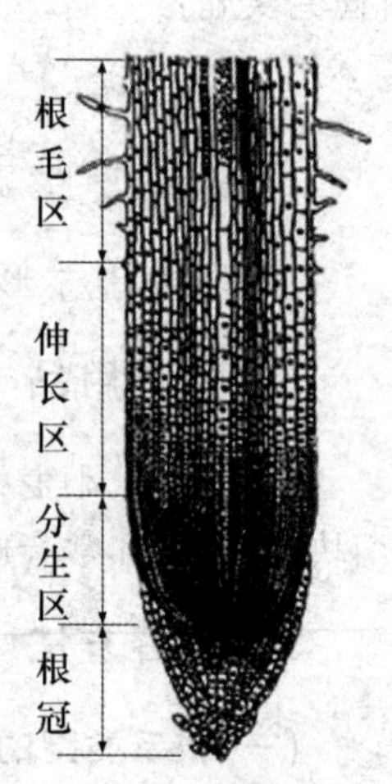

图 1-8 根尖分区

1. 根冠

根冠位于根尖的最顶端，像帽子一样套在分生区外侧，对根尖起保护作用；根冠还能分泌黏液，起润滑作用。

2. 分生区

分生区位于根冠的上方，是分裂产生新细胞的区域，新产生的细胞不断补充根冠和转变为伸长区，因此分生区的长度是相对固定的。

3. 伸长区

伸长区位于分生区的上方，该区域细胞逐渐停止分裂，纵向迅速伸长。该区域细胞伸长是根尖深入土层的主要推动力。

4. 根毛区(成熟区)

成熟区位于伸长区的上方，该区细胞不再伸长，开始分化成熟。成熟区表面密生根毛，可以扩大根的吸收面积，因此是根吸收水和无机盐能力最强的部位。

【任务评价】

任务评价表

任务名称：

学生姓名	评价内容、评价标准		自评 30%	组评 30%	教师 40%	得分
专业知识	40 分					
任务完成情况	40 分					
职业素养	20 分					
评语总分	总分： 教师： 年 月 日					

【任务巩固】

1. ________、________和________是植物的营养器官，而________、________和________是植物的生殖器官。

2. 植物根由于发生部位的不同，可以分为________和________；植物的根系可以分为________和________，绝大多数的双子叶植物的根系为________，绝大多数的单子叶植物的根系为________。

3. 定根是指发育于植株特定部位的根。定根包括________和________。

4. 根据根的形态和功能的不同，将根分为________、________和________三种变态类型。

5. 在植物的贮藏根中，甘薯属于________，萝卜、胡萝卜属于________。

6. 气生根根据所担负的生理功能不同，又分为________、________

和__________。

7.菟丝子、列当等茎缠绕在寄生茎上，它们的不定根形成吸器，侵入寄主体内，从寄主体内摄取营养物质，这种根称为__________。

8.植物根的主要功能有__________、__________、__________、__________、__________、__________、__________和__________。

任务2 植物茎的识别

【任务目标】

1.了解植物茎的基本形态和芽的类型，熟悉植物茎的分枝方式。

2.识别植物茎的形态和芽的类型，掌握常见植物茎的分枝方式，掌握常见植物茎的变态类型。

【任务准备】

一、资料准备

几种常见植物的幼茎、几种常见植物的幼茎标本、常见植物的老茎、常见植物的老茎标本、显微镜、解剖刀、剪刀、镊子、任务评价表等与本任务相关的教学资料。

二、知识准备

(一)茎的形态

茎是联系植物的根和叶，输送水分、无机盐和有机养料的重要器官。除少数植物的茎生于地下外，大多数的茎都生于地上。

大多数植物的茎呈圆柱形，也有些植物的茎呈三棱形(如莎草)、四棱形(如薄荷)、多棱形(如芹菜)、扁平形(如仙人掌)。多数植物的茎实心(如玉米)，也有些植物的茎有髓腔而空心(如水稻、小麦)。

茎上着生芽，芽萌发形成叶和分枝，形成繁茂的植株地上系统。茎上着生叶的部位，称为节。两个节之间的部分，称为节间。着生叶和芽的茎，称为枝条。叶片和枝条之间的夹角区域，称为叶腋。叶片脱落在枝条上留下的痕迹，称为叶痕。叶痕中的小突起是叶柄和茎间维管束断离后的痕迹，称为叶迹。在木本植物的枝条上还有很多斑点或突起，称为皮孔，这是枝条与外界气体交换的通道(图1-9)。

(二)茎的功能

植物茎的主要功能有：

1. 支持作用

大多数被子植物的主茎直立生长于地面，分生出许多大小不同的枝条，并着生数目繁多的叶。主茎和枝统称为茎。茎支持植株上分布的叶、花和果实，使它们彼此镶嵌分布，更有利于光合作用和果实、种子的发育与传播。

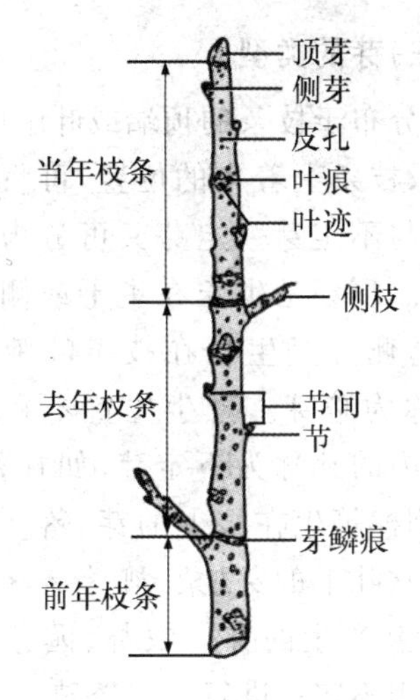

图 1-9 胡桃冬枝形态

2. 输导作用

茎连接着植株的根和叶，根部从土壤中吸收的水分、矿质元素以及在根中合成或贮藏的有机营养物质，通过茎输导送到地上各部；叶进行光合作用所制造的有机物，也要通过茎输送到体内各部被利用或贮藏。因此，茎是植物体内物质疏导的主要通道。

3. 贮藏、繁殖和光合作用

有些植物可以形成鳞茎、块茎、球茎、根状茎等变态茎，贮藏大量养分，并可以进行营养繁殖。还可利用某些植物的茎产生不定根和不定芽的特性，采用枝条扦插、压条和嫁接等方法繁殖植物。此外，一些植物的叶退化或早落，茎呈绿色扁平状，可终生进行光合作用，如假叶树、竹节蓼、仙人掌等的绿色肉质茎。有的茎中还有大量的大型薄壁组织，富含水分，而发展成为储水组织。还有一些植物如山楂、石榴等茎的分枝变为刺，具保护作用。葡萄、南瓜等植物的茎的分枝还会变为卷须，成为重要的攀缘器官而具有攀缘作用。

4. 经济用途

茎在经济利用上是多方面的，包括食用、药用、工业原料、木材、竹材等，为工农业以及其他方面提供了极为丰富的原材料。如甘蔗、马铃薯、芋、莴苣、藕、姜等都是常用的食品。杜仲、桂枝、半夏、天麻、黄精等都是著名的药材。木材被广泛用于建筑、桥梁、家具、工艺雕刻等多种行业领域。有些植物的茎用作纺织、麻绳、麻袋等的原材料，如苎麻、黄麻、亚麻等。还可作为化工原料，如橡胶、生漆、树胶、糖料、淀粉等均可从茎中提取获得。此外有些植物的茎由于其形态奇异、色彩斑斓或经雕琢可作为艺术品观赏。

(三)芽的类型

芽分布于枝条的顶端或叶腋内,是未发育的枝条或花和花序的原始体。根据芽在茎、枝条上着生的位置,可将芽分为定芽与不定芽。定芽又可分为顶芽和侧芽。顶芽是生长在主干或侧枝顶端的芽,侧芽是生长在枝条叶腋内的芽,也称为腋芽。着生位置不在顶枝或叶腋内的芽称为不定芽,如甘薯、蒲公英、刺槐等生在根上的芽,落地生根和秋海棠叶上的芽,桑、柳等老茎或创伤切口上产生的芽。农林、园艺生产上常利用不定芽进行营养繁殖。

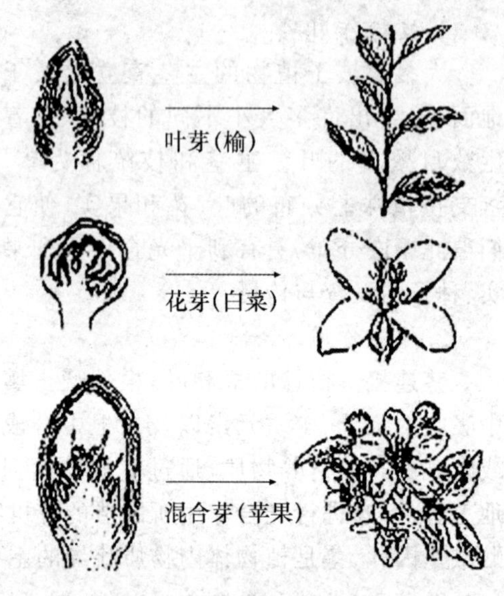

图 1-10 花芽、叶芽和混合芽

按芽所形成的器官可分为枝芽、花芽和混合芽。将来发育为枝条或叶的芽称为枝芽,也称叶芽。将来发育为花或花序的芽称为花芽。一个芽含有枝条和花芽组成的组成部分,可以同时发育成枝和花的,称为混合芽(图 1-10)。

(四)芽的生长方式

茎的生长方式有直立茎(如向日葵)、缠绕茎(如菜豆)、攀缘茎(如黄瓜)、匍匐茎(如草莓)和平卧茎(酢浆草)(图 1-11)。攀缘茎可以以卷须(如黄瓜)、气生根(如常春藤)、叶柄(如铁线莲)、钩刺(如猪殃殃)、吸盘(如爬山虎)等方式攀缘。有缠绕茎和攀缘茎的植物统称为藤本植物。

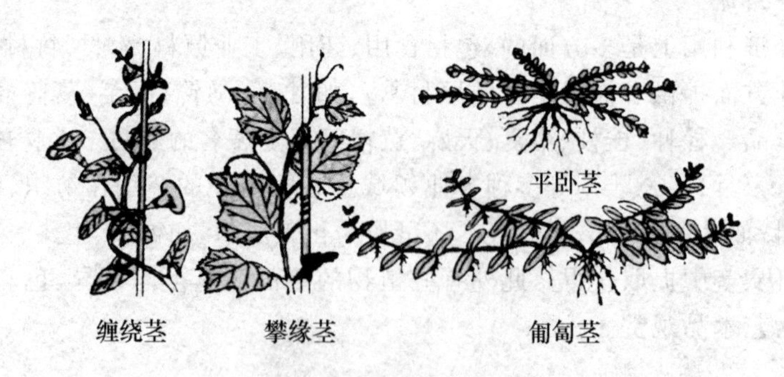

图 1-11 植物茎的类型

(五)茎的变态

茎的变态类型很多,按变态发生的位置可分为地上茎的变态和地下茎的变态两种类型。

1. 地上茎的变态

地上茎由于和叶有密切的关系,因此,有时也称为地上枝。主要变态类型有以下 5 种。

(1)茎刺。茎转变为刺,如山楂、酸橙的单刺(图 1-12)。

(2)茎卷须。攀缘植物的茎细长,不能直立,变成卷须,如葡萄、黄瓜的卷须(图 1-12)。

(3)叶状茎。由茎转变成叶片状,扁平,呈绿色,能进行光合作用,如假叶树、竹节蓼(图 1-12)。

(4)匍匐茎。植物的地上茎细长,匍匐地面而生,并在节上长出不定根,可形成独立的植株,借此进行营养繁殖,如草莓、蛇莓等(图 1-12)。

(5)肉质茎。茎肥厚多汁,常为绿色,不仅可以贮藏大量的水分和养料,还可以进行光合作用,具有极强的营养繁殖能力。许多仙人掌科植物具有这种变态茎(图 1-12)。

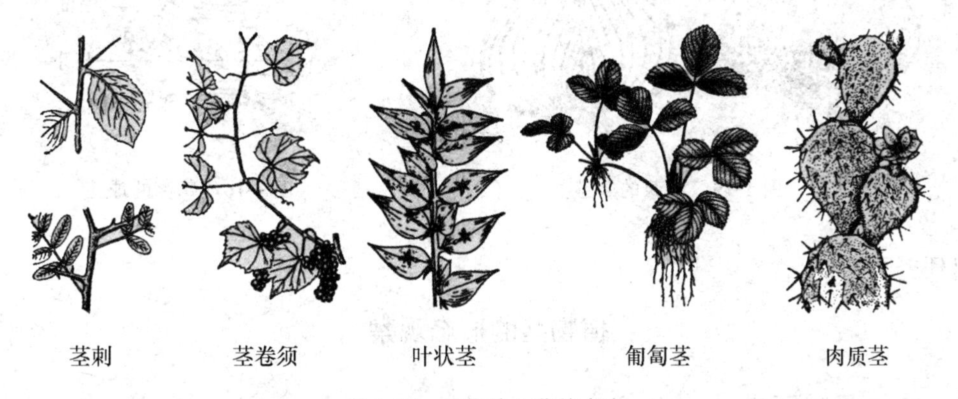

图 1-12 植物地上茎的变态

2. 地下茎的变态

茎生在地下,与根相似,转变为贮藏或营养繁殖的器官,茎中贮藏丰富的养料,主要变态类型有以下 4 种。

(1)根状茎。茎横卧地下,形较长,似根的变态茎,如芦苇、莲、姜、竹等(图 1-13)。

(2)块茎。块茎中常见的是马铃薯,是由马铃薯的根状茎先端膨大,积累养料所形成的(图 1-14)。

(3)鳞茎。由许多肥厚的肉质鳞叶包围的扁平或圆盘状的地下茎,如百合、洋葱、蒜等(图 1-15)。

(4)球茎。球状的地下茎由根状茎先端膨大而成,如荸荠、慈姑、芋等(图 1-16)。

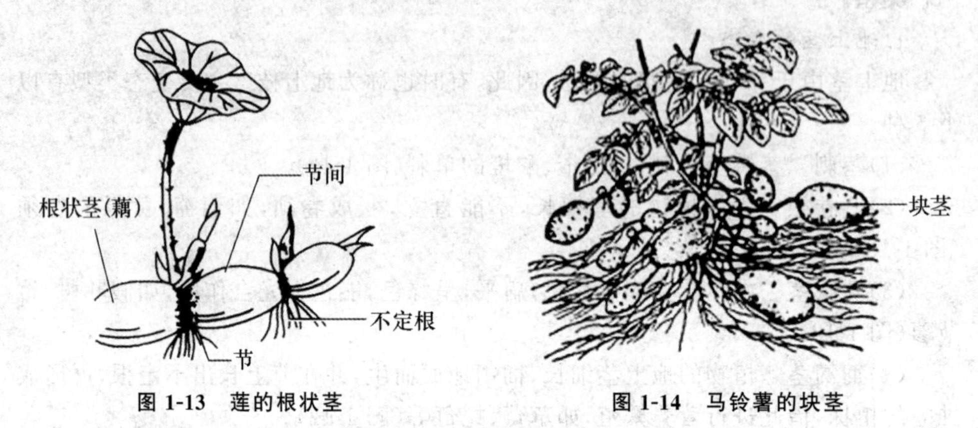

图 1-13 莲的根状茎　　图 1-14 马铃薯的块茎

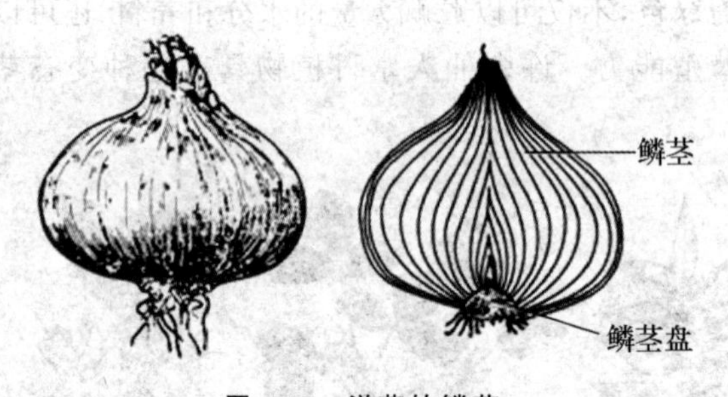

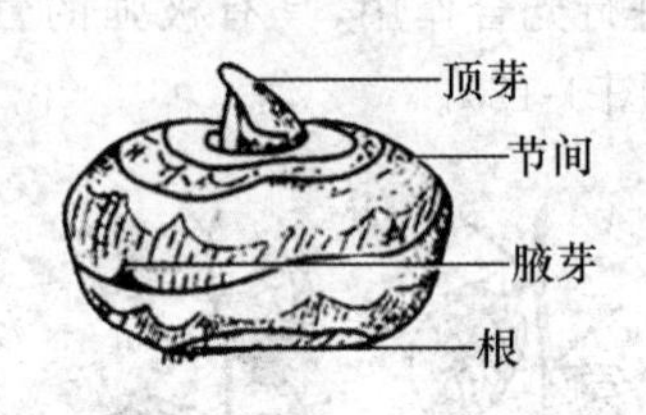

图 1-15 洋葱的鳞茎　　图 1-16 荸荠的球茎

【任务实施】

植物茎的形态观察

一、目的要求

观察枝的外部形态;识别芽的结构和类型;观察了解常见植物茎的变态类型。

二、材料用品

杨树或胡桃枝条、苹果或梨树枝条、大叶黄杨(或丁香、柳等)叶芽、榆、桃、枫杨、棉、悬铃木和刺槐带芽的枝条、藕、姜、竹鞭、马铃薯、荸荠、慈姑、菊芋、仙客来、球茎甘蓝、洋葱、大蒜头、山楂枝刺、皂荚枝刺、蔷薇茎、葡萄卷须、黄瓜卷须、竹节蓼、假叶树、文竹等。

三、内容方法

(一)枝条外部形态的观察

取三年生的杨树或胡桃枝条观察，辨认节与节之间；顶芽与侧芽(腋芽)；叶痕与芽鳞痕；皮孔。

取苹果和梨的枝条，辨认长枝与短枝(果枝)。

(二)芽类型的观察

取杨、柳、丁香、榆、桃、梨、苹果、枫杨、棉、悬铃木(法国梧桐)、刺槐等枝条，仔细观察枝条上的芽，并分别纵剖分析辨认顶芽与腋芽(侧芽)；叶芽、花芽与混合芽；辨认鳞芽与裸芽。

(三)变态茎的观察

1. 地下茎

(1)根状茎。取藕、竹鞭和姜标本，观察它们根状茎结构，辨认节、节间、腋芽和鳞片叶。

(2)块茎。取马铃薯的块茎，观察此块茎的结构，注意马铃薯块茎上的顶芽痕迹、芽眼及其排列情况。取荸荠、慈姑和菊芋等块茎，观察它们的节、节间和鳞片叶的着生部位和形态。

(3)鳞茎。取洋葱、大蒜头观察辨认鳞片叶、腋芽、鳞茎盘。并注意洋葱、大蒜主要食用部分，各属于什么结构。

2. 地上茎

(1)枝刺。取山楂、皂荚枝刺标本，观察枝刺着生部位，是否分枝。取蔷薇茎一段，观察其皮刺，主要比较枝刺和皮刺的区别。

(2)茎卷曲。取葡萄和黄瓜茎卷须标本，观察其茎卷须着生部位，是否分枝，有何作用。

(3)叶状枝。取竹节蓼、假叶树、文竹等标本，观察其叶状枝形态特征，辨认叶状枝上着生的芽和叶。

四、任务要求

(1)绘杨树枝条图，并注明顶芽、侧芽、节、节间的位置。

(2)绘藕的根状茎图，并标注节、节间、不定根的位置。

(3)绘葡萄、黄瓜的茎卷曲图。

【任务评价】

任务评价表

任务名称：

学生姓名	评价内容、评价标准		自评 30%	组评 30%	教师 40%	得分
专业知识	40分					
任务完成情况	40分					
职业素养	20分					
评语总分	总分：	教师：			年 月 日	

【任务拓展】

认知植物茎的分枝方式

不同植物的茎在长期的进化过程中，形成各自的生长习性以适应外界环境，使叶在空间上合理分布，尽可能地充分接受日光照射，制造自己生活所需要的营养物质，并完成繁殖后代的生理功能。这种现象就是茎的分枝。种子植物的分枝方式一般有单轴分枝、合轴分枝、假二叉分枝和分蘖。

1. 单轴分枝

单轴分枝也称为总状分枝。茎上由顶芽不断地向上伸展而形成分枝，这种分枝形式，称为单轴分枝（图 1-17）。单轴分枝的主干上能产生各级分枝，主干的伸长和加粗，比侧枝强得很多。因此，这种分枝方式，主干极显著。一部分被子植物如杨、山毛榉等，多数裸子植物如松、杉、柏科等的落叶松、水杉等，都属于单轴分枝。单轴分枝的树木高大挺直，适于建筑、造船等用。

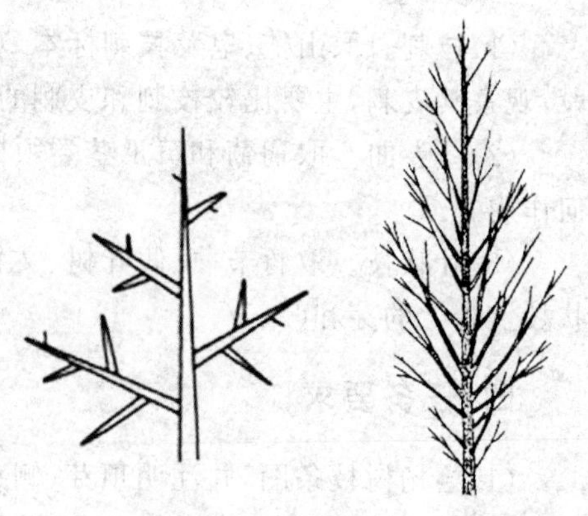

图 1-17　单轴分枝

2. 合轴分枝

主茎的顶芽在生长季节中，生长迟缓或死亡，或顶芽分化为花芽，就由紧接着顶芽下面的腋芽伸展，代替原有的顶芽，每年如此重复生长，使主干继续生长，这种主干是由许多腋芽发育而成的侧枝联合组成，所以称为合轴分枝(图 1-18)。合轴分枝植株的上部或树冠呈展开状态，既提高了支持和承受能力，又使枝、叶繁茂，通风透光，有效地扩大光合作用，是进化的分枝方式。大多数被子植物具有这种分枝方式，如马铃薯、番茄、无花果、梧桐、桃、苹果等。

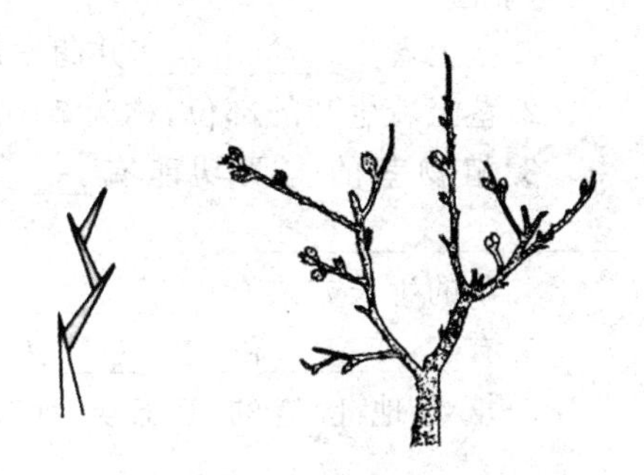

图 1-18　合轴分枝

3. 假二叉分枝

具对生叶的植物，如丁香、茉莉、石竹等，在顶芽停止生长后，或顶芽是花芽，在花芽开花后，由顶芽下的两侧腋芽同时生长形成两个侧枝，侧枝再以同样的方式分枝，这种分枝方式称为假二叉分枝(图 1-19)。

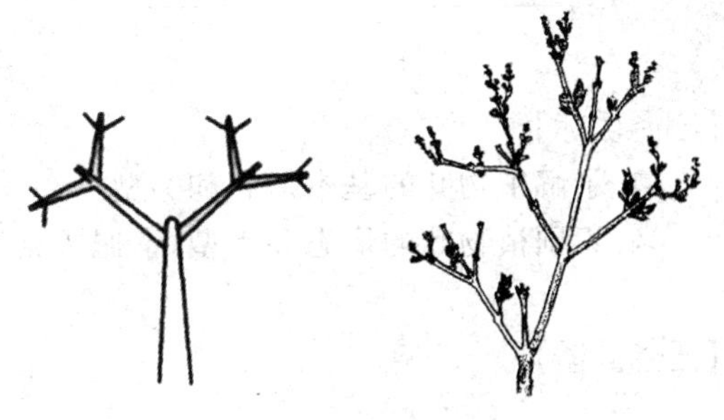

图 1-19　假二叉分枝

4. 分蘖

分蘖是指植株的分枝主要集中于主茎基部的一种分枝方式。其特点是主茎基部的节较密集，节上生出许多不定根，分枝的长短和粗细相近，呈丛生状态。典型的分蘖常见于禾本科作物，如水稻、小麦的分枝方式(图 1-20)。

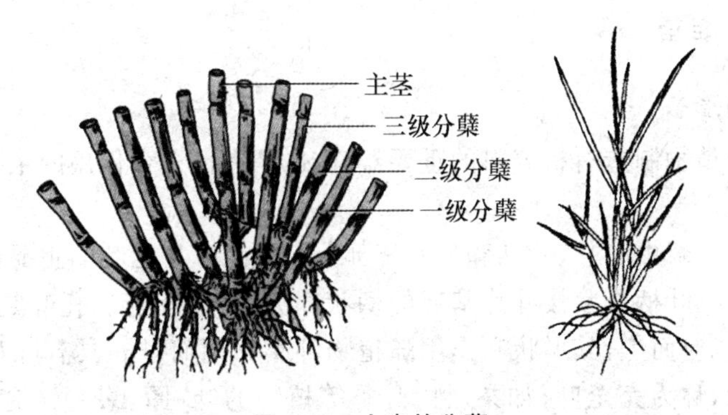

图 1-20　小麦的分蘖

【任务巩固】

1.茎上着生__________,并萌发形成叶和分枝,形成繁茂的植株地上系统。

2.茎上着生叶的部位,称为节。两个节之间的部分,称为__________。

3.植物茎的主要功能有__________、__________、__________、__________、__________、__________。

4.茎的生长方式有__________、__________、__________、__________。

5.有__________和__________的植物统称为藤本植物。

6.植物地上茎的变态类型有__________、__________、__________、__________、__________。

7.植物地下茎的变态类型有__________、__________、__________、__________。

任务3 植物叶的识别

【任务目标】

1.了解植物叶的基本形态和类型。

2.识别植物叶的形态和类型,掌握常见植物叶的变态类型。

【任务准备】

一、资料准备

几种常见植物的叶片、几种常见植物叶片标本、显微镜、解剖刀、剪刀、镊子、任务评价表等与本任务相关的教学资料。

二、知识准备

(一)叶的形态

叶是种子植物制造有机养料的重要器官,也是进行光合作用的主要场所。

1.叶的组成

植物的叶一般由叶片、叶柄和托叶三部分组成。叶片是叶的主要部分,多数为绿色的扁平体。叶柄是紧接叶片基部的柄状部分,与茎相连。托叶是叶柄基部的附属物,通常成对而生,其形状和作用随植物种类不同而已。具有叶片、叶柄和托叶三部分的叶,称为完全叶,如梨、桃、月季等植物的叶(图 1-21)。有些叶只具有一个或两个部分的,称为不完全叶,如白菜、丁香等植物的叶。

叶有单叶(图 1-22)和复叶(图 1-23)两种类型。禾本科植物的叶是单叶，由叶片和叶鞘组成。叶片扁平狭长，呈线形或狭带形，具有纵向的平行脉序，并有叶舌和叶耳。叶片和叶鞘相接处的腹面内方有一膜质向上突出的片状结构，称为叶舌；叶舌两侧的片状、爪状或毛状伸出的突出物，称为叶耳(图 1-24)。

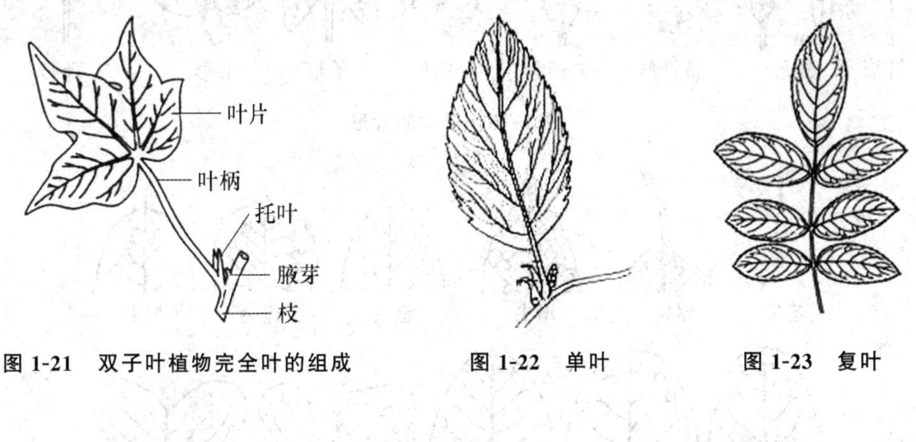

图 1-21　双子叶植物完全叶的组成　　**图 1-22　单叶**　　**图 1-23　复叶**

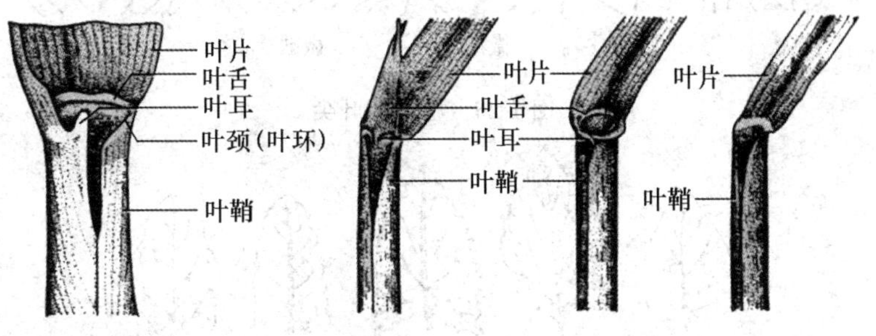

图 1-24　禾本科植物叶的组成

2.叶的形态

各种植物叶片的形状多种多样，大小不同，形状各异。但就一种植物来讲，叶片的形态还是比较稳定的，可作为识别植物的分类依据。

(1)叶形。常见叶的形状有针形(如松树)、线性(如水稻)、披针形(如柳树)、椭圆形(如樟树)、卵形(如向日葵)、箭形(如石菖蒲)、心形(如紫荆)、肾形(如冬葵)(图 1-25)。

(2)叶尖。叶尖主要有芒尖(天南星)、尾尖(东北杏)、渐尖(如菩提树)、骤尖(如艾麻)、急尖(如荞麦)、钝形(如厚朴)、截形(如鹅掌楸)、微凹(如马蹄金)、倒心形(如酢浆草)(图 1-26)。

(3)叶缘。叶缘即叶的边缘形状，主要有全缘(如女贞、玉兰)、波状(如胡颓子)、皱缩状(如羽衣甘蓝)、齿状(如猕猴桃)、缺刻(如蒲公英、梧桐、铁树)(图 1-27)。

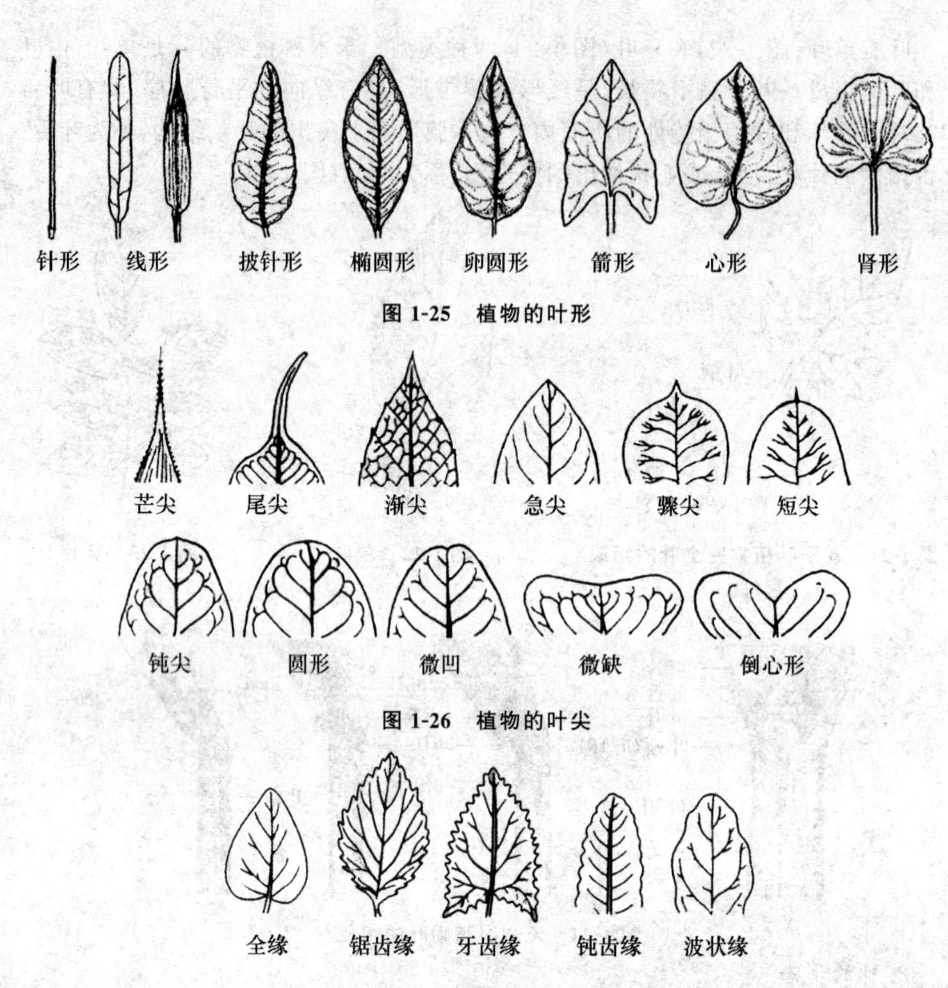

图 1-25 植物的叶形

图 1-26 植物的叶尖

图 1-27 植物的叶缘

(4)脉序。叶脉的分布规律称为脉序。脉序主要有网状脉、平行脉和叉状脉三种类型(图 1-28)。平行脉各叶脉平行排列,其中各脉由基部平行直达叶尖,如水稻、小麦等单子叶植物;网状脉具有明显的主脉,并向两侧发出许多侧脉,侧脉又分出许多侧脉,组成网状,如桃、棉花等;叉状脉是各脉作二叉分枝,如银杏等。

(5)叶序。叶在茎上按一定规律排列的方式叫叶序。叶序基本上有四种类型:互生、对生、轮生和簇生。互生叶是每节上只生一叶,交互而生,如白杨、法国梧桐等;对生叶是每节上生两片叶,相对排列,如女贞、石竹等;轮生叶是每节上生三片叶或三片叶以上,作辐射排列,如夹竹桃、百合等;簇生叶是从同一基部长出多片单叶,如铁角蕨、吉祥草等(图 1-29)。

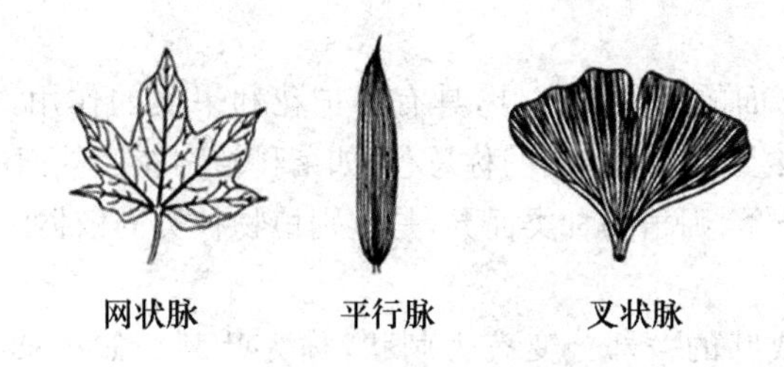

图 1-28 植物叶片的脉序

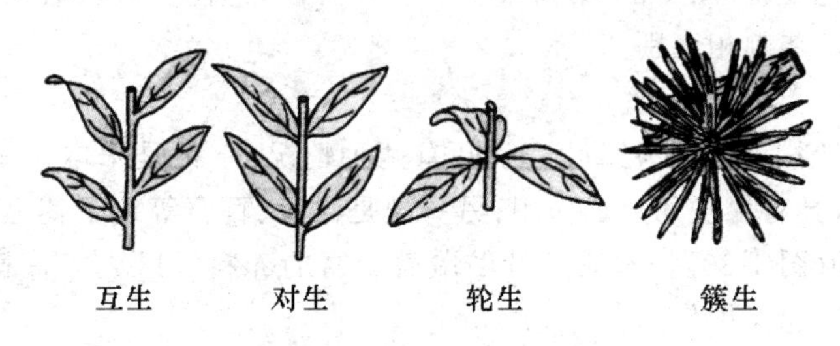

图 1-29 植物叶的叶序

(二)叶的功能

1. 光合作用

绿色植物利用叶片吸收日光能量,把二氧化碳和水,合成有机物质,并释放氧的过程,就是光合作用。光合作用合成的有机物主要是碳水化合物,贮藏的能量则存在于所形成的有机物中。

2. 蒸腾作用

植物根系吸收的水分绝大多数通过叶片的蒸腾而散失到环境中,带动植物体内的水分循环,并维持整个植物体的温度平衡。

3. 吸收作用

植物可以通过叶片吸收水分和养分来满足机体的需要,如叶面肥、喷施农药。

4. 繁殖作用

有些植物在叶边缘上生有许多不定芽或小植株,脱落后掉在土壤上,就可以生成一新个体,如落地生根。

5. 经济用途

叶还有许多经济价值,可作食用(如白菜等叶菜类蔬菜)、药用(如洋地黄、薄荷)、工业原料(如留兰香的叶可提取香精、剑麻的叶可造纸等)、肥料(如绿肥植物)、饲料(如饲料作物)、饮料(如茶叶)等。

(三)叶的变态

叶的可塑性最大,发生的变态最多,常见的变态类型有以下几种类型。

1. 苞叶和总苞叶

苞片是生在花下面的一种变态叶，具有保护花和果实的作用，如棉花花外面的副萼。苞片数多而聚生在花序外围的称总苞，如菊科植物花序外面的总苞(图 1-30)。苞片的形状大小和色泽，因植物种类而异，是鉴别植物种类的依据之一。

2. 叶刺

有些植物的叶或叶的一部分变态为刺状，称为叶刺。如小檗、仙人掌的叶刺，刺槐、酸枣的托叶刺(图 1-30)。叶刺都着生在叶的位置上，叶腋有腋芽，能发育成侧枝，以此可与茎刺相区别。

3. 鳞叶

叶变态成鳞片状，称为鳞叶。鳞叶有两种情况：一种是木本植物鳞芽外的鳞叶，也称芽鳞，具有保护幼芽的作用；另一种是洋葱、百合等地下茎上的鳞叶，有肉质和膜质两种(图 1-30)。肉质鳞叶贮藏着丰富的养料，可以食用；膜质鳞叶包在肉质鳞叶之外，起保护作用。

4. 叶卷须

由叶的一部分变态为卷须状，称为叶卷须。如菝葜属的托叶变成卷须，豌豆和野豌豆羽状复叶顶端的一些小叶变成卷须(图 1-30)。

5. 捕虫叶

有些植物叶发生变态，成为适宜于捕食昆虫的特殊结构，称捕虫叶。如生长在广东南部和海南岛一带的猪笼草，其叶柄细长，基部为扁平的假叶状，中部细长如卷须，可缠绕他物，上部变成瓶状，叶片生于瓶口，成一小盖覆于瓶口之上。当叶片发育成熟后，瓶盖张开，盖内表面和瓶口内缘均具蜜腺，能引诱昆虫，当虫落入瓶中后，便被瓶内的消化液消化吸收(图 1-30)。

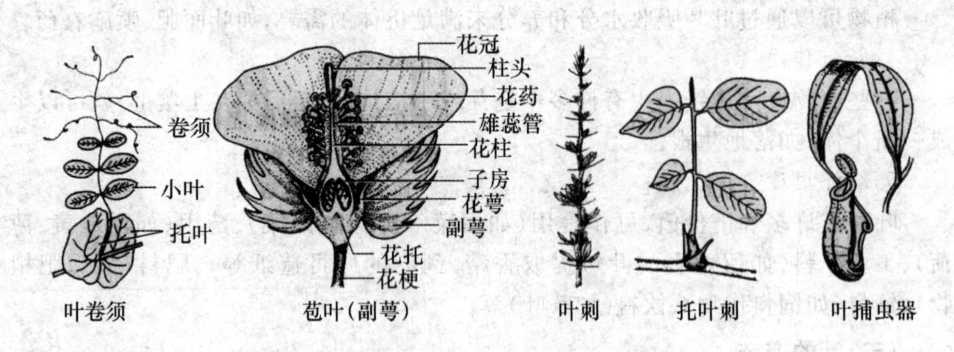

图 1-30 植物叶的变态

【任务实施】

植物叶的形态观察

一、目的要求

观察了解一般叶和变态叶的形态特征。

二、材料用品

采集不同形态叶的植物标本，仙人掌、洋槐小枝、豌豆复叶、玉米雌穗、猪笼草（或蜡叶标本），萝卜或马铃薯等。

三、内容方法

（一）叶形态的观察

根据各地具体条件在实验前采集约10种典型不同形态叶的植物标本，按表1-1所列各项逐一观察，并将观察的结果入表中。

表1-1 植物叶片观察记录表

植物名称	单叶	复叶	叶片形状	叶缘	叶基	叶尖	叶脉	叶序	完全叶	不完全叶

(二)变态叶的观察

1.叶刺

取仙人掌、洋槐小枝观察其叶刺、托叶刺的位置和形态,注意与茎刺的区别。

2.叶卷须

取豌豆复叶,观察其复叶顶端 2～3 对小叶变成的叶卷须,注意与茎卷须的区别。

3.苞片

取玉米雌穗,观察密生于穗轴基部的变态叶——苞片的形态。

4.捕虫叶

取猪笼草标本,观察其瓶状的变态叶。

四、任务要求

(1)绘杨树叶片图,并注明叶片各部分的名称。

(2)绘玉米和大豆叶图,并观察二者有什么不同。

(3)如何鉴别叶刺、茎刺与皮刺,叶卷须和茎卷须?

【任务拓展】

了解植物叶的结构

1.双子叶植物叶的结构

双子叶植物的叶片由表皮、叶肉和叶脉三部分组成。表皮覆盖在整个叶片的外表,有上表皮和下表皮之分。叶肉是上、下表皮以内的绿色同化组织的总称,富含叶绿体,是叶进行光合作用的场所。叶肉细胞分化为栅栏组织和海绵组织两部分。栅栏组织紧位于上表皮之下,细胞内含有较多的叶绿体,主要功能是进行光合作用。海绵组织位于下表皮与栅栏组织之间,由薄壁细胞组成,细胞形状不规则,排列疏松,叶绿体含量少,主要功能是进行气体交换(图 1-31)。叶脉分布在叶肉组织中,呈网状,起支持和输导

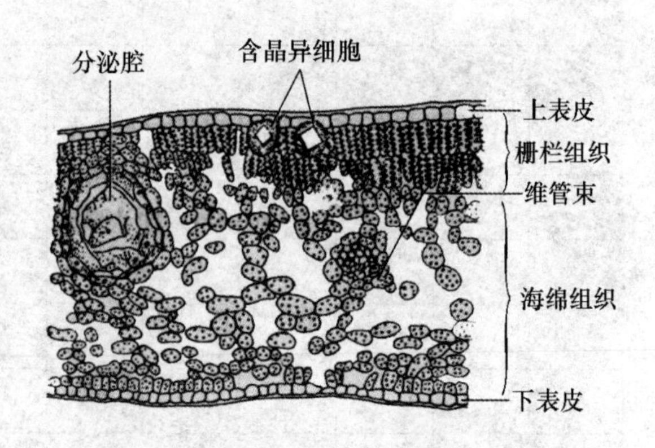

图 1-31 双子叶植物叶片的结构

作用。

2.禾本科植物叶片的结构

禾本科植物叶片同双子叶植物叶片一样,也具有表皮、叶肉和叶脉三个基本组成部分,但各部分都有不同的特点。表皮细胞形状比较规则,往往沿叶的长轴成行排列,从叶片的顶面观察有两种形态不同的细胞类型。禾本科植物的叶肉组织比较均一,没有栅栏组织和海绵组织的分化,属等面型叶(图 1-32)。禾本科植物的叶脉由维管束和维管束鞘组成。在较大的维管束上下两方常有厚壁组织与表皮层相连增强机械支持力。

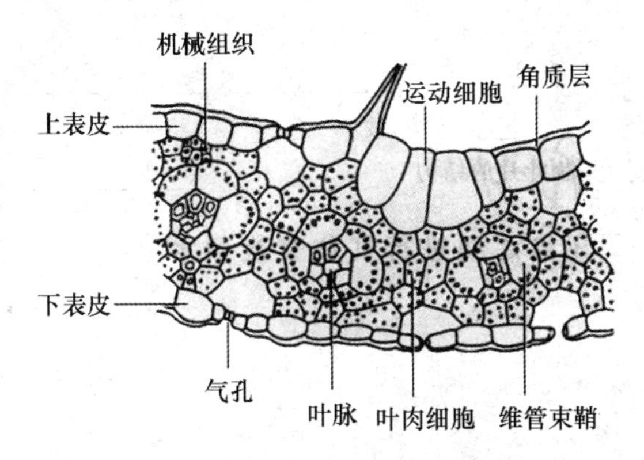

图 1-32 禾本科植物叶片的结构

【任务评价】

任务评价表

任务名称:

学生姓名	评价内容、评价标准		自评 30%	组评 30%	教师 40%	得分
专业知识	40 分					
任务完成情况	40 分					
职业素养	20 分					
评语总分	总分: 教师: 年 月 日					

【任务巩固】

1.植物的叶一般由__________、__________和__________三部分组成。

2.具有__________、__________和__________三部分的叶,称为完全叶,有些叶只具有一个或两个部分的,称为__________。

3.禾本科植物的叶由叶片和叶鞘组成。叶片扁平狭长,呈线形或狭带形,具有纵向的平行脉序,并有__________和__________。

4.植物的叶脉主要有__________、__________、__________三种类型。

5.植物的叶序基本上有__________、__________、__________、__________四种类型。

6.植物叶片的功能主要有__________、__________、__________、__________、__________。

7.植物叶的变态类型主要有__________、__________、__________、__________、__________。

项目二　植物生殖器官的识别

【项目描述】

被子植物的生长包括营养生长和生殖生长两个阶段。当植物完成由种子萌发到根、茎、叶形成的营养生长之后，就转入生殖生长，即在植物体的一定部位形成花芽，然后开花、结果、产生种子。由于花、果实和种子与植物的有性生殖密切相关，故称为生殖器官。被子植物的有性生殖就是由雌蕊、雄蕊中发育来的两个有性生殖细胞——卵细胞和精细胞，经过彼此融合形成受精卵，再由受精卵发育为胚，即新一代植物体的过程。

本项目分为植物花的识别、植物种子的识别和植物果实的识别 3 个工作任务。

果实和种子是被子植物有性生殖的产物，同时也是许多农作物、蔬菜和果树的主要收获对象。因此，通过本项目学习识别植物生殖器官的构成；掌握植物生殖器官的形态特性，研究有性生殖过程的规律；培养认真严谨、善于思考、沟通协作等能胜任岗位工作的职业素质。

任务 1　植物花的识别

【任务目标】

1. 了解植物花的组成，熟悉植物花序的类型。

2. 识别单子叶植物的花和双子叶植物的花，掌握植物花的各组成部分。

【任务准备】

一、资料准备

几种常见植物的花和花序、常见植物的花和花序标本、显微镜、解剖刀、剪刀、镊子、任务评价表等与本任务相关的教学资料。

二、知识准备

(一)植物花的组成

花是被子植物所特有的有性生殖器官，是形成雌性生殖细胞和雄性生殖细胞并进行有性生殖的场所。从形态发生和解剖结构来看，花是适应生殖的变态短枝。一朵典型的花由花柄、花托、花萼、花冠、雄蕊群和雌蕊群组成(图 1-33)。

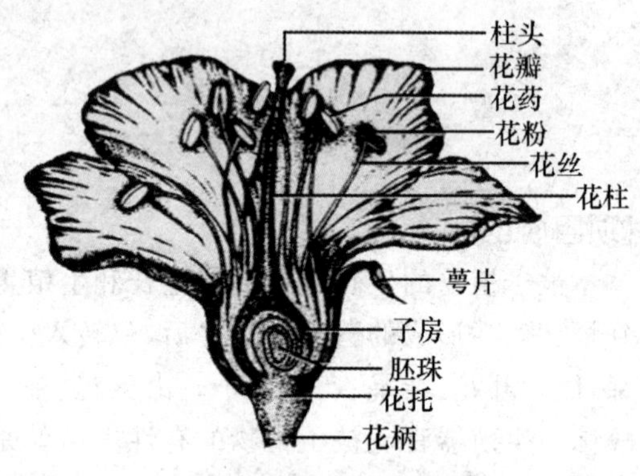

图 1-33　典型花的组成

1. 花梗和花托

花梗是连接茎与花的小枝，起着支持和输导作用。果实形成时，花梗成为果柄。花梗的长短或有无，随不同的植物而异。

花托的形状有多种，有伸长呈圆柱状的，如玉兰、含笑；有凸起呈圆锥形的，如草莓；有凹隐呈杯状或壶状的，如桃、蔷薇；还有膨大呈倒圆锥形的，如莲。有些植物的花托还可形成能分泌蜜汁的花盘和腺体，如柑橘、葡萄等。

2. 花萼

花萼位于花的最外面，由若干萼片组成，常为绿色，其结构与叶相似，具有保护花蕾和光合作用的功能。紫茉莉、一串红等的萼片呈花瓣状，具颜色，有吸引昆虫传粉的作用。蒲公英、莴苣的萼片变成冠毛，有助于果实的散布。

萼片各自分离的，称离萼，如白菜、茶等；萼片彼此多少联合的，称合萼，如蚕豆、烟草等。合萼下端联合的部分称萼筒，顶端分离的部分称萼裂片。有些植物的萼筒下端向一侧延伸成短小的管状突起，称为距，如凤仙花、旱金莲等。棉花、草莓等在花萼之外还有一轮副萼。萼片通常在开花后脱落，但也有随果实一起发育而宿存的，称宿萼，如茄、柿、辣椒等。

3. 花冠

位于花萼的内轮，由若干花瓣组成，花瓣的数目常与同一朵花的萼片数目相等或是它的倍数，花瓣排列成一轮或几轮。许多植物的花瓣，或在其表皮细胞内含有有色体，使其呈黄、橙等颜色，或在其表皮细胞液内含有花青素，使其呈现红、紫、蓝等颜色。有时二者全有，使其色彩更加丰富；若二者都没有，则花呈白色。此外，许多植物的花瓣还能分泌蜜汁和香味。所以，花冠的主要作用是吸引昆虫传粉和保护雌、雄蕊。

4.雄蕊群

雄蕊群是1朵花中雄蕊的总称，由多数或一定数目的雄蕊组成，位于花冠之内，一般着生在花托上呈螺旋或轮状排列。雄蕊由花丝和花药两部分组成。少数原始被子植物的雄蕊为叶片状，花粉囊着生在叶状体的表面，如木兰属，在睡莲、牡丹的花中可看到雄蕊的瓣化过程，说明雄蕊是一变态的叶。花丝通常细长，顶端与花药相连，有支持和输导作用。花丝的长短因植物种类而异，一般同一朵花中的花丝等长，但也有不等长的。花药着生于花丝的顶端，是雄蕊产生花粉粒的地方。

5.雌蕊群

1朵花中所有的雌蕊总称为雌蕊群。但多数植物的花只有1枚雌蕊。雌蕊位于花的中央，通常包括柱头、花柱和子房三部分。雌蕊和雄蕊一样也是由叶变态而成，我们称这种变态的叶为心皮。豌豆花的雌蕊由1个心皮所构成，这个心皮的形状与叶相似，只不过由于心皮在发育的早期沿着中脉向内折合起来，使得雌蕊看起来只像半片叶子。所以说，雌蕊是由心皮卷合而形成的，心皮是构成雌蕊（群）的基本单位。

柱头位于雌蕊的顶端，常膨大或扩展成各种形状，其表面常形成乳头突起或各种形状的毛，有助于承受或“捕捉”花粉。花柱介于柱头和子房之间，是花粉管进入子房的通道。

（二）禾本科植物的花

禾本科植物的花与一般双子叶植物花的组成不同。它们通常由1枚雌蕊、3枚或6枚雄蕊、2枚浆片（鳞片）及其基部的2枚稃片（包被在外面的1枚称外稃，里面的1枚称内稃）所组成，在禾本科分类上，称为小花（图1-34）。外稃为花基部的苞片变态，其中脉常外延成芒；内稃形状较小，无显著的中脉和芒。在内稃的内侧基部，有2个较小的薄片，称浆片，它是花被片的变态。开花时，浆片吸水膨胀，撑开外稃和内稃，使花药和柱头露出，以利传粉。

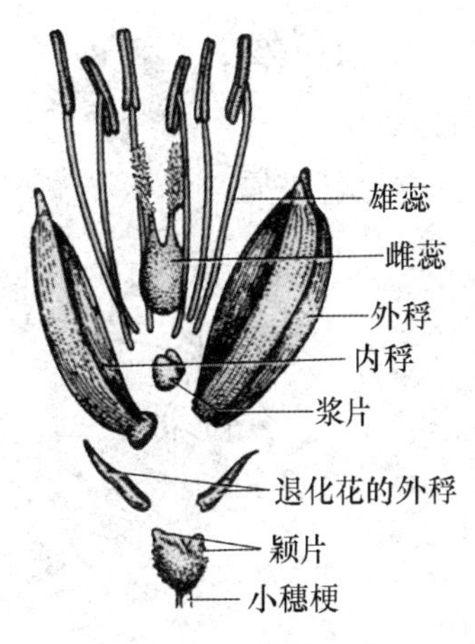

图1-34 水稻花的组成

(三)花序

多数植物则是许多花按照一定规律排列在花枝上，这样的花枝称为花序(图 1-35)。根据花在花轴上的排列方式和开放顺序，花序可分为两大类：无限花序和有限花序。

1. 无限花序

无限花序的特点是：在开花期间，花序轴可以继续向前生长伸长，不断产生苞片和花芽。开花顺序是花序轴基部的花最先开放，然后向上依次开放，如果花序缩短，各花密集排列成一平面或球面时，开花顺序则是由边缘开始向中央依次开放，故无限花序有时又称向心花序。

2. 有限花序

和无限花序相反，有限花序轴顶端的小花首先开放，开花后花轴不继续生长；小花开放顺序是由上而下或由内向外。有限花序又称为离心花序或聚伞花序(图 1-35)。

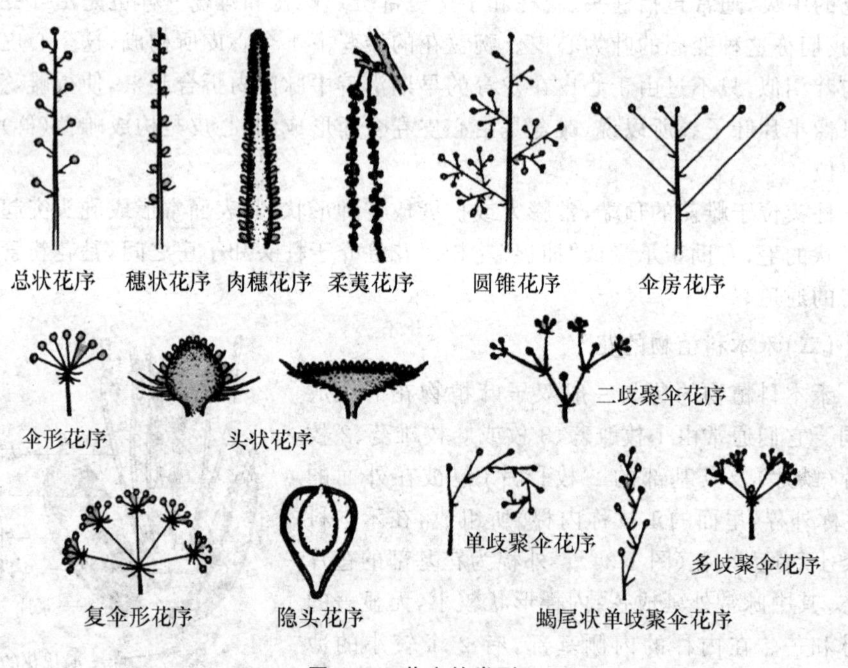

图 1-35 花序的类型

【任务实施】

植物花的形态观察

一、目的要求

观察认识被子植物花的外部形态和组成;掌握几种常见花序结构的特点。

二、材料用品

桃花或白菜花,扁豆、蚕豆、豌豆或洋槐花,小麦或水稻花,油菜、芹菜或白菜花序,车前或银绒草花序,苹果或梨花序,大葱或韭菜花序,杨柳或胡桃花序,向日葵、菊或蒲公英花序,天南星花序或玉米雌花序,无花果或薜荔花序,水稻花序或玉米雄花序,小麦或黑麦花序,胡萝卜或芹菜花序,花楸或绣线菊花序,附地菜或勿忘草花序,唐菖蒲或委陵菜花序,石竹或大叶黄杨花序,大戟或狼毒花序。

三、内容方法

(一)花基本组成部分的观察

1.桃花的观察

取备好的桃花一朵,用镊子由外向内剥离,观察其组成。

(1)花柄。花下面所生的短柄,是花与茎相连的中间部分。

(2)花托。花柄顶端凹陷成杯状的部分(实际是花筒),花的其他部分都着生在花筒的边缘上。

(3)花萼。着生在杯状花托边缘的最外层,由五个绿色叶片状萼片组成,离生。

(4)花冠。花萼里面一层,由五片粉红色花瓣组成的离生花冠。

(5)雄蕊。雄蕊在花托边缘作轮状排列,数目多,不定数,每一雄蕊由花丝和花药两部分组成。花丝细长,花药呈囊状。

(6)雌蕊。雌蕊着生于杯状花筒底部的花托上,是由一个心皮组成的单雌蕊,顶端稍膨大的部分为柱头;基部膨大部分为子房;柱头和子房之间的细长部分为花柱。

观察雌蕊时,分析它属于何种子房位置?用刀片将子房纵切为二,观察桃花胚珠着生位置,分析它属于何种胎座?

2.扁豆花(或蚕豆、豌豆、洋槐花)的观察

取扁豆花,用镊子从外向内剥离,观察其组成。

(1)花萼。绿色、基部合生、呈钟状,上部有五个裂片。

(2)花冠。白色或淡紫色，为两侧对称的蝶形花冠。它由 5 片形状不同的花瓣组成，最外面的一个大瓣为旗瓣，近于扁圆形；其内为两个侧生的翼瓣，呈宽卵形，基部具爪；最里面的两个花瓣合生成半圆形的龙骨瓣。

(3)雄蕊。位于龙骨瓣里面，呈弯曲状，共 10 枚，其中 1 枚离生，9 枚下部联合呈筒状，为二体雄蕊。

(4)雌蕊。被包围在 9 枚联合雄蕊筒状结构之内，雌蕊偏扁，顶端具羽毛状柱头。注意观察子房位置，去掉花冠、雄蕊，细心解剖子房，观察它是由几个心皮组成，几室，胚珠数目和胎座类型。

3. 小麦花的观察

小麦花是由雄蕊、雌蕊和浆片组成，小麦小花是由花和稃片组成。

取小麦的一个小穗解剖观察，可见小穗基部有两片颖片，居下位的为外颖，居上位的为内颖，用镊子从小穗轴上摘取小花，观察小穗是由几朵小花组成的？取基部正常发育的一朵小花，由外向内剥离小花的各部分，然后用放大镜观察小花的结构。

(1)稃片。小麦小花外面有 2 片稃片，最外面的一片为外稃，脉明显，有的小麦品种，外稃中脉处长成芒，外稃为花基部的苞片，里面一片为内稃，薄膜状，船形有两条明显的叶脉。

(2)浆片。外稃里面有两个小形囊状突起，即为浆片。注意它相当于花组成中的哪一部分结构。

(3)雄蕊。3 枚，花丝细长，花药较大。

(4)雌蕊。1 枚，由 2 个心皮合生而成，柱头二裂，呈羽毛状，花柱短而不明显，子房上位，一室。

(二)花序类型的观察

(1)提供以下各种植物花序(无限花序)，指导学生边观察边分析，边填写下列表格(表 1-2)。

表 1-2　有限花序类型识别记录表

植物名称	花序主要特点	花序类型
油菜、荠菜、白菜		
车前、银绒草		
苹果、梨		
大葱、韭菜		

续表 1-2

植物名称	花序主要特点	花序类型
柳、杨、胡桃		
向日葵、菊、蒲公英		
玉米雌花序、天南星		
无花果、薜荔		
玉米雄、花序水稻		
小麦、黑麦		
胡萝卜、芹菜		
花楸、绣线菊		

(2)提供下列各种植物花序(有限花序),指导学生边观察边分析,边填写下列表格(表 1-3)。

表 1-3　无限花序类型识别

植物名称	花序主要特点	花序类型
附地菜、勿忘草		
唐菖蒲、委陵菜		
石竹、大叶黄杨		
大戟、狼毒		

四、任务要求

(1)绘桃花、小麦花图,并注明花各组成部分位置。
(2)绘无限花序类型。
(3)如何鉴别无限花序和有限花序?

【任务拓展】

认识植物的开花、传粉与受精

1. 开花

当雄蕊中的花粉粒和雌蕊中的胚囊(或二者之一)成熟之后,原来紧包的花萼和花冠即行开放,露出雄蕊和雌蕊,为下一步传粉做准备,这种现象称为开花。开花的外部形态标志是:雄蕊花丝挺立,花药呈现该植物特有的颜色;雌蕊柱头分泌黏液。如果柱头是分裂的，则裂片张开；如果柱头上有腺毛，则腺毛突起以利于接受花粉。

一株植物从第一朵花开放到最后一朵花开毕所经历的时间，称为开花期。各种植物的开花期长短，取决于植物的特性，也与所处的环境条件密切相关。此外，同一花序上各花的开放顺序，各种植物也是不同的。如小麦是由花序中部向上及向下开放；水稻的花是从花序上部向下开放；苹果的花序是中间的一朵先开放，然后再由下向上开放。大多数植物的开花都有一定的昼夜周期性。在正常气候条件下，水稻在早上7～8时开花，11时左右最盛，午后减少；玉米在7～11时开花；小麦在上午9～11时和下午3～5时开花；油菜在上午9～11时开花。但因各种作物在开花期对湿度和温度的反应敏感，所以每天开花的时间常因当天气候条件的变化而提前或推迟。

2. 传粉

成熟花粉粒借助外力传到雌蕊柱头上的过程，称为传粉。传粉是受精的前提，是有性生殖过程的重要环节。传粉的方式主要有以下几种。

(1)自花传粉。成熟花粉粒传到同朵花的柱头上，并能正常受精结实的过程叫作自花传粉，如水稻、小麦、豆类、桃等(图 1-36)。在实际运用中，自花传粉的概念还泛指果树栽培上同品种间的传粉和农业生产上的同株异花间的传粉。最典型的自花传粉方式是闭花传粉，如豌豆和花生植株下部的花，不待花苞张开，它们的花粉粒便直接在花粉囊中萌发形成花粉管并穿过花粉囊的壁，向柱头生长，完成受精。闭花传粉时，花粉不致受到雨水的淋湿和昆虫的吞食，是一种适应现象。

(2)异花传粉。一朵花的花粉粒传到另一朵花的柱头上，并能受精结实的过程为异花传粉(图 1-37)。它可指同株异花传粉，也可指异株异花传粉。传送花粉最普遍的媒介是风和昆虫。玉米、板栗、核桃等是靠风传粉的风媒植物，它们的花称风媒花；向日葵、瓜类、柑橘等是靠昆虫传粉的虫媒植物，它们的花称虫媒花。

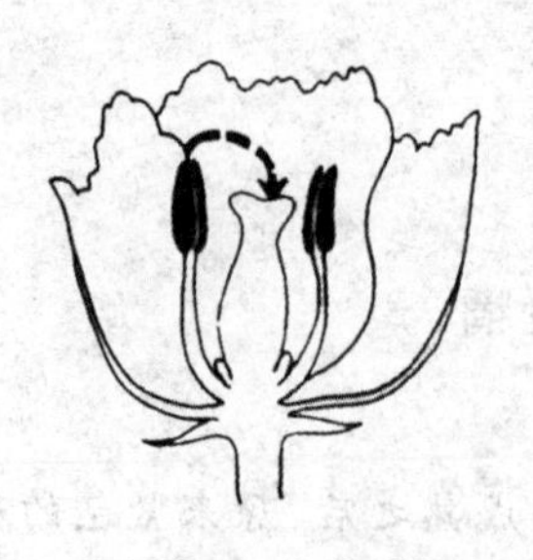

图 1-36　自花传粉

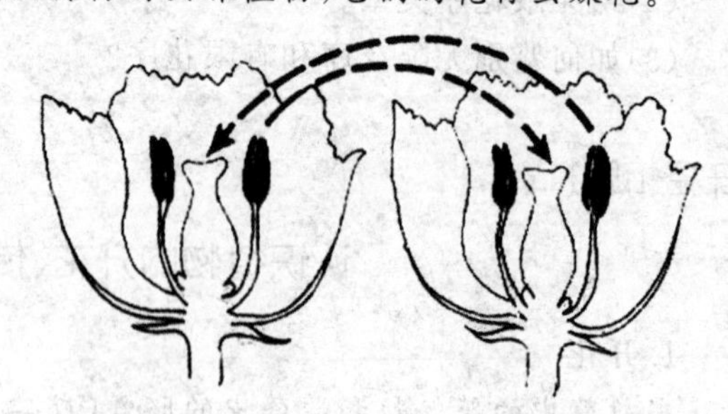

图 1-37　异花传粉

(3)常异花传粉。自花传粉和异花传粉是相对而言的。不少植物以自花传粉为主，但也有一部分花朵进行异花传粉。异花传粉占5%以下的，属于自花传粉植物，如小麦、水稻等；异花传粉介于5%～50%的，称为常异花传粉植物，如棉花、高粱等。

3.受精

雌、雄性细胞(即卵细胞和精子)互相融合的过程，称为受精。由于被子植物的卵细胞位于胚珠的囊内，故花粉粒必须首先萌发形成花粉管把精子送入胚囊，才能受精。因此，被子植物的受精过程经历了下列的程序：花粉粒在柱头上萌发和长出花粉管；花粉管通过花柱；花粉管进入胚囊和释放内含物；精卵融合。

【任务评价】

任务评价表

任务名称：

学生姓名	评价内容、评价标准		自评 30%	组评 30%	教师 40%	得分
专业知识	40分					
任务完成情况	40分					
职业素养	20分					
评语总分	总分： 教师： 年 月 日					

【任务巩固】

1.一朵典型的花是由______、______、______、______、______和______组成。

2.禾本科植物的花通常由1枚______、3枚或6枚______、2枚______及其基部的2枚______所组成。

3.植物的花序可分为______和______两大类。

4.雄蕊由______和______两部分组成。

5.雌蕊位于花的中央，通常包括______、______和______三部分。

6.植物传粉的方式主要有______、______和______。

7.雌、雄性细胞互相融合的过程，称为______。

任务2 植物种子的识别

【任务目标】

1. 了解植物种子的基本结构,熟悉植物种子的主要类型。

2. 掌握植物种子的寿命和休眠,掌握植物种子的萌发过程。

【任务准备】

一、资料准备

几种常见植物的种子、几种常见植物的种子标本、显微镜、光照培养箱、干燥箱、分析天平、分样器、发芽盒、恒温水浴箱、任务评价表等与本任务相关的教学资料。

二、知识准备

种子是种子植物所特有的繁殖器官,它是种子植物的花经过开花、传粉和受精等一系列过程后,由胚珠发育而成的。在胚珠发育为种子时,子房新陈代谢活跃,于是整个子房迅速生长,发育为果实。有些植物,花的其他部分甚至花以外的结构也都参与了果实的形成。果实的形成对保护种子有重要作用。裸子植物的子房外面没有子房包被,受精后不形成果实,种子呈裸露状态,这一特征是裸子植物较被子植物原始的一个主要方面。

(一)种子的发育

被子植物双受精后,由合子发育成胚,由受精的极核(中央细胞)发育成胚乳,由珠被发育成种皮。胚、胚乳(或无)、种皮共同构成种子。

1. 胚的发育

胚的形态多样,但其结构基本相似,包含子叶、胚轴、胚芽、胚根。双子叶植物和单子叶植物的胚在结构上的最主要区别在于子叶数目的不同,前者为两片子叶,后者为一片子叶。

胚的发育是从合子开始的。卵细胞受精后,合子便产生一层纤维素的壁,并进入休眠状态,休眠期的长短因植物种类而异,一般为数小时至数天。如水稻为4～6 h,棉花为2～3 d,苹果为5～6 d,茶树则长达150～180 d。

2.胚乳的发育

被子植物的胚乳是由一个精细胞与中央细胞的两个极核或次生核受精后形成的初生胚乳核发育而成的,具有三倍染色体。初生胚乳核通常不经休眠(如水稻)或经短暂的休眠(小麦为0.5～1 h)即行第一次分裂。因此,初生胚乳核的分裂早于合子的分裂,即胚乳的发育总是早于胚的发育,为幼胚的生长创造条件。胚乳的发育形式一般有核型和细胞型。

3.种皮的发育

种皮由胚珠的珠被发育而来,包围在胚和胚乳之外,起保护作用。如果胚珠仅有一层珠被,则形成一层种皮,如番茄、向日葵、胡桃等;如果胚珠具有内、外两层珠被,则通常相应形成内种皮和外种皮,如油菜、蓖麻等。也有一些植物虽有两层珠被,但在发育过程中,其中一层珠被被吸收而消失,只有另一层珠被发育成种皮。如大豆、蚕豆的种皮由外珠被发育而来;而小麦、水稻的种皮则由内珠被发育而来。

有些植物的种子外面还具有假种皮,它是由珠柄或胎座发育而成的结构,如荔枝、龙眼果实中的肉质可食部分,就是珠柄发育而来的假种皮。

(二)种子的结构与类型

1.种子的基本结构

植物种类不同,其种子的形状、大小、颜色差异很大,但它们的基本结构都是相同的。根据以上所述,一粒种子一般由胚、胚乳和种皮三部分组成,也有的种子仅包含胚和种皮两部分。

(1)胚。胚是构成种子的最重要部分,新植物体就是由胚发育而成的。胚的各部分由胚性细胞所组成,这些细胞体积小,细胞质浓厚,细胞核相对比较大,具有很强的分裂能力。胚包括胚根、胚芽、胚轴和子叶四部分。胚轴一般又分成两部分:由子叶着生处到第一片真叶之间的部分叫上胚轴;子叶着生处和根之间的一部分叫下胚轴。种子萌发后,胚根形成植物体的根系,胚芽发育为茎叶系统(图1-38)。

(2)胚乳。胚乳是种子内贮藏营养物质的场所,其贮藏物质主要是淀粉、脂类和蛋白质。我们所食用的粮食和油料主要就是这一部分(图1-39)。种子萌发时,胚乳中的营养物质被胚分解、吸收和利用;有些植物的胚乳在种子发育过程中,已完全被胚吸收、利用,所以这类种子在成熟后即无胚乳存在。

(3)种皮。种皮是种子外面的保护结构,其厚薄、色泽和层数,因植物种类的不同而有差异。成熟的种子在种皮上可见种脐、种孔和种脊等结构。种脐是种子从种柄或果实的胎座上脱落后留下的痕迹;种孔是原来的珠孔;种脊位于种脐一侧,是倒生胚珠的珠被与珠柄愈合的部分,其内分布有维管束(图1-40)。

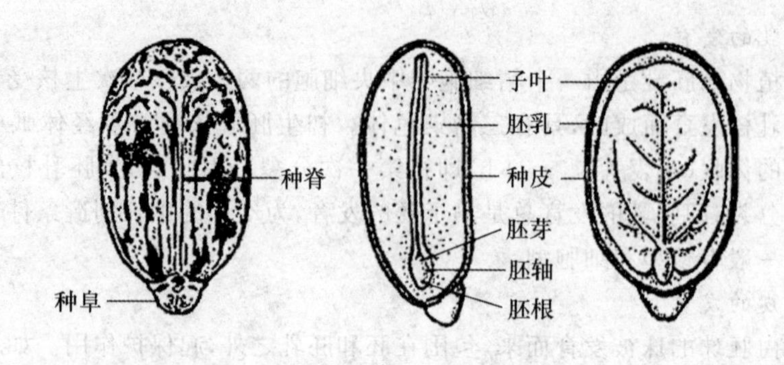

图 1-38 蓖麻种子

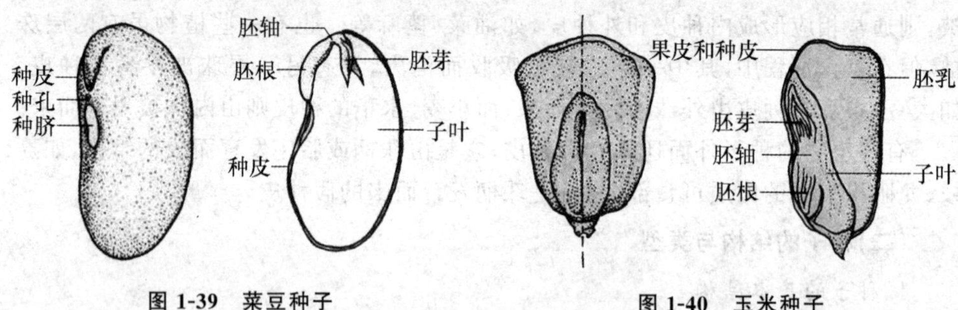

图 1-39 菜豆种子

图 1-40 玉米种子

2. 种子的主要类型

种子具有 1 片子叶的植物，称单子叶植物；种子具有 2 片子叶的植物，称双子叶植物。根据种子在成熟时是否具有胚乳，把种子分为有胚乳种子和无胚乳种子两大类型。

(1)无胚乳种子。由种皮、胚两部分组成，如双子叶植物中的豆类、瓜类、白菜、萝卜、桃、梨等，单子叶植物中的慈姑、泽泻等种子。

(2)有胚乳种子。由种皮、胚、胚乳三部分组成，如蓖麻、荞麦、茄、番茄、辣椒、葡萄等的种子；大多数单子叶植物的种子也是有胚乳的种子，如禾谷类和葱、蒜等植物的种子。

(三)认识植物种子的萌发与幼苗类型

1. 种子的萌发过程

已度过休眠期或已解除休眠的植物种子，在获得了适宜的环境条件时，种子的胚就由休眠状态转入活动状态，开始生长，形成幼苗，这一过程称为萌发。一颗充分成熟、结构完整和生命力强的种子，常在充足的水分、适宜的温度和足够的氧气条件下就能萌发。植物种子萌发的过程可分为吸胀、萌动、发芽三个阶段(图 1-41)。

(1)吸胀。种子萌发时,种皮吸收水分而变软,透入氧气,促进呼吸作用,种子内贮藏的营养物质在酶的作用下,被分解为简单的可溶性物质,运往胚根、胚芽、胚轴等部分,供细胞吸收利用。

(2)萌动。胚根和胚芽的分生区及胚轴部分的细胞不断地进行分裂,使细胞数目增加,体积增大,到一定限度后胚根顶破种皮而出,即露白。

(3)发芽。露白后,胚继续生长,胚根的生长加快,随后子叶和胚芽伸出种皮。

发芽后,胚根向下生长,伸入土壤形成主根,胚轴、胚芽向上生长形成茎、叶,种胚变成能独立生活完整的幼苗。

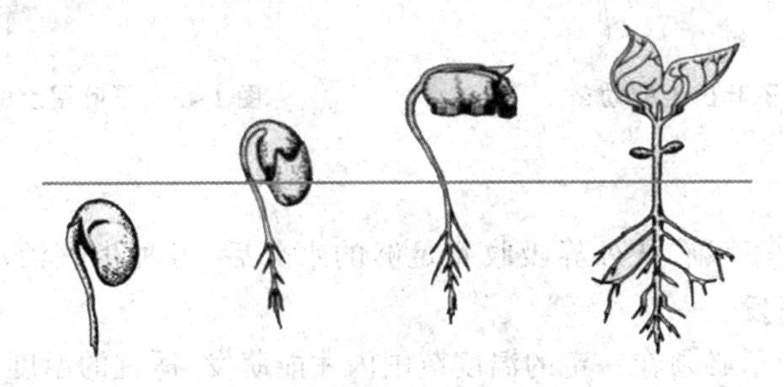

图 1-41 大豆种子的萌发过程

2.幼苗的类型

不同植物有不同形态的幼苗,常见的幼苗有两种类型:子叶出土的幼苗和子叶留土的幼苗。

(1)子叶出土的幼苗。双子叶植物中的大豆、棉花及各种瓜类,其种子萌发时,胚根首先伸入土中形成主根,接着下胚轴伸长,将子叶和胚芽推出土面,形成子叶出土的幼苗(图 1-42)。子叶出土后通常变为绿色,可以暂时进行光合作用,待其营养物质耗尽而枯萎脱落。

(2)子叶留土的幼苗。双子叶植物中的豌豆、蚕豆、柑橘和核桃,单子叶植物中的小麦、水稻等,在种子萌发时,是上胚轴伸长,使胚芽露出土面,下胚轴并不伸长,所以子叶留在土中,直至养料耗尽而消失(图 1-43)。

一般来说,子叶出土幼苗的种子播种要浅一些,如棉花;子叶留土幼苗的种子,播种时一般都可以稍深。此外,还要根据种子的大小、土壤的湿度等条件综合考虑决定播种措施,以提高出苗率和培育健壮的幼苗。

(四)植物种子萌发的条件

1.内在条件

不同种类植物种子的寿命不同,种子的活力和发芽率也不同。

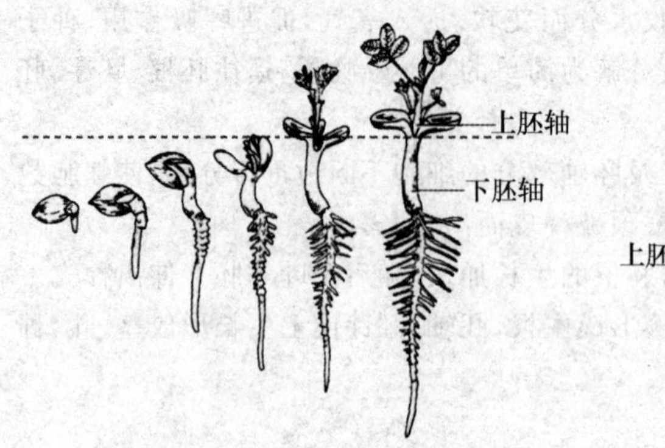

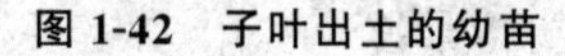
图 1-42　子叶出土的幼苗

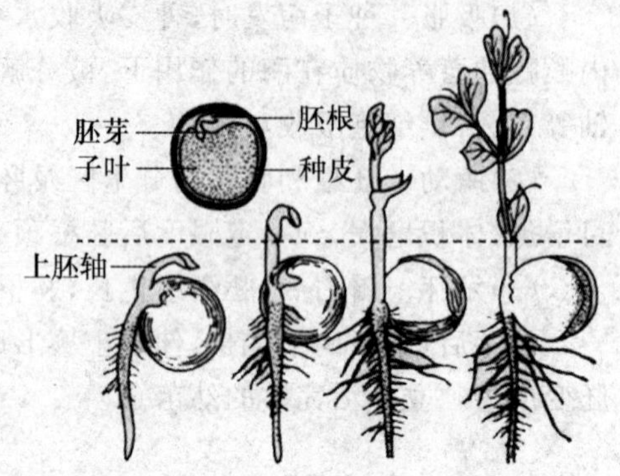

图 1-43　子叶留土的幼苗

2.环境条件

(1)水分。种子只有从外界吸收到足够的水分后,各种生理活动才能顺利进行,种子才能够萌发。

(2)温度。种子必须在一定的温度范围内才能萌发,适宜的温度可以增强酶的活性,促进物质和能量的转化,利于种子吸水和气体交换。

(3)氧气。种子萌发时呼吸作用加强,需要大量的氧,以保证能量的供应。

(4)光。光对多数植物种子的萌发没有显著的影响,但有些植物种子萌发需要光,有些植物种子萌发受光的抑制。

【任务实施】

种子的形态观察

一、目的要求

了解种子的基本形态和结构;识别不同类群种子的特点;理解种子萌发所需要的条件,了解种子萌发形成幼苗的形态变化过程和幼苗类型的不同之处。

二、材料用品

油松种子、蓖麻种子、小麦或玉米种子、蚕豆或大豆种子、花生种子等。

显微镜、放大镜、载玻片、镊子、纱布、烧杯、培养皿、解剖针。

三、内容方法

种子的构造和类型观察。

1. 油松种子观察

取油松的种子，观察胚芽、胚轴、胚根的位置，并注意观察子叶的数目和特点。

2. 蓖麻种子观察

取蓖麻种子，观察外形、颜色、花纹以及种脐等结构；另取新鲜种子或经浸泡过的种子，剥去种皮，纵切，观察胚乳和胚的结构，注意观察子叶的数目和特点。

3. 大豆种子观察

取已经浸泡过的大豆种子，观察外形、颜色、种脐和种孔。

4. 种子萌发及幼苗观察

将大豆、玉米种子经挑选后进行浸泡 2～3 d，使其充分吸胀，然后播入盛有沙或土的盆内，并浇上适当的水分后，观察种子萌发时幼苗的子叶、真叶、上胚轴、下胚轴，并识别子叶出土幼苗和子叶留土幼苗。将观察的结果填入表 1-4。

四、任务要求

(1)绘制大豆种子图，并注明胚和胚乳的位置。

(2)绘制玉米种子图，并对比玉米种子和大豆种子的区别。

表 1-4　种子萌发调查记录表

种子名称	浸种日期	播种日期	根伸出日期	芽伸出日期	留土或出土萌发	备注
油松						
大豆						
菜豆						
花生						
豌豆						
玉米						
水稻						
小麦						
向日葵						
蓖麻						
蚕豆						

【任务拓展】

了解植物种子的休眠

一、植物种子的寿命

种子的寿命是指种子在一定条件下保持生活力的最长期限。种子的寿命首先决定于植物本身的遗传性。另一方面,种子的寿命也和种子留在母株时的生态条件及采收以后长期贮藏的环境条件有关,这些因素都直接或间接地影响到种子的生理状况。

贮藏种子的最适宜条件是干燥和低温,只有在这种条件下,种子的呼吸作用才最微弱,营养物质的消耗最少,有可能度过最长时间的休眠期。种子贮存期限的长短能影响种子的生活力。一般来说,种子贮存愈久,生活力也愈衰退,以至完全失去生活力。种子失去生活力的主要原因,一般是因为种子内酶物质的破坏、贮存养料的消失以及胚细胞的衰退死亡。

二、种子的休眠

1. 休眠

种子的休眠是种子成熟后,种子的生理活动暂时停滞不能萌发的现象,种子的休眠有以下几种类型。

(1)生理休眠。由于种子内部生理抑制引起,在适宜条件下也不能萌发,需要经过一个时期后才能萌发。这种休眠较为普遍。

(2)强迫休眠。由于外界环境不适,使种子暂时处于相对"静止",条件适宜时便可萌发。

2. 休眠的原因

处于生理休眠期的植物种子,在适宜萌发的条件下也不能萌发,这主要是由于种子自身的结构和生理因素造成的。

(1)种皮障碍。有些植物种子种皮非常厚而坚硬,种皮的透水性差,如兰科、旋花科的种子。还有些植物种皮不透气,外界的氧气无法进入,种子内产生的二氧化碳又无法排出,影响呼吸作用的进行,如甜菜、苍耳的种子。

(2)胚未发育成熟。有些种子,从外观看已经成熟,但其内部在形态或生理上还尚未发育完全,需要从胚乳中吸收营养,才能完成生长发育,如冬青、人参等。还有些种子的胚在形态上已完全成熟,但在生理上尚未完全成熟,收获后需要经过一段时间"后熟",才能萌发,如苹果、黄瓜、梨的种子。

(3)含有抑制萌发的物质。有些植物含有萌发抑制物质,如番茄、西瓜和蔷薇科的种子。种子萌发抑制物质包括内源激素、植物碱、有机酸、酚醛类、挥发油类等,这些物质阻碍了种子萌发的正常代谢活动。

3.休眠的调控

休眠是植物对不良环境的一种适应,但是有时人们要采取各种有效的措施人为地打破或延长休眠,以满足生产和生活的需要。

(1)打破休眠。引起休眠的原因很多,因而我们要采取不同的措施来打破休眠,因种皮坚硬而引起的休眠,可采用机械损伤、硫酸腐蚀、脂溶等方法;胚未发育完成或未完成后熟作用的种子,可采取低温层积、晒种和化学药剂等方法;因抑制萌发物质存在而不能萌发的种子,采取去除果肉、清水冲洗、低温或用赤霉素处理等方法。

(2)延长休眠。低温、干燥是延长种子休眠的最有效方法,有时也可用化学药品抑制萌发,但应注意,用化学药品处理过的种子不宜留做种用,若食用也一定要检验其安全性。

【任务评价】

任务评价表

任务名称:

学生姓名	评价内容、评价标准		自评 30%	组评 30%	教师 40%	得分
专业知识	40分					
任务完成情况	40分					
职业素养	20分					
评语总分	总分: 教师: 年 月 日					

【任务巩固】

1.被子植物双受精后,由合子发育成__________,由受精的极核(中央细胞)发育成__________,由珠被发育成__________。

2.一粒种子一般由__________、__________和__________三部分组成。

3.根据种子在成熟时是否具有胚乳,把种子分为__________和__________两大类型。

4.根据种子胚的子叶数目的不同，又可把种子分为＿＿＿＿种子和＿＿＿＿种子两种。

5.植物种子成熟后，必须经过一段相对静止的阶段才萌发，这一特性称为＿＿＿＿。

6.植物的幼苗主要有＿＿＿＿和＿＿＿＿两种类型。

7.种子萌发的外界环境条件包括＿＿＿＿、＿＿＿＿和＿＿＿＿。

任务3 植物果实的识别

【任务目标】

1.了解植物果实的发育过程，熟悉植物果实的类型。

2.能够区分真果和假果，掌握植物果实的传播方式，识别常见果实的类型。

【任务准备】

一、资料准备

几种常见植物的果实、几种常见植物的果实标本、显微镜、解剖刀、剪刀、镊子、任务评价表等与本任务相关的教学资料。

二、知识准备

(一)果实的发育和结构

受精后，胚珠发育为种子，相应的，子房新陈代谢活跃，生长迅速，发育为果实。花的其他部分，如花被、雄蕊以及雌蕊的柱头、花柱等多枯萎凋谢。

1.真果

单纯由子房发育而成的果实称为真果，如小麦、水稻、棉花、柑橘等的果实属于此类。真果的外面为果皮，内含种子。果皮由子房壁发育而成，可分为外、中、内三层果皮。通常外果皮较薄，常具有气孔、角质、蜡被和表皮毛等；中果皮和内果皮的结构则因植物种类不同而有较大变化，如桃、杏、李等的中果皮全由薄壁细胞组成，成为果实中的肉质可食部分，而内果皮则由石细胞构成硬核(图1-44)。柑橘、柚等的中果皮疏松，其中分布有许多维管束，而内果皮膜质，其内表面生出许多具汁液的囊状表皮毛。蚕豆、花生的果实成熟后，中果皮常变干收缩。

2.假果

有些植物,如苹果、梨、菠萝等的果实,除子房外,还有花托、花萼,甚至整个花序都参与形成果实,这类果实称为假果。假果的结构比较复杂,例如苹果、梨的食用部分(图 1-44),主要是由花托和花萼愈合膨大而成,中部才是由子房发育而来的部分,所占比例很小,但外、中、内三层果皮仍能区分。冬瓜、南瓜的食用部分主要为果皮;而西瓜的食用部分主要是胎座。

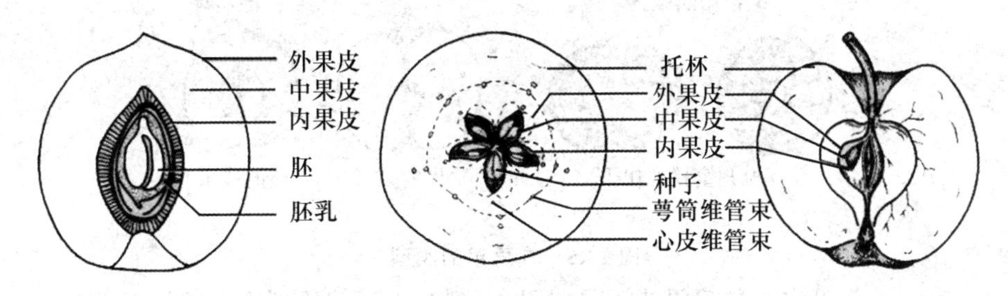

图 1-44 真果(左:桃)和假果(右:苹果)的结构

(二)植物果实的主要类型

果实可分为三大类,即单果、聚合果和复果。

1.单果

单果是一朵花中只有一个雌蕊形成一个果实,常见的可分为肉质果和干果两类。

(1)肉质果。果实成熟后肉质多汁。依果皮的性质和来源不同,又分为如下几种。

①浆果。外果皮薄,中果皮及内果皮肉质化,通常由合生心皮的雌蕊组成,内含数枚种子,如葡萄、番茄等(图 1-45)。

②核果。一般由单心皮的雌蕊发育形成,内有 1 枚种子。成熟的核果果皮明显分为 3 层:外果皮膜质,中果皮肉质多汁,内果皮木质化、坚硬,如桃、杏、梅、核桃、樱桃等(图 1-45)。

③柑果。由复雌蕊发育而成,外果皮革质,有挥发油腔,中果皮疏松,分布有维管束,内果皮薄膜状,分为数室,室内生有多个汁囊,汁囊来自于子房内壁的毛茸,为可食部分,如柑橘、柚、柠檬(图 1-45)。

④瓠果。由合生雌蕊下位子房发育而成的假果,花托和外果皮结合成坚硬的果壁,中果皮和内果皮肉质化,有发达的肉质胎座,如南瓜、西瓜、冬瓜(图 1-47)。

⑤梨果。由合生雌蕊的下位子房和花筒共同发育而成的假果。果实外层由花托发育而成,果肉大部分由花筒发育而成,子房发育的部分位于果实的中央。由花筒发育的部分和外果皮、中果皮均肉质,内果皮纸质或革质化较硬,如梨、苹果、山

楂等(图 1-45)。

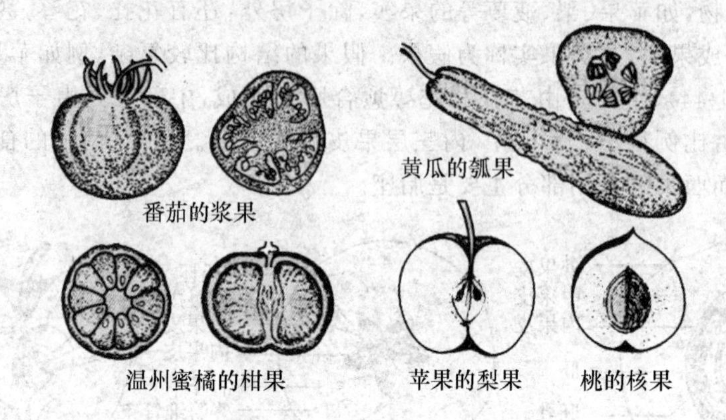

图 1-45 肉质果的类型

(2)干果。果实成熟后果皮干燥,根据开裂与否可分为裂果与闭果两类。

①裂果。果实成熟后,果皮开裂。因心皮数目及开裂方式不同,又分为荚果(如大豆)、蓇葖果(如芍药)、角果(如萝卜)、蒴果(如蓖麻)(图 1-46)。

②闭果。果实成熟后,果皮不开裂,分为瘦果(如向日葵)、颖果(如水稻、玉米)、翅果(如榆)、坚果(如板栗)、分果(如芹菜)(图 1-46)。

图 1-46 裂果和闭果的类型

2. 聚合果

由一花内若干离生心皮雌蕊聚生在花托上发育而成的果实，每一离生雌蕊形成一单果(小果)。根据聚合果中的小果种类，又可分为聚合瘦果(草莓)、聚合核果(悬钩子)、聚合坚果(莲)(图 1-47)。

3. 聚花果

聚花果是由整个花序形成的果实，又叫复果，如桑葚、凤梨、无花果等(图 1-47)。

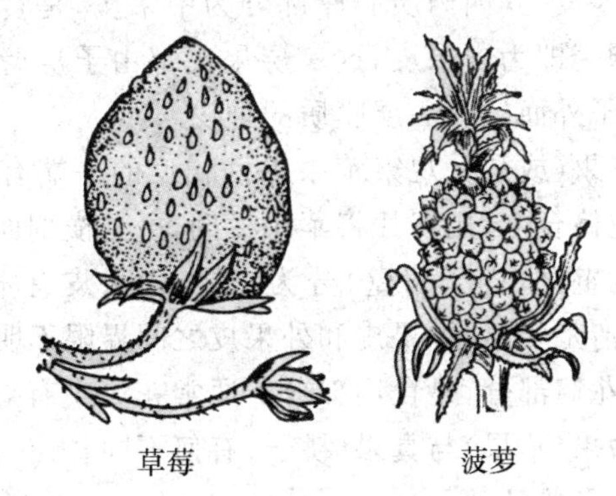

图 1-47 聚合果(草莓)和聚花果(菠萝)

【任务实施】

果实类型的识别

一、目的要求

掌握果实的结构组成；观察认识果实主要的类型。

二、材料用品

桃或杏；苹果或梨；悬钩子；草莓；八角茴香；桑；菠萝；无花果或薜荔；番茄、茄、柿、葡萄；黄瓜、南瓜、冬瓜、西瓜；橘子、柑、柠檬；大豆、豌豆、花生、皂荚；木兰或梧桐；油菜或白菜；棉花、百合、罂粟；向日葵或荞麦；小麦、玉米、水稻；榆、臭椿；橡子、板栗、榛；胡萝卜或芹菜；莲或芍药等植物的果实(新鲜的、浸制或干果标本)。

三、内容方法

实验前必须搜集一些需要的代表性植物果实，在成熟时，及时采摘保存，肉果可浸泡于5%福尔马林中备用。

(一)果实结构的观察

1. 真果与假果

(1)真果。取一桃的果实(或杏的果实)，将其纵剖，观察桃的果实的纵剖面，最外一层膜质部分为外果皮，其内肉质肥厚部分为中果皮，是食用部分，中果皮里面是坚硬的果核，核的硬壳即为内果皮，这三层果皮都由子房壁发育而来，敲开内果皮，可见一颗种子，种子外面被有一层膜质的种皮。

(2)假果。取一苹果(或梨)，观察苹果果柄相反的一端有宿存的花萼，苹果是下位子房，子房壁和花筒合生，用刀片将苹果横剖，可见横剖面中央有五个心皮，心皮内含有种子，心皮的壁部(即子房壁)分为三层，内果皮有木质的厚壁细胞所组成，纸质或革质，比较清楚明显；中果皮和外果皮之间界限不明显，均肉质化。近子房外缘为很厚的肉质花筒部分，是食用部分。通常花筒中有萼片及花瓣维管束10枚作环状排列，注意假果(苹果)与真果(桃子)有何不同。

2. 单果、聚合果和聚花果

观察实验果实，比较单果、聚合果和聚花果的不同。

(二)果实类型的观察

取下列植物果实(新鲜的、浸制或干果标本)，分别解剖观察，并根据教材的内容，分析它们的坚果特征，填写表1-5。

番茄(或茄、柿、葡萄)、黄瓜(或南瓜、冬瓜、西瓜)、橘子(或柑、柠檬)、杏(或桃、李)、梨或苹果。大豆(或豌豆、花生、皂荚)、八角茴香(或木兰、梧桐)、油菜或白菜、棉花(或百合、罂粟)、向日葵或荞麦、小麦(或玉米、水稻)、榆(或枫杨、臭椿)、橡子(或板栗、榛)、胡萝卜或芹菜；草莓或芍药、薜荔或无花果等植物果实。

四、任务要求

(1)绘桃果实纵剖面图，并注明各部分结构名称。

(2)绘苹果横剖面图，并注明各部分结构名称。

(3)如何区别单果、聚合果和聚花果。

(4)填表(表1-5)说明果实的分类依据。

表 1-5 果实结构识别记录表

果实类型			植物名称	主要特征	食用部分
单果	肉果	浆果			
		瓠果			
		柑果			
		核果			
		梨果			
	干果	裂果	荚果			
			蓇葖果			
			蒴果			
			角果			
		闭果	瘦果			
			坚果			
			颖果			
			翅果			
			分果			
聚合果					
聚花果					

指出食用果实的食用部分属于果实哪种结构。

【任务拓展】

了解果实和种子的传播方式

在长期自然选择中,各种植物的果实和种子对不同传播方式形成了不同的适应特征。

1. 借风力传播

适应于风力传播的果实和种子,多为小而轻,常具翅或毛等附属物,以利于随风飘扬,传至远方。如蒲公英果实有冠毛,榆树果实有翅,柳树种子有绒毛等。

2. 借水力传播

此类多为水生植物和沼生植物,具有漂浮的结构。如莲的花托组织疏松形成"莲蓬"可以漂载果实而传播;沟渠边许多杂草(如苋属、藜属等)的果实或种子散落水中,可顺水流散布。

3.借动物和人类的活动传播

苍耳、鬼针草、窃叶等植物的果实具有钩刺，能黏附在动物的皮毛或人的衣服上，被带至远处；另一些植物的果实或种子被动物吞食，但它们的果皮或种子坚硬，不受消化液的侵蚀，种子随粪便排出而散布，如番茄的种子和稗草的果实。

4.借果实弹力传播

有些植物的果实，其果皮各部分的结构和细胞的含水量不同，故成熟干燥时，果皮各部分收缩程度不同，使果皮爆裂将种子弹出，如大豆和凤仙花的果实。喷瓜的果实成熟后在顶端形成一裂孔，当果实收缩时，将种子喷到远处。

【任务评价】

任务评价表

任务名称：

学生姓名	评价内容、评价标准		自评 30%	组评 30%	教师 40%	得分
专业知识	40 分					
任务完成情况	40 分					
职业素养	20 分					
评语总分	总分： 教师： 年 月 日					

【任务巩固】

1.植物的果实中，单纯由子房发育而成的果实称为__________。

2.植物的果实中，除子房外，还有花托、花萼，甚至整个花序都参与形成果实，这类果实称为__________。

3.植物的果皮可分为__________、__________和__________。

4.植物果实中的单果可分为__________和__________两类。

5.植物果实中的肉质果可分为__________、__________、__________、__________和__________。

6.植物果实中的干果可分为__________和__________。

项目三　植物的生长

【项目描述】

作物的生长是指植物细胞的增大与增多，是植物体或某一器官体积或重量增加的量变过程。发育是指作物从营养生长转到生殖生长的质变过程。由于细胞有顺序地向不同方面进行一系列复杂的分化，形成了具有不同结构和机能的细胞、组织、器官，因此，生长和发育常常交织在一起。

本项目分为植物生长的规律和作物产量的形成 2 个工作任务。

通过本项目学习作物生长与发育的一般规律，认识作物生产的特点和作用，熟悉作物产量形成的过程，确定影响产量的因素；培养认真严谨、善于思考、沟通协作等能胜任岗位工作的职业素质。

任务 1　植物生长的规律

【任务目标】

1. 了解作物生长和发育的一般规律性。

2. 能够正确划分不同作物的生育时期，掌握植物的春化作用和光周期现象在农业生产上的应用。

【任务准备】

一、资料准备

各种作物生产田、皮尺、卷尺、天平、计算器、镊子、任务评价表等与本任务相关的教学资料。

二、知识准备

(一)作物生长发育的过程

1.作物生长发育的概念

生长和发育是作物一生中的基本生命现象,它们既相互联系又有所区别。

(1)生长。生长是指作物个体、器官、组织和细胞在体积、重量和数量上的增加,是一个不可逆的量变过程,它是通过细胞的分裂和伸长来完成的。作物的生长包括营养体生长和生殖体生长。

(2)发育。发育是指作物一生中,结构、机能的质变过程,表现在细胞、组织和器官的分化,最终导致植株根、茎、叶、花、果实、种子等的形成。

(3)生长和发育的关系。生长和发育二者存在着既矛盾又统一的关系。生长发育是统一的,生长是发育的基础,停止生长的细胞不能完成发育,没有足够大小的营养体不能正常繁殖后代。此外,生长和发育又是相互矛盾的。

2.作物的生育期和生育时期

(1)作物的生育期。在作物生产实践中,把作物从出苗到成熟之间的总天数称为作物的全生育期,即作物的一生。生育期的概念可以分为两类:一类是以种子或果实为播种材料和收获对象的作物,其生育期是指种子出苗至新的种子成熟所持续的总天数,其生物学的生命周期和作物生产中的生产周期相一致。另一类是以营养器官为播种材料或收获对象的作物,如甘薯、马铃薯、甘蔗等,其生育期是指自播种材料出苗至主产品收获期所经历的总天数。

影响作物生育期长短的因素主要有品种类型、温度、光照和栽培措施等。

(2)作物的生育时期。生育时期指作物一生中其外部形态呈现显著变化的若干时期。作物一生中可以根据外部形态的变化划分为若干生育时期。各种作物因为形态差异较大,所以不同作物生育时期的划分不能达到完全统一。主要农作物生育时期的划分为:

①稻麦类:出苗期、分蘖期、拔节期、孕穗期、抽穗期、开花期、成熟期(图1-48)。

②玉米:出苗期、分枝期、大喇叭口期、抽穗期、吐丝期、成熟期。

③豆类:出苗期、分枝期、开花期、结荚期、鼓粒期、成熟期。

④油菜:出苗期、现蕾期、抽薹期、开花期、成熟期(图1-49)。

⑤马铃薯:出苗期、现蕾期、开花期、结薯期、薯块发育期、成熟期、收获期。

⑥甘蔗:发育期、分蘖期、蔗茎伸长期、工艺成熟期。

另外,还可以把个别较长的生育期划分地更细一些。

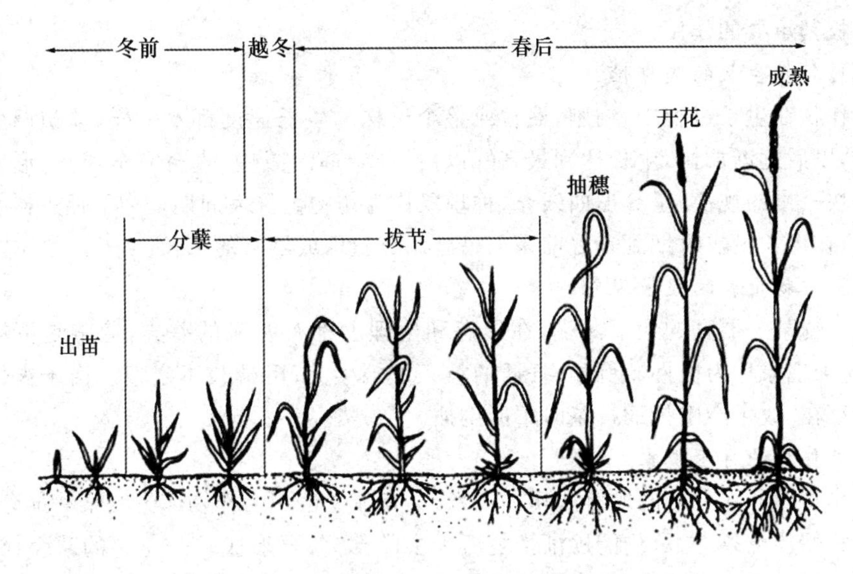

图 1-48 冬小麦生育过程及生育时期的划分

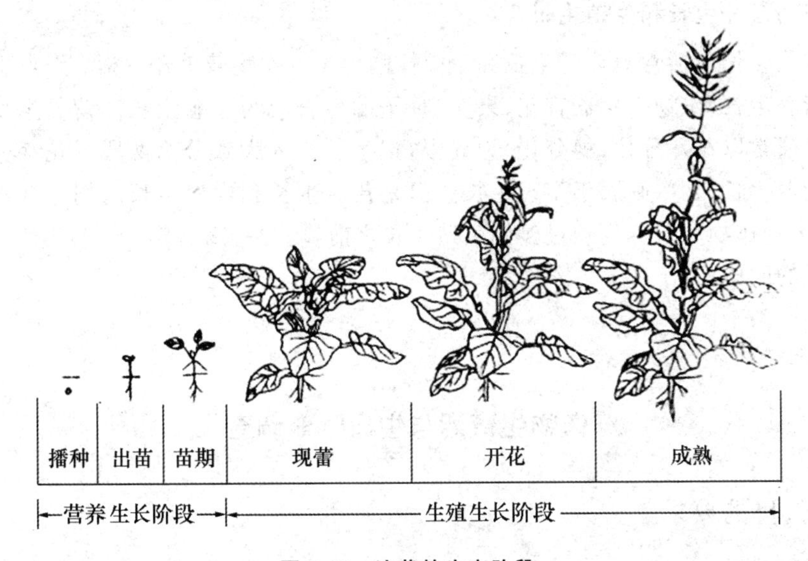

图 1-49 油菜的生育阶段

(二)作物生长的一般规律

以营养器官为产品的作物(如甘蔗、烟草等),营养器官的生长状况直接关系到产量的多少;而以果实、种子等生殖器官为收获物的作物,生殖器官发育所需的水分和营养物质都由营养器官供给。因此,营养器官的伸展状况,对最后产量的形成起着极其重要的作用。

1.作物生长的周期性

作物在生长过程中，细胞、器官或整个植株的生长速度都不一样，即初期生长缓慢，以后逐渐加快，生长达到最高峰以后，开始逐渐减慢，直至完全停止，形成了慢—快—慢的规律，呈S形曲线，这种现象称为作物生长大周期。为了促进器官生长，应在生长最快时期到来之前采取措施调节植株或器官的生长。

2.作物生长的极性现象

作物某一器官的上下两端，在形态和生理上都有明显的差异，通常是下端生根，这种现象称为极性。例如，扦插的枝条上端生芽、下端长不定根。由于极性现象的存在，故生产中扦插枝条时不能倒插。

3.作物的再生现象

作物体各部分之间既有密切的关系，又有独立性。当作物体失去某一部分后，在适宜的环境条件下，仍能逐渐恢复所失去的部分，再形成一个完整的新个体，这种现象叫作再生。例如，扦插繁殖、分根繁殖和再生稻都是利用作物的再生特性。

(三)营养生长和生殖生长

作物生长包括营养体的生长和生殖体的生长。作物营养器官根、茎、叶的生长称为营养生长，作物生殖器官花、果实、种子的生长成为生殖生长。营养生长和生殖生长通常以花卉分化(穗分化)为界限，把生长过程大致分为两段。花芽分化前属于营养生长，之后则属于生殖生长。但是营养生长和生殖生长的划分并不是绝对的，因为作物从营养生长过渡到生殖生长之前，均有一段营养生长与生殖生长同时并进的阶段。

【任务实施】

作物生育期与生育时期调查

一、目的要求

掌握水稻、玉米、大豆等主要作物生育期与生育时期划分的依据和调查方法，为确定作物生产技术措施提供依据。

二、材料用品

卷尺、放大镜、记录本、铅笔、计算器。

三、内容方法

选择水稻、玉米、大豆田各一块，用对角线法取样，根据植株整齐度确定5～9个样点，水稻、大豆每点1 m^2，玉米每点为2 m^2。从播种后开始定点调查，每2～3 d调查一次。

(一)生育时期调查

1. 水稻生育时期调查

(1)出苗期。不完全叶从芽鞘中伸出1 cm为出苗，秧田有50%幼苗达到出苗标准的日期为出苗期。

(2)三叶期。全田有50%的植株第三片完全叶展开的日期。

(3)返青期。移栽后50%的植株新叶开始生长的日期。

(4)分蘖期。全田有50%的植株第一分蘖抽出1 cm长的日期。田间分蘖数与有效穗数相同的日期为有效分蘖终止期。

(5)拔节期。全田有50%的植株主茎节间伸长长达2 cm的日期。

(6)孕穗期。全田有50%的植株剑叶叶枕抽出下一叶叶枕的日期。

(7)抽穗期。全田有50%的植株幼穗露出剑叶叶鞘1 cm的日期。抽穗后1～2 d进入开花期。

(8)成熟期。根据籽粒内含物的状态，分为乳熟期、蜡熟和完熟期。

2. 玉米生育时期调查

(1)出苗期。第一片叶出土2 cm为出苗，全田有50%幼苗达到出苗标准的日期为出苗期。

(2)拔节期。全田有50%的植株节间开始伸长，主茎总长度达2～3 cm的日期。

(3)大喇叭口期。全田有50%的植株棒三叶大部分伸出，但未全部展开，心叶丛生，形似喇叭口的日期。

(4)抽雄期。全田有50%的植株雄穗主轴露出顶叶3～5 cm的日期。

(5)开花期。全田有50%植株雄穗主轴上的小穗开花散粉的日期。

(6)吐丝期。全田有50%的植株雌穗花丝从苞叶中伸出2 cm的日期。

(7)成熟期。籽粒变硬，呈现品种固有的颜色和形状，尖冠处出现黑层的日期。

3. 大豆生育时期调查

(1)出苗期。子叶出土即为出苗，全田有50%植株达出苗标准的日期。

(2)分枝期。全田有20%植株发生分枝的日期。

(3)花期。又分为始花期、盛花期和终花期；全田有10%植株开花的日期为始花期;全田有50%植株开花的日期为盛花期;全田有80%植株开花结束的日期为终花期。

(4)结荚期。全田有50%植株幼荚长达2 cm的日期。

(5)鼓粒期。全田有50%植株豆粒鼓起,达最大体积和重量的日期。

(6)成熟期。根据植株长相及籽粒性状,分为黄熟、完熟和枯熟期。

(二)生育期调查

在调查生育时期的同时,确定出苗期和成熟期,将出苗期到成熟期的天数累加,即为生育期。

四、任务要求

将调查的数据记入下表(表1-6)。

表1-6 作物生育时期调查表

水稻		玉米		大豆	
生育时期	日期	生育时期	日期	生育时期	日期

【任务拓展】

作物S形生长过程的认识

无论是作物群体、个体,还是器官、组织乃至细胞,当以时间为横坐标、生长量为纵坐标作图时,都遵循S形生长曲线,即初期生长缓慢,以后逐渐加快,后期又减缓,直至生长完全停止,形成“慢—快—慢”的规律(图1-50)。作物生长的这种规律称为生长大周期。整个过程可划分为5个时期。

1.初始期

作物生长初期,植株幼小,生长缓慢。

2.快速生长期

植株生长较快,生长速率不断加大,干物质积累与叶面积成正比。

3.生长率渐减期

随着植株的生长,叶面积增加,叶片互相遮阴,单位叶面积净光合速率随叶面

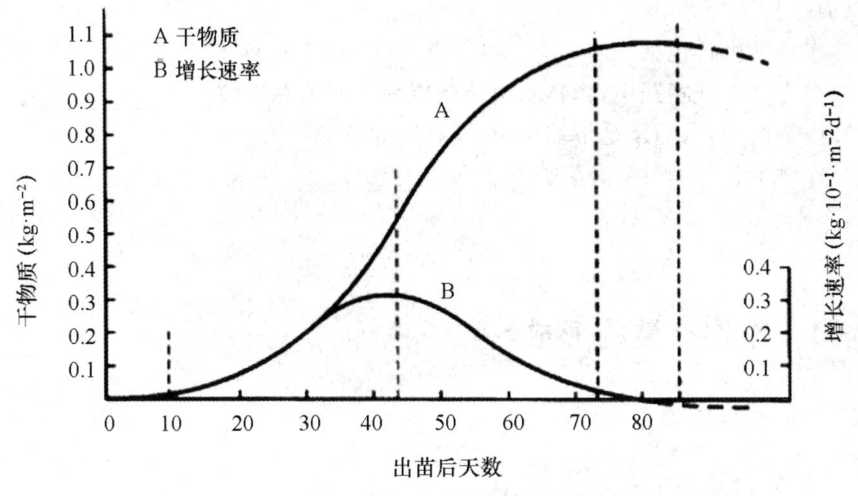

图 1-50　作物的 S 形生长曲线

积的增加反而下降，生长速率逐渐减小。但是由于此期叶面积总量大，单位土地面积上群体的干物质积累呈直线增长。

4. 稳定期

叶片衰老，功能减退，干物质积累速度减慢，当植株成熟时，生长停止，干物质积累停止，趋于稳定。

5. 衰老期

部分叶片枯萎脱落，干物质不但不增加，反而有减少的趋势。

【任务评价】

任务评价表

任务名称：

学生姓名	评价内容、评价标准		自评 30%	组评 30%	教师 40%	得分
专业知识	40 分					
任务完成情况	40 分					
职业素养	20 分					
评语总分	总分：　　教师：　　年　月　日					

【任务巩固】

1. 作物的生长包括__________和__________两个过程。

2. 在作物生产实践中，作物从出苗到成熟之间的总天数称为__________。

3. 作物的器官，通常是下端生根，这种现象称为__________。

4. 作物生长过程中，花芽分化前属于__________生长，之后属于__________生长。

任务2 作物产量的形成

【任务目标】

1. 了解作物的生物产量和经济产量，熟悉作物产量形成的特点。

2. 掌握不同作物的产量构成因素，能够对作物进行产量的测定。

【任务准备】

一、资料准备

各种作物生产田、测绳、卷尺、镰刀、种子袋、脱粒机、卷尺、天平、计算器、任务评价表等与本任务相关的教学资料。

二、知识准备

(一)作物产量

作物栽培的目的是获得较多的有经济价值的农产品，单位面积土地生产的农作物产品数量即为作物产量。通常把作物的产量分为生物产量和经济产量。

1. 生物产量

作物利用太阳光能，通过光合作用，同化二氧化碳、水和无机物质，进行物质和能量的转化和积累，形成各种各样的有机物质。作物在整个生育期间生产和积累有机物的总量，即整个植株(一般不包括根系)的干物质重量称为生物产量。组成作物体的全部干物质中，有机物质占总干物质的90％～95％，其余为矿物质。因此，光合作用形成的有机物质的积累是农作物产量形成的主要物质基础。

2. 经济产量

经济产量是指单位面积上所获得的有经济价值的主产品数量，也就是生产上所说的产量。由于人们栽培目的所需要的主产品不同，不同作物所提供的产品器官也各不相同。如禾谷类、豆类和油料作物的主产品是籽粒；薯类作物的产品是块根或块茎；棉花是种子上的纤维；甘蔗为蔗茎；甜菜为肉质根；烟草和茶叶是它们的叶片。同一作物因利用目的的不同，产量概念也随之变化，如纤维用亚麻，产量是指麻皮产量；油用亚麻，产量是指种子产量。玉米作为粮食作物时，产量指籽粒产量；作饲料作物时，产量包括叶、茎、果穗等全部有机物质的产量。

3. 经济系数

一般情况下，作物的经济产量仅是生物产量的一部分。在一定的生物产量中，获得经济产量的多少，要看生物产量转化为经济产量的效率，这种转化效率称为经济系数或收获指数，即经济产量与生物产量的比率。在正常情况下，经济产量的高低与生物产量成正比，尤其是收获茎叶为目的的作物。收获指数是综合反映作物品种特性和栽培技术水平的指标。

(二)产量构成因素

作物产量是指单位土地面积上作物群体的产量。作物产量可以分解为几个构成因素，并依作物种类而异(表 1-7)。田间测产时，只要测得各构成因素的平均值，便可计算出理论产量。由于该方法易于操作，在作物栽培及育种中被广泛采用。

表 1-7　各类作物的产量构成因素

作物种类	代表作物	产量构成因素
禾谷类	水稻、小麦、玉米、高粱	穗数、每穗实粒数、单粒重
豆类	大豆、蚕豆、豌豆、绿豆	株数、每株有效分枝数、每分枝荚数、每荚实粒数、单粒重
薯类	甘薯、马铃薯	株数、每株薯块数、单薯重
棉花	棉花	株数、每株有效铃数、单铃籽棉重、衣分
韧皮纤维作物	苎麻、红麻、亚麻、大麻	有效茎数、单株鲜茎，或鲜皮重量、出麻率
油菜	油菜	株数、每株有效分枝数、每分枝角果数、每角果粒数、单粒重
甘蔗	甘蔗	有效茎数、单茎重
烟草	烟草	株数、每株叶数、单叶重
绿肥作物	苜蓿、紫云英、苕子	株数、单株鲜重

(三)影响产量形成的因素

1. 内在因素

品种特性,如产量性状、耐肥、抗逆性等生长发育特性及幼苗素质、受精结实等,均影响产量形成的过程。

2. 环境因素

土壤、温度、光线、肥料、水分、空气、病虫草害的影响较大。

3. 栽培措施

种植密度、群体结构、种植制度、田间管理措施,在某种程度上是取得群体高产优质的主要调控手段。

【任务实施】

水稻产量的测定

一、目的要求

熟练掌握水稻产量测定的方法,并能对产量构成因素和群体结构进行分析,为水稻丰产栽培奠定基础。

二、材料用品

单株脱粒机、天平、计算器、测绳、卷尺、塑料桶、镰刀、铅笔、记录表、种子袋、苫布等。

三、内容方法

在水稻进入蜡熟期,根据各类稻田的长相先区分出好、中、差三类长相,并选出有代表性的田块进行测产。

(一)小面积实收法

在一个生产单位的稻田中,选取有代表性的小田块,全部收割、脱粒,稻谷经过干燥含水量降至14%时称重。实际测量该田块的面积,折算出单位面积产量。

$$产量(kg/hm^2)=收获稻谷重(kg)\times 10^{-4}(m^2/hm^2)/田块面积(m^2)$$

(二)产量构成因素调查法

选取有代表性田块,采用对角线五点取样法取样,也可采用随机取样法取样。

样点要有代表性，分布均匀。调查项目及要求如下.

1. 测定行距和穴距，求出每公顷穴数

在每个样点上测量11行水稻的距离，除以10即为行距；测量11穴水稻的距离，除以10即为穴距。统计各点的行距和穴距，求出该田块的平均行距和穴距，计算每公顷穴数。

$$每公顷穴数 = 10\,000(m^2)/[平均行距(m)\times 平均穴距(m)]$$

2. 调查每穴有效穗数，求每公顷穗数

在每个样点上连续取10～20穴，查出每穴有效穗数(具有10个以上结实谷粒的稻穗)，统计出各点及全田的平均每穴穗数，计算每公顷穗数。

$$每公顷穗数 = 每公顷穴数\times 每穴平均穗数$$

3. 调查代表穴的实粒数，求每穗实粒数

在1～3个样点上，每点选取一穴穗数接近该点平均每穴穗数的水稻，数记该穴的每穗实际粒数，统计每穴平均实粒数。调查时可将有效穗脱粒，放入清水中，沉入水中的谷粒为实粒。计算每穗平均粒数，各点平均求出全田平均每穗实粒数。

$$每穗实粒数 = 每穴总实粒数/每穴有效穗数$$

四、任务要求

根据穗数、粒数的调查结果，再估算出千粒重，即可计算出水稻单位面积产量。

$$产量(kg/hm^2) = 每公顷穗数\times 每穗实粒数\times 千粒重(g)/10^6$$

将调查结果填入表中(表1-8)。

表1-8　水稻测产记录表

样点	行距/m	穴距/m	每公顷穴数	每穴有效穗数	每公顷穗数	每穴实粒数	每穗实粒数	千粒重/g	产量/(kg/hm^2)
1									
2									
3									
4									
5									
平均									

【任务拓展】

提高作物产量的途径

1.提高作物的产量潜力

作物产量潜力是指作物在通过人为措施克服某一个限制因子、几个限制因子或者所有限制因子后可能达到的最高产量。通过各种措施和途径,最大限度的利用太阳辐射能,不断提高光合生产率,形成尽可能多的光合产物,是挖掘作物生产潜力的手段。

2.提高作物光能利用效率

(1)选育高光合效率的品种。从提高光合效率的角度培育超高产品种,选择目标很复杂。因为具有高光效的作物群体,不仅整株的碳素同化能力强,更重要的是群体水平上的碳素同化能力强。这些光合性状的表现,涉及形态、解剖结构、生理生化代谢等各个层次。

(2)增加光合面积。合理密植是恰当增加光合面积以提高光能利用率的主要措施之一。有足够种植密度,才能充分利用日光能和地力。另外还可以改变株型,一般好的株型为叶厚但较小,叶直,秆矮,分蘖密。

(3)延长光合时间。提高复种指数,相当于增加收获面积,延长单位土地面积上作物的光合时间。采取措施使作物适当延长营养生长期,前期早生快长,较早具有光合面积,后期叶片不早衰,这样光合时间延长,可积累更多的有机物。在小面积的栽培试验中,或要加速重要的材料与品种的繁育时,可采用生物灯或日光灯作为人工光源,以延长光照时间。

3.降低作物消耗

光呼吸是在光照和高氧低二氧化碳情况下发生的一个生化过程。它是光合作用一个损耗能量的副反应。在光存在的条件下,光呼吸降低了光合作用的效率,因此降低光呼吸是提高光合作用的途径之一。

4.提高经济系数

在作物生产实践中,通过合理地栽培耕作措施给作物创造适宜的生长条件,增加光合产物向经济器官转移分配,提高经济系数是实现高产的重要途径。

【任务评价】

任务评价表

任务名称：

学生姓名	评价内容、评价标准		自评 30%	组评 30%	教师 40%	得分
专业知识	40 分					
任务完成情况	40 分					
职业素养	20 分					
评语总分	总分：　　教师：　　年　月　日					

【任务巩固】

1. 作物生长中，整个植株的干物质重量称为__________。

2. 指单位面积上所获得的有经济价值的主产品数量，就是生产上所说的__________。

3. 经济产量和生物产量的比率称为__________。

4. 水稻的产量构成因素包括__________、__________和__________等。

模块二

农作物生长与环境调控

项目一　了解土壤及其基本组成

【项目描述】

土壤是农业生态系统的重要组成部分，是农业生产的基础。合理利用土壤资源，充分发挥土壤的生产潜力，使土壤能为人类创造出更多的物质财富，是农业科学的重要任务。土壤是植物生长的载体，因此还能提供大部分生命必需元素。植物生长所需的水分、养分主要是通过其根系从土壤中吸收的。就现阶段而言，无论是植物生产还是动物生产，都是离不开土壤这个基地的。

本项目分为认识土壤的形成及其基本组成、认识土壤的性质、认识土壤空气和土壤热量及认识土壤中养分的形态 4 个工作任务。

通过本项目学习土壤的形成及基本组成，认识土壤、土壤肥力、土壤质地与农业生产的关系；能够通过合理地田间土地耕作和培肥地力，获取高产和稳产；培养认真严谨、善于思考、沟通协作等能胜任岗位工作的职业素质。

任务 1　认识土壤的形成及其基本组成

【任务目标】

1. 了解土壤和土壤肥力，熟悉土壤质地的类型。
2. 识别主要土壤质地的类型，能够进行土壤样品的采集与制备。

【任务准备】

一、资料准备

环刀、土钻、铁铲、土壤筛、广口瓶、皮尺、卷尺、剖面刀、研钵、任务评价表等与本任务相关的教学资料。

二、知识准备

(一)土壤

1.什么是土壤

土壤是陆地表面由矿物、有机物质、水、空气和生物组成、具有肥力且能生长植物的疏松表层。土壤是由岩石风化后再经成土作用形成的阶段性产物,岩石在风化过程中变得疏松多孔,部分矿物彻底分解成为可溶性物质。

2.土壤肥力

土壤肥力是指在植物生活的全过程中,土壤具有能供应与协调植物正常生长发育所需的养分、水分、空气和热量的能力。根据肥力产生的主要原因,可将之分为自然肥力和人为肥力。自然肥力是由自然因素形成的土壤所具有的肥力。也就是土壤在自然因素综合作用下发生和发展起来的肥力。纯粹的自然肥力只有在原始林地和未开垦的荒地上才能见到。由耕作、施肥、灌排、改土等人为因素作用形成的土壤肥力称为人为肥力。人为肥力是在自然土壤经过开垦耕种以后,在人类生产活动影响下创造出来的。

(二)土壤的形成

1.形成过程

土壤不同于岩石和矿物及其风化物,它是由岩石和矿物经风化后残留在原地或经搬运、沉积后而成为母质,母质在各种自然因素和人为因素作用下通过成土作用转变为土壤的。

土壤的形成是一个物理、化学及生物化学过程。它既包括了各种风化作用,也包括各种生物活动,特别是土壤内部的生物活动,是区别成土作用与风化作用的主要依据。通过这些变化,使土壤具有了与母质不同的性质,且土壤产生了肥力。

2.成土的因素

成土因素是指一切影响或作用于土壤形成或发生过程的自然和人为因素,通常情况下是指自然因素,包括母质、气候、生物、地形及时间等五个因素,简称为五大成土因素。在人类诞生后,特别是工业革命以后,由于人口急剧增加,对粮食的需求越来越大,人类对土壤肥力发展变化的影响也越来越大。

人类生产活动对土壤及其肥力的演化起着重要的作用,例如栽培作物与施肥可提高土壤有机质和土壤养分的含量,灌溉排水能调节土壤的空气状况从而影响土壤微生物的活动，耕翻土壤能促进或破坏土壤结构的形成等等。这些活动对土壤肥力的产生和发展是其他任何因素不可比的。因此我们应科学合理地利用土壤资源，减少由于我们的生产活动对土壤带来的不利影响。

（三）土壤固相组成

土壤是由固体、液体（水分）及气体三相物质组成的，其中液体和气体存在于土壤孔隙之中。固体物质主要包括矿物质和有机质（图 2-1）。土壤水分中含有多种无机、有机离子及分子，形成土壤溶液。土壤中气体的物质种类与大气相似。土壤的组成分并不是孤立存在，而是密切联系，相互影响，共同作用于土壤肥力的。

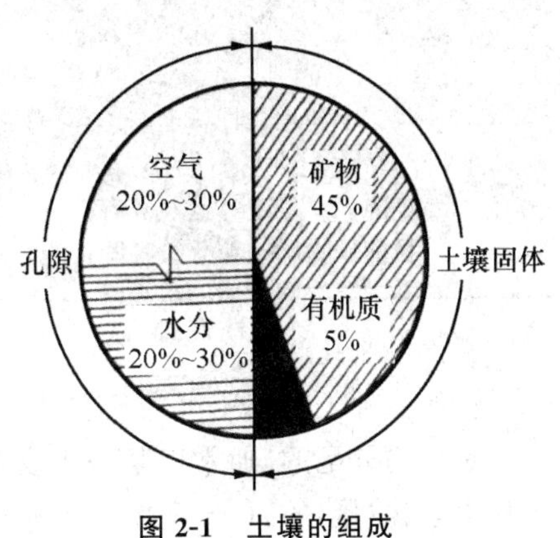

图 2-1 土壤的组成

（四）土壤粒级与土壤质地

通过风化作用和成土作用形成的土壤无机颗粒，其大小并不相同，相同直径的土粒在不同土壤中的含量也不相同。不同大小土粒表现出来的理化性质差异较大。

1. 土壤粒级

将土壤颗粒按粒径的大小和性质的不同分成若干级别，称为土壤粒级。同一粒级范围内土粒的矿物成分、化学组成及性质基本一致，而不同粒级土粒的性质有明显差异。根据土粒的大小不同可分为石砾、沙粒、粉沙粒和黏粒四个基本粒级（表 2-1）。

表 2-1 常用土粒分级标准

<table>
<tr><th colspan="3">国际制</th><th colspan="4">俄罗斯的卡庆斯基制</th></tr>
<tr><th colspan="2">粒级名称</th><th>粒径/mm</th><th colspan="3">粒级名称</th><th>粒径/mm</th></tr>
<tr><td colspan="2" rowspan="2">石砾</td><td rowspan="2">>2</td><td colspan="3">石块</td><td>>3</td></tr>
<tr><td colspan="3">石砾</td><td>3~1</td></tr>
<tr><td rowspan="3">沙粒</td><td rowspan="2">粗沙粒</td><td rowspan="2">2~0.2</td><td rowspan="3">物理性沙粒</td><td rowspan="3">沙粒</td><td>粗沙粒</td><td>1~0.5</td></tr>
<tr><td>中沙粒</td><td>0.5~0.25</td></tr>
<tr><td>细沙粒</td><td>0.2~0.02</td><td>细沙粒</td><td>0.25~0.05</td></tr>
</table>

续表 2-1

国际制		俄罗斯的卡庆斯基制			
粒级名称	粒径/mm	粒级名称			粒径/mm
粉沙粒	0.02～0.002	物理性黏粒	粉粒	粗粉粒	0.05～0.01
				中粉粒	0.01～0.005
				细粉粒	0.005～0.001
黏粒	<0.002		黏粒	粗黏粒	0.001～0.0005
				中黏粒	0.0005～0.0001
				细黏粒	<0.0001

2. 土壤质地

任何一种土壤都不可能只有某一级别的土粒，各级别的土粒在土壤中的含量也不是平均分配的，通常以某一级或两级土粒的含量为主。我们把土壤中各粒级土粒含量（质量）的百分率的组合称为土壤质地（土壤的颗粒组成、土壤的机械组成）。土壤质地的类别一般可分为沙土、壤土、黏土这三类，在此基础上再细分为若干个质地类别（表 2-2）。

表 2-2 中国制土壤质地分

质地分类		颗粒组成(%)(粒径:mm)		
组别	名称	沙粒(1～0.05)	粗粉粒(0.05～0.01)	细黏粒(<0.01)
沙土	粗沙土	>70	—	<30
	细沙土	60～70	—	
	面沙土	50～60	—	
壤土	沙粉土	>20	>40	
	粉土	<20		
	沙壤土	>20	<40	
	壤土	<20		
	沙黏土	>50	—	>30
黏土	粉黏土	—		30～35
	壤黏土	—		35～40
	黏土	—		40～60
	重黏土	—		>60

土壤质地首先影响土壤的孔隙性质及养分含量，进一步作用于土壤的通透性、保肥性、供肥性、土壤温度状况及耕性等性质。根据土壤质地不同所反映出来的肥力特性也不同，主要表现为：

(1)沙质土。沙粒含量高，主要矿物为石英，养分贫乏，尤其是有机质含量低；通气透水性好，但保水、保肥能力差，土壤易干旱；沙土热容量小，土温易升降，温差大，为热性土。耕性好，种子易出苗，但后期易出现脱肥现象。

(2)黏质土。黏粒含量高，孔隙小，通透性不良，但保水、保肥能力强；养分丰富，特别是钾、钙、镁等阳离子含量多，有机质含量高；黏土热容量大，土温不易升降，土温平稳，为冷性土；耕性差，种子不易出苗，可能产生缺苗断垄现象，但生长后期作物生长旺盛，控制不好甚至贪青晚熟。

(3)壤质土。壤土类土壤由于沙粒、粉粒、黏粒含量比例较适宜，因此兼有沙土类与黏土类土壤的优点，群众称之为“二合土”，是农业上较为理想的土壤质地类型。

(五)土壤有机质

土壤有机质是指以各种形态存在于土壤中的含碳有机化合物的总称。包括土壤中各种动植物微生物残体、土壤生物的分泌物与排泄物，以及这些有机物质分解和转化后的物质。

1. 土壤有机质的特性

(1)土壤有机质的来源。自然土壤中有机质主要来源于生长在土壤上的高等绿色植物，其次是生活在土壤中的动物和微生物；农业土壤中有机质的主要来源是每年施用的有机肥料、植物残茬和根系及其分泌物、人畜粪便、工农业副产品的下脚料、城市垃圾、污水等(图 2-2)。

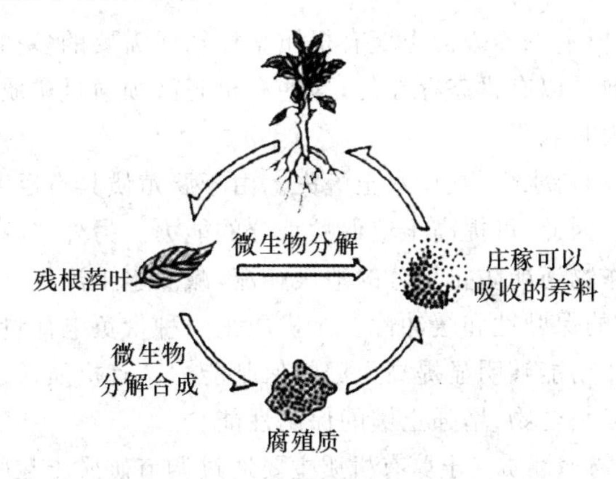

图 2-2 土壤有机质的转化

(2)土壤有机质的存在形态。通过各种途径进入土壤的有机质一般呈三种形态。

①新鲜的有机物质。指刚进入土壤不久,基本未分解的动植物残体。

②半分解的有机物质。指多少受到微生物分解,多呈分散的暗黑色碎屑和小块,如泥炭等。

③腐殖物质。指经微生物改造后的一类特殊高分子化合物,呈褐色或暗褐色,是土壤有机质最主要的一种形态,占有机质总量的85%~90%。

(3)土壤有机质的组成。土壤有机质的基本组成元素是C、H、O、N等,此外,还含有灰分元素:Ca、Mg、K、Na、Si、P、S、Fe、Al、Mn及少量的I、Zn、B、F等。

从物质组成来看,土壤有机质一般可分为腐殖物质和非腐殖物质两部分。非腐殖物质主要是一些较简单的、易被微生物分解的糖类、有机酸、氨基酸、氨基糖、木质素、蛋白质、脂肪等高分子物质。腐殖物质是一类经过土壤微生物作用后,由酚类和醌类物质聚合,由芳环状结构和含氮化合物、糖类组成的复杂多聚体,是性质稳定、新形成的深色高分子化合物。

(4)土壤有机质的转化。土壤有机质在微生物的作用下,向着两个方向转化,即有机物质矿质化和有机质腐殖化过程。矿质化过程是指有机质在微生物作用下,分解为简单无机化合物的过程,其最终产物是CO_2、H_2O、无机离子等,包括N、P、S及其他元素的离子,同时放出热量。该过程未知物和微生物提供养分和能量,也为土壤腐殖质提供物质来源。

腐殖化过程是指有机物质在微生物的作用下,先分解产生简单化合物,继而将简单有机化合物作为中间产物,又转化合成为腐殖质的过程。

2.土壤有机质的作用

(1)提供植物所需的养分。土壤有机质是植物所需要的多种养分的主要来源。土壤中的养分多数是以有机态存在的,这些有机态必须通过矿质化,转化为无机态之后才能被植物吸收利用。

(2)提高土壤的持水性,减少水土流失。由于腐殖质具有巨大的表面积和亲水基团,吸水量很大,因此,可提高土壤保贮水分的能力。另外,提高土壤有机质的保水性和种植绿肥作物还能防止水分的地表径流,减少水土流失。

(3)提高土壤的保肥性和缓冲性。有机质是一种带负电荷量很高的土壤胶体,通过阳离子交换作用能够明显提高土壤的保肥能力。有机质通过与部分营养离子形成盐或络合物或螯合物,增强土壤的保肥性能。

(4)改善土壤物理性质。土壤有机质主要通过调节矿质土粒间的黏结性而作用于土壤结构、耕性等物理性质。有机质分子能够以一定的方式把矿质土粒团聚在一起,其团聚矿质土粒的力小于黏粒,却大于沙粒。所以有机质通过促进大小适中、紧实度适合的良好土壤结构的形成,改善土壤孔隙状况,协调土壤通气性、透水性与保水性之间的矛盾,降低黏粒之间的团聚力,降低土壤耕作阻力,改善土壤的耕性。

(5)提高土壤生物和酶的活性,促进养分转化。有机质是土壤微生物的碳源和能源,所以能够促进微生物的活动。微生物的活性越强,则土壤有机质和其他养分的转化速率就快;同时通过刺激微生物和动物的活动以增加土壤酶的活性,能够改善土壤养分状况。

(6)土壤有机质对生态环境有重要作用。有机质中的部分官能团将游离于土壤溶液中的重金属离子形成络合物而保留在土壤中,降低其进入地下水产生污染的可能性。部分腐殖质分子能吸收进入土壤的农药分子,促进其转化分解或减少其进入水源的数量。

【任务实施】

土壤农化样品的采集与制备

一、目的要求

掌握耕层土壤混合样品的采集和制备方法。

二、材料用品

小铁铲(或锄头)、布袋(或塑料袋)、标签、铅笔、钢卷尺、木槌、镊子、土壤筛(30 目、60 目)、广口瓶、研钵、盛土盘等。

三、内容方法

为了使样品具有代表性,在采集与制备样品的过程中,按“随机”、“多点”和“均匀”的方法进行操作。

(一)样品的采集

1. 样品的代表性

采样时必须按照一定的采样路线进行。采样点的分布尽量做到“均匀”和“随机”;布点的形式以蛇形为好,在地块面积小,地势平坦,肥力均匀的情况下,方可采用对角线或棋盘式采样路线(图 2-3)。采土点要避免田边、路旁、沟边、挖方、填方及堆肥等特殊地方;采样点的数目一般应根据采样区域大小和土壤肥力差异情况,酌情采集 5～20 个点。

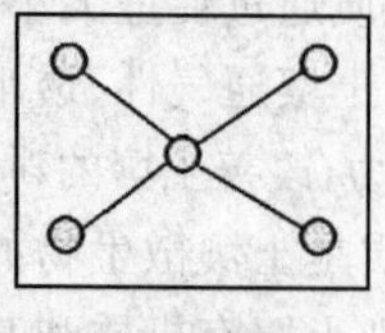

对角线采样法

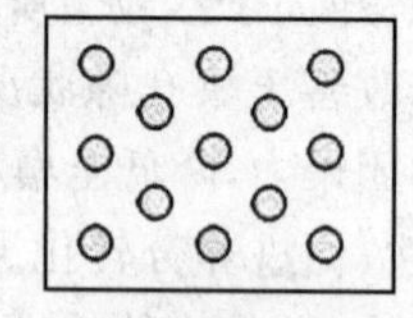

棋盘式采样法

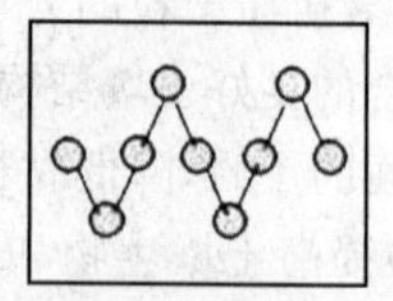

蛇形采样法

图 2-3 土壤样品的采集方法

2.采样方法

在确定采样点上，先将 2～3 cm 表土刮去，然后用土钻或小铁铲（图 2-4）垂直入土 15～20 cm 左右（图 2-5），每点的取土深度、质量应尽量一致，将采集的各点土样在盛土盘上集中起来，粗略选去石砾、虫壳、根系等物质，混合均匀，采用四分法（图 2-6），弃去多余的土，直至所需要数量为止，一般每个混合土样的质量以 1 kg 左右为宜。

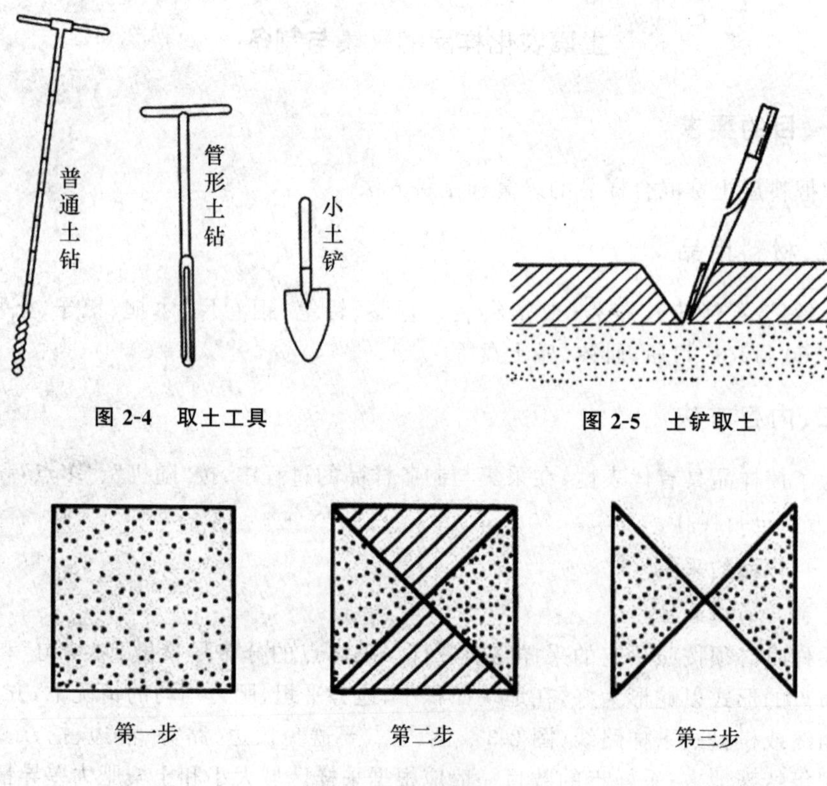

图 2-4 取土工具

图 2-5 土铲取土

图 2-6 四分法取样步骤

3. 采样时间

为了解决随时出现的问题，需要土壤测定时，应随时采样；为了摸清土壤养分变化和作物生长规律，即按作物生育期定期采样；为了制订施肥计划而进行土壤测定时，在前作物收获后或施基肥前进行采样；若要了解施肥效果，则在作物生长期间，施肥的前后进行采样。

4. 装袋与填写标签

采好后的土样装入布袋中，立即写标签，一式 2 份，1 份系在口袋外，1 份放入袋内，标签用铅笔写明采样地点、深度、样品编号、日期、采样人、土壤名称等。同时将此内容登记在专门的记载本上备查。

(二)土壤样品的制备

1. 风干剔杂

除速效养分、还原物质的测定需用新鲜样品外，其余均采用风干土样，以抑制微生物活动和化学变化，便于长期保存。风干土样的处理方法：将新鲜土样铺平放在木板上或光滑的厚纸上，厚 2～3 cm，放置在阴凉干燥通气清洁的室内风干。严禁暴晒或受到酸、碱气体等物质的污染，应随时翻动，捏碎大的土块，剔除根茎叶、虫体、新生体、侵入体等，经过 5～7 d 后可达风干的要求。

2. 磨细过筛

将风干以后的土样平铺在木板或塑料布上，用木棒碾碎，边磨边筛，直到全部通过 1 mm 筛孔(18 目)为止。石砾和石块切勿弄碎，必须筛去，少量可弃去，多量时，应称其质量，计算其百分含量。过筛后的土样经充分混匀后，用四分法分成 2 份，一份供 pH 速效养分等测定；另一份继续仔细地挑弃残存的植物根等有机体，然后磨细至全部通过 0.25 mm (60 目)筛孔，又按四分法取出 50 g 左右供有机质、全氮含量测定之用。

四、任务要求

按照土样采集的方法到田间进行采样。将采集好的两份土样带回室内，分别过筛后充分混合，分别装入具有磨口塞的广口瓶中，内外各附标签一张，标签上写明土壤样品编号、采样地点、土壤名称、深度、筛孔号、采集人及日期等。

【任务拓展】

土壤有机质的管理

当前土壤有机质含量降低导致土壤生产力下降已成为世界各国关注的问题。

对于土壤有机质含量较低的土壤，合理施肥、适宜耕种、调节水气热状况、营造调节林地等都是提高有机质含量的有效途径。

1. 合理施肥

不断使用有机肥能使土壤有机质保持在适当的水平，保持土壤良好的性能，不断供给植物生长所需养分。常用的措施主要有增施有机肥料、秸秆覆盖还田、种植绿肥、归还植物凋落物。

2. 适宜耕种

适宜免耕、少耕可显著增加土壤微生物的生物量、微生物碳与有机碳的比率，提高土壤有机质含量。合理实行绿肥或牧草与植物轮作、旱地改水田也能显著增加土壤有机质含量。

3. 调节土壤水、气、热状况

只有土壤温度、湿度适宜，并有适当的通气条件时，好气性与厌氧性分别交替或相伴进行，才能使矿质化和腐殖化过程协调，既能供应植物所需养分，又能累积一定数量的腐殖质。

4. 营造调节林地

通过疏伐降低林分郁闭度，改善林内光照条件，提高地温，可促进土壤有机质分解。通过调整林分树种组成，纯林改混交林，针叶林引进乔、灌木，适当增加阔叶树种，可加速枯落物的分解转化。对低洼林地开挖排水沟渠、施用石灰降低酸度、耕翻土壤改善通气条件等土壤改良措施，也有利于土壤有机质分解。

【任务评价】

任务评价表

任务名称：

学生姓名	评价内容、评价标准		自评 30%	组评 30%	教师 40%	得分
专业知识	40 分					
任务完成情况	40 分					
职业素养	20 分					
评语总分	总分： 教师： 年 月 日					

【任务巩固】

1. 土壤是由__________风化而来。

2. 土壤肥力根据肥力产生的原因，可分为__________肥力和__________肥力。

3. 土壤是由固体、液体及气体三相物质组成的，其中固体物质主要包括__________和__________。

4. 土壤颗粒按粒径的大小和性质的不同可分为__________、__________、__________和__________四个基本粒级。

5. 土壤质地的类别一般可分为__________、__________和__________三类。

6. 土壤的__________是指土壤中各种动植物微生物残体、土壤生物的分泌物与排泄物，以及这些有机物质分解和转化后的物质。

任务2　认识土壤的性质

【任务目标】

1. 认识土壤的孔性、结构性、物理机械性、酸碱性，了解土壤的吸收性能，熟悉土壤结构体的类型。

2. 能够对质地不良的土壤进行改良，能够测定土壤的酸碱性。

【任务准备】

一、资料准备

环刀、土钻、铁铲、土壤筛、广口瓶、干燥箱、天平、皮尺、卷尺、剖面刀、研钵、任务评价表等与本任务相关的教学资料。

二、知识准备

（一）土壤的孔性

土壤的孔性是指土壤中各种孔隙的数量、质量及其分布状况。由于土壤孔隙状况极其复杂，实践中难以直接测定，通常用间接的方法，在测定土壤密度、容重后计算出来的。

1. 土壤密度和容重

（1）土壤密度。土壤密度是指单位体积土粒（不包括粒间孔隙）的烘干土重量。

单位是 g/cm^3 或 t/m^3。其大小与土壤矿物质组成、有机质含量有关，因此，土壤的固相组成不同，其密度也不同(表 2-3)。

表 2-3　土壤矿物与腐殖质的密度

名称	相对密度	名称	相对密度
石英	2.65	角闪石	2.9～3.5
正长石	2.56	方解石	2.5～2.8
斜长石	2.60～2.76	褐铁矿	3.6～4.0
白云母	2.75～3.00	高岭土	2.60
黑云母	2.79～3.16	腐殖质	1.4～1.8

多数矿物的密度为 2.6～2.7 g/cm^3，有机质的密度为 1.4～1.8 g/cm^3。由于土壤有机质含量并不多，所以一般情况下，土壤密度常取值为 2.65 g/cm^3。如果有特殊要求则可以单独测定。

(2)土壤容重。土壤容重是指自然状态(包括孔隙)单位体积干燥土壤的质量，又叫土壤假密度，单位是 g/cm^3 或 t/m^3。土壤的质量是指土壤在 105～110℃条件下的烘干质量。多数土壤容重为 1.0～1.8 g/cm^3；沙质土多为 1.4～1.7 g/cm^3，黏质土一般为 1.1～1.6 g/cm^3，壤质土介于二者之间。

对于质地相同的土壤来说，容重过小则表明土壤处于疏松状态，容重过大则表明土壤处于紧实状态；对于植物生长发育来说，土壤过松过紧都不适宜，过松则通气透水性强，易漏风跑墒，过紧则通气透水性差，妨碍根系延伸。

2. 土壤孔隙性

根据空隙中的土壤水吸力大小及有效性将土壤孔隙划分为以下三种类型。

(1)非活性孔隙。又叫无效孔隙、束缚水孔隙，是土壤中最细的孔隙。根毛和微生物不能进入此孔隙，保持在这种孔隙中的水分被土粒强烈吸附，植物很难吸收利用，土壤中土粒越细，无效孔隙越多，这种空隙的总体积很小，一般可以忽略。

(2)毛管空隙。这种孔隙当量孔径很小，具有毛细管作用，水分借毛管弯月面力保持在内，并靠毛管力向方向移动。这种孔隙中的水分是保证植物生长的有效水分，但透气能力较低，植物细根、原生动物和真菌不能进入毛管空隙中，但根毛和细菌可在其中生活。

(3)通气孔隙。土壤孔隙不具有毛细管作用，水分在重力的作用下迅速排出土体，后下渗补充地下水，成为水分和空气的通道，并经常为空气所占据。大孔隙的多少直接影响着土壤透气和渗水能力，即决定土壤的通透性能，是原生动物、真菌和根毛的栖息地。

(二)土壤结构性

土壤中大小不同的固体颗粒并不是单独存在的,通常是多个土粒相互团聚在一起,形成大小不同、外形不一的土壤团聚体,称为土壤结构体。土壤结构性是指土壤结构体的大小、形状、力稳性、水稳性及孔隙状况的综合特征。

1. 土壤结构体

按照结构体的大小、形状和发育程度可分为六大类。

(1)团粒结构。团粒结构是指外形近似球形、疏松多孔、由有机质胶结团聚形成的,直径大小为 0.25～10 mm 的土壤结构体,俗称“蚂蚁蛋”、“米糁子”等,常出现在有机质含量较高、质地适中的土壤中,其土壤肥力高(图 2-7)。在团粒内部是毛管孔隙,团粒之间是非毛管孔隙,两种孔隙配合适当,而且总孔隙也较多,具有良好的孔隙性,从而使土壤具有较大的蓄水抗旱能力,也使养分与空气,供肥与保肥的矛盾得以协调,因此是农业生产中最理想的结构体。

(2)块状结构。结构体呈不规则的块状,长、宽、高大致相近,边、面不明显,结构体内部较紧实,俗称“坷垃”(图 2-7)。在有机质含量较低或黏重的土壤中,一方面由于土壤过干、过湿,耕作时在表层易形成块状结构;另一方面由于受到土体的压力,在心土层、底土层中也会出现。

(3)核状结构。外形与块状结构体相似,体积较小,但棱角、边、面比较明显,内部紧实坚硬,泡水不散,俗称“蒜瓣土”,多出现在黏土而缺乏有机质的心土层和底土层(图 2-7)。

(4)柱状结构。结构体呈立柱状,纵轴大于横轴,比较紧实,孔隙少,俗称“立土”(图 2-7)。多出现在水田土壤、典型碱土、黄土母质的下层。这种结构可使底土开裂、引起漏水漏肥,常采取逐步加深耕层,结合施大量有机肥进行改良。

(5)棱柱状结构。外形与柱状结构体很相似,但棱角、边、面比较明显,结构体表面覆盖有胶膜物质。多出现在质地黏重而水分又经常变化的下层土壤中(图 2-7)。由于土壤的湿胀干缩作用,在土壤过干易出现土体垂直开裂,漏水漏肥;过湿易出现土粒膨胀黏闭,通气不良。

(6)片状结构。结构体形状扁平、成层排列,呈片状或板状,俗称“卧土”(图 2-7)。如果地表在遇雨或灌溉后出现的结皮、接壳,称为“板结”现象,那么播种后种子难以萌发、破土、出苗;如果受农机具压力或沉淀作用,在耕层下出现的犁底层也为片状结构,其存在有利于托水托肥,但出现部位不能过浅、过厚,也不能过于紧实黏重,否则土壤通气透水性差,不利于植物的生长发育。

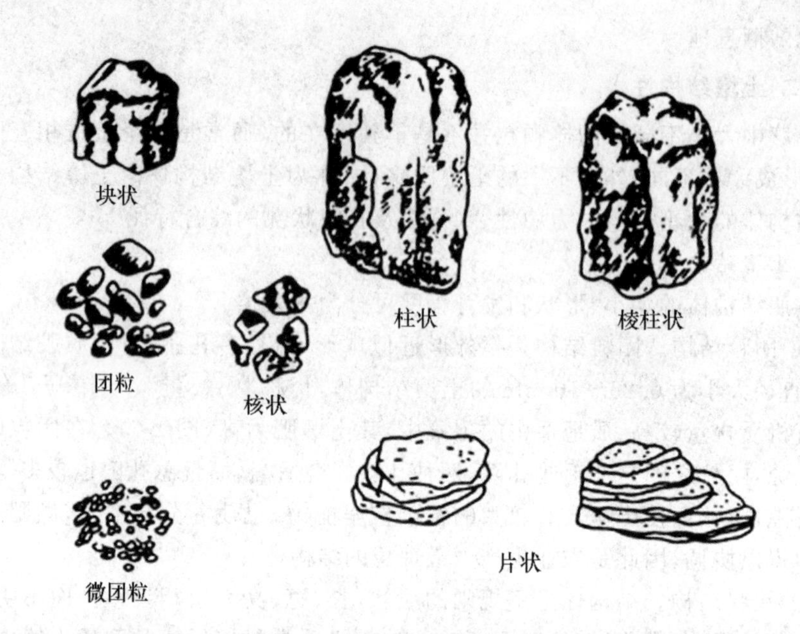

图 2-7 土壤结构的主要类型

2. 土壤结构改良

改良不良土壤结构，促进土壤团粒结构形成的措施主要有：

(1)增施有机肥。有机质是良好的土壤胶结剂，是团粒结构形成不可缺少的物质，我国土壤由于有机质含量低，缺少水稳性团粒结构，因此需增施优质有机肥来增加有机质，促进土壤团粒结构的形成。

(2)调节土壤酸碱性。土壤中丰富的钙是创造土壤良好结构的必要条件，因此，对酸性土壤施用石灰，碱性土壤施用石膏，在调节土壤酸碱性的同时，增加了钙离子，促进了良好结构的形成。

(3)合理耕作。合理地精耕细作，如深耕、耙耱、镇压、中耕等，有利于破除土壤板结，破碎块状与核状结构，疏松土壤，加厚耕作层，增加非水稳性团粒结构。

(4)合理轮作。合理轮作包括两个方面的含义。

①用地植物和养地植物轮作：如粮食作物与绿肥或牧草植物轮作。

②在同一块地不能长期连作：通常每隔 3～4 年就要更换一次植物品种或植物类型，否则容易造成土壤结构不良，养分不平衡，降低土壤肥力，植物容易感染病害。

(5)合理灌溉。灌溉中应注意以下几点。

①避免大水漫灌。

②灌后要及时疏松表土，防止板结，恢复土壤结构。

③有条件地区采用沟灌、喷灌或地下灌溉为好。

另外，在休闲季节采用晒垡或冻垡，利用干湿交替、冻融交替使黏重土壤变得酥脆，促进良好结构的形成。

(6)施用土壤结构改良剂。土壤结构改良剂基本上有两种类型。

①天然结构改良剂。从植物遗体、泥炭、褐煤或腐殖质中提取的腐殖酸，制成天然土壤结构改良剂，施入土壤中成为团聚土粒的胶结剂。其缺点是成本高、用量大，难以在生产上广泛应用。

②人工合成的结构改良剂。常用的为水解聚丙烯腈钠盐和乙酸乙烯酯等，具有较强的黏结力，能够分散的土粒形成稳定的团粒，形成的团粒具有较高的水稳性、力稳性和生物稳定性，同时能创造适宜的团粒孔隙，用量一般只占耕层土质量的0.01%～0.1%，使用时要求土壤含水量在田间持水量的70%～90%时效果最好，喷施或干粉撒施，然后耙耱均匀即可，创造的团粒结构能保持2～3年之久。

(三)土壤耕性

土壤耕性是指土壤对耕作的综合反映。它是土壤各种理化性质，特别是物理机械性在耕作时的表现，同时也是反映土壤的熟化程度。

1.土壤物理机械性

土壤物理机械性是指土壤的黏结性、黏着性、可塑性以及其他受外力作用(如农机具的剪切、穿透压板等作用)而发生形态变化的性质。

(1)土壤的黏结性。土壤的黏结性是土粒间由于分子引力而相互黏结在一起的性质。这种性质使土壤具有抵抗外力不被破坏的能力，是耕作时产生阻力的主要原因之一。

(2)土壤的黏着性。土壤的黏着性是指在一定的含水情况下，土粒黏着去他物质的性质。黏着性是由于土粒与接触物体表面通过水分拉力而产生的，其强弱也同样决定于土壤的黏粒含量和土壤含水量，主要取决于土壤的含水量。干土没有黏着性，水分过多，土壤也失去黏着能力。

(3)土壤的可塑性。土壤的可塑性是指土壤在一定含水量的范围内被外力塑成某种形状，当外力消失或干燥后，仍能保持所获形状不变的性能。土壤可塑性的强弱主要与土壤的黏粒含量和水分含量有关。越黏重的土壤可塑性越强，沙土的可塑性很小，过干和过湿的土壤都没有可塑性。

(4)土壤的胀缩性。土壤的胀缩性是指土壤含水量发生变化而引起的或者在含水分情况下因温度变化而发生的土壤体积变化。影响胀缩性的主要因素是土壤质地、黏土矿物种类、有机质含量、交换性阳离子种类以及土壤结构等。一般具有胀缩性的土壤是黏重而贫瘠的土壤。

2. 改善土壤耕性的方法

改善土壤耕性可以从掌握耕作时土壤适宜含水量，改良土壤质地、结构，提高土壤有机质含量等几个方面着手。

(1)掌握耕作时土壤适宜含水量。我国农民在长期的生产实践中总结出许多确定宜耕期的简便方法，如北方旱地土壤宜耕状态是：一是眼看，雨后和灌溉后，地表呈“喜鹊斑”，即外白里湿，黑白相间，出现“鸡爪裂纹”或“麻丝裂纹”，半干半湿状态是土壤的宜耕状态。二是犁试，用犁试耕后，土垡能被抛撒而不黏附农具，即出现“犁花”时，即为宜耕状态。三是手感，扒开表土，取一把土能握紧成团，且在 1 m 高处松手，落地后散碎成小土块的，表示土壤处于宜耕状态，应及时耕作。

(2)增施有机肥料。增施有机肥料可提高土壤有机质含量，从而促进有机无机复合胶体与团粒结构的形成，降低黏质土壤的黏结性、黏着性，增强沙质土的黏结性、黏着性，并能使土壤疏松多孔，从而改善土壤耕性。

(3)改良土壤质地。黏土掺沙，可减弱黏重土壤的黏结性、黏着性、可塑性和起浆性；沙土掺黏，可增加土壤的黏结性，并减弱土壤的淀浆板结性。

(4)创造良好的土壤结构性。良好的土壤结构，如团粒结构，其土壤的黏结性、黏着性、可塑性减弱，松紧适度，通气透水，耕性良好。

(5)少耕和免耕。少耕是指对耕翻次数或强度比常规耕翻少或弱的土壤耕作方式；免耕是指基本上不对土壤进行耕翻，而直接播种植物的土壤利用方式。二者也称为保护性耕作，是近年来国内外发展较快的一种土壤耕作方式。

(四)土壤的吸收性能

1. 土壤的吸收性能

土壤的吸收性能是指土壤能吸收和保持土壤溶液中的分子、离子、悬浮体、气体以及微生物的能力。土壤吸收性能是土壤的重要性质之一，能保存施入土壤中的肥料，并持续地供应植株需要；同时影响土壤的酸碱度、缓冲能力，以及土壤的结构性、耕性、水热状况。

根据土壤对不同形态物质吸收、保持方式的不同，可分为五种类型。

(1)机械吸收。机械吸收是指土壤对进入土体的固体颗粒的机械阻留作用。土壤是个多孔体系，可将不溶于水中的一些物质阻留在一定的土层中，起到保肥作用。这些物质中所含的养分在一定条件下可以转化为植物吸收利用的养分。

(2)物理吸收。物理吸收是指土壤对分子态物质的吸附保持作用。土壤利用分子引力吸附一些分子态物质，如有机肥中的分子态物质(尿酸、氮基酸、醇类、生物碱)、铵态氮肥中的氨气分子(NH_3)及大气中的 CO_2 等。物理吸收保蓄的养分能被植物吸收利用。

(3)化学吸收。化学吸收是指易溶性盐在土壤中转变为难溶性盐而保存在土壤中的过程,也称之为化学固定。如把过磷酸钙肥料施入石灰性土壤中,有一部分磷酸一钙会与土壤中的钙离子发生反应,生成难溶性的磷酸三钙、磷酸八钙等物质,不能被植物吸收利用。

(4)离子交换吸收。离子交换吸收是指土壤溶液中的阳离子或阴离子与土壤胶粒表面扩散层中的阳离子或阴离子进行交换后而保存在土壤中的作用,又称物理化学吸收作用。这种吸收作用是土壤胶体所特有的性质,由于土壤胶粒主要带负电荷,因此绝大部分土壤发生的是阳离子交换吸收作用。离子交换吸收作用是土壤保肥供肥最重要的方式。

(5)生物吸收。生物吸收是指土壤中的微生物、植物根系以及一些小动物可将土壤中的速效养分吸收保留在体内的过程。生物吸收的养分可以通过其残体重新回到土壤中,且经土壤微生物的作用,转化为植物可吸收利用的养分。因此这部分养分是缓效性的。

2. 土壤溶液中的交换作用

(1)土壤阳离子交换作用。阳离子交换作用是指土壤溶液中的阳离子与土壤胶粒表面扩散层中的阳离子进行交换后而保存在土壤中的作用。由于土壤胶粒主要带有负电荷,因此绝大部分土壤发生的是阳离子交换吸收作用。土壤中常见的交换性阳离子有 Fe^{3+}、Al^{3+}、Ca^{2+}、Mg^{2+}、NH_4^+、K^+、Na^+ 等。例如土壤胶体原来吸附着 Ca^{2+}、Na^+,当施入钾肥后,K^+ 进入土壤胶粒的扩散层,称为吸附过程;同时扩散层中 Ca^{2+}、Na^+ 进入土壤溶液,称为解吸过程,反应式如下:

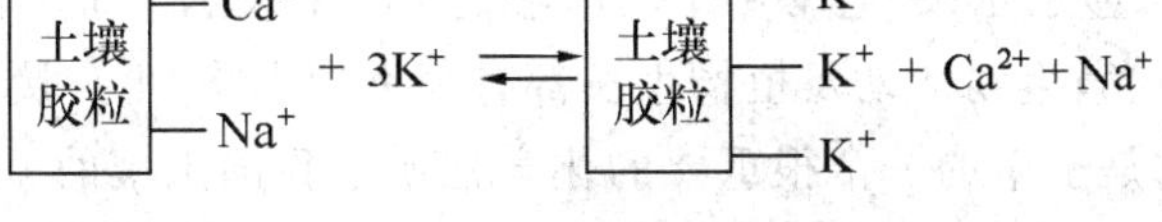

$$\boxed{\text{土壤胶粒}}\begin{matrix}-Ca^{2+}\\-Na^{+}\end{matrix} + 3K^{+} \rightleftharpoons \boxed{\text{土壤胶粒}}\begin{matrix}-K^{+}\\-K^{+}\\-K^{+}\end{matrix} + Ca^{2+} + Na^{+}$$

(2)土壤阴离子交换作用。阴离子交换作用是指土壤中带正电荷胶粒所吸附的阴离子与土壤溶液中的阴离子相互交换的作用。在极少数富含高岭石、铁铝氧化物及其含水氧化物的土壤中,其土壤 pH 接近或小于等电点,产生了带正电荷的土壤胶体,发生阴离子交换作用。

根据被土壤吸收的难易程度,阴离子可分为三类:

①易被土壤吸收的阴离子。如磷酸根离子($H_2PO_4^-$、HPO_4^{2-}、PO_4^{3-})、硅酸根离子($HSiO_3^-$、SiO_3^{2-})及某些有机酸的阴离子。但是这类离子也常与阳离子起

化学反应,产生难溶性化合物。

②很少被吸收甚至不能被吸收的阴离子。如 Cl^-、NO_3^-、NO_2^- 等。由于它们不能和溶液中的阳离子形成难溶性盐类,而且不易被土壤负电胶体吸收,所以极易随水流失。

③介于上述二者之间的阴离子。如 SO_4^{2-}、CO_3^{2-}、HCO_3^- 以及某些有机酸的阴离子。由于土壤吸收 SO_4^{2-}、CO_3^{2-} 的能力较弱,在土壤含有大量 Ca^{2+},且气候比较干旱的条件下,它们能起化学反应,形成难溶性的 $CaSO_4$ 或 $CaCO_3$。

3. 土壤吸收性能的调节

(1)改良土壤质地。通过增施有机肥料、黏土掺沙或沙土掺黏,来改良土壤质地,增加土壤的吸收性能。

(2)增施有机肥。增施有机肥、秸秆还田、种植绿肥等,提高土壤有机质含量,改善土壤保肥性能和供肥性能。

(3)合理施用化肥。在施用有机肥的基础上合理施用化肥,可以起到"以无机(化肥)促有机(增加有机胶体)"作用,改善土壤供肥性能。

(4)合理耕作。适当的翻耕和中耕可改善土壤通气性和蓄水能力促进微生物活动,加速有机质及养分转化增加有效养分。

(5)合理灌排。施肥结合灌水,可充分发挥肥效;及时排除多余水分。以透气增温,促进养分转化。

(6)调节交换性阳离子组成。酸性土壤通过施用石灰或草木灰,碱性土壤施用石膏,均可增加钙离子浓度,增加离子交换性能。

(五)土壤酸碱性

土壤的酸碱性是土壤固相和土壤液相的性质的综合表现,在土壤溶液中由游离的 H^+ 或 OH^- 显示出来,通常用土壤溶液的 pH 来表示。土壤的酸碱反应对土壤物理化学性质、微生物活动及植物生长都有很大的影响,更直接地影响到养分的有效性,因此,它是土壤的一个很重要的化学性质。我国土壤的 pH 一般在 4~9,在地理分布上有"东南酸、西北碱"的规律性,大致可以长江为界,长江以南的土壤多为酸性或强酸性,长江以北的土壤多为中性或碱性,少数地区为强碱性。

1. 土壤酸性

(1)土壤酸性产生的原因。土壤之所以呈酸性,主要是由于土壤中存在着大量的致酸离子 H^+ 和 Al^{3+}。在高温、高湿的条件下,土壤风化作用强烈,大量的盐基淋失,保留在土壤胶体上的是吸附力极强的 H^+ 和 Al^{3+},在冷湿条件下,来源于针叶林的枯枝落叶腐解后形成的富里酸,使土壤进行酸性淋溶,导致盐基的淋失,而

H^+相对增多；土壤微生物和根系呼吸产生的CO_2和有机物质分解产生的有机酸也可增加土壤的酸度；一些矿物成分中含有酸性基团，如硫铁矿（FeS）等，经氧化而产生硫酸；施入土壤中的酸性肥料，作物有选择性从土壤吸收某些养分，也使土壤酸化。由于燃煤等形成的酸雨也是当今土壤酸的来源。

（2）土壤酸的类型。土壤呈酸性与土壤溶液中的H^+浓度有关，但主要取决于土壤胶体上吸附的致酸离子的数量，这两者之间存在着平衡的关系，因此土壤酸可分为两种类型。

①活性酸。活性酸是指自土壤溶液中游离的H^+表现出的酸性。活性酸对土壤理化性质、土壤肥力以及植物生长发育都有直接影响，所以又叫实际酸度或有效酸度

②潜在酸。土壤胶体上吸附的H^+和Al^{3+}等致酸离子只有在通过离子的交接作用进入土壤溶液时才显示出酸性，是土壤酸性的潜在来源，故称为潜在酸。

活性酸和潜在酸是同处于一个平衡系统的两种酸，二者可以相互转化，潜在酸被交换出来即变成活性酸，活性酸被胶体吸附就成为潜在酸。

2. 土壤碱性

碱性土壤的成因包括干旱的气候、生物选择性吸收盐基离子和土壤母质，主要原因是土壤溶液中弱酸强碱盐的水解。土壤中的碳酸盐和重碳酸盐类，如Na_2CO_3、$NaHCO_3$、$CaCO_3$、$Ca(HCO_3)_2$等的水解可产生大量的OH^-，使土壤pH升高。

$$Na_2CO_3 + 2H_2O \rightarrow 2NaOH + H_2CO_3$$

碱性土因其胶体上大量吸附着Na^+导致土壤颗粒分散，使土壤的物理性质恶化，农民形容碱土为“干时硬邦邦，湿时水汪汪”。因此，在改良碱性土壤时，既要调节其pH，又要考虑改善其物理性状，兼而治之，才能达到改土的目的。

3. 土壤酸碱性的改良

大多数土壤的酸碱度适合植物的生长，但成土母质，因所处气候条件、不合理的农业耕作制度和管理措施会使土壤酸化或碱化，所以对土壤酸碱度必须经常适当地进行调节。

（1）土壤酸性的调节。土壤酸性的调节目的一方面是中和活性酸，更重要的是中和潜在酸。通常以施用石灰的方法来降低土壤酸度，其原理是通过Ca^{2+}或Mg^{2+}把土壤胶体上致酸离子代换下来，并将它们在土壤溶液里中和掉。

施用的石灰性物质一般有$CaCO_3$（石灰石）、CaO（生石灰）和$Ca(OH)_2$（熟石

灰),其中以生石灰中和酸性最强,熟石灰次之,石灰石最弱。中和的速度以熟石灰为最快,但不持久;石灰石最慢,但比较持久。在施用时还要注意石灰物质的细度,不要太细或太粗,施入土壤时要和土壤充分混匀,并注意施用的时期,以避免对植物造成危害。

(2)土壤碱性的调节。调节土壤碱性的方法主要有以下几种:施用有机肥料,利用其分解产生的大量 CO_2 和有机酸中和土壤中的碱性物质,从而降低土壤 pH;施用硫黄、硫化铁、废硫酸、绿矾($FeSO_4$)等;施用生理酸性肥料[$(NH_4)_2SO_4$、K_2SO_4 等],施用石膏、硅酸钙、过磷酸钙、通过 Ca^{2+} 将胶体上的 Na^+ 代换下来,并随水流出土体,从而降低 pH 并改善土壤的物理形状。

【任务实施】

土壤容重的测定

一、目的要求

掌握土壤松紧情况,学会计算任何单位面积一定厚度的土壤质量。

二、材料用品

天平(感量 0.01 g)、环刀、恒温干燥器、削土刀、小铁铲、铝盒、酒精、草纸、剪刀、滤纸等。

三、内容方法

(1)检查环刀与上下盖和环刀托是否配套(图 2-8),用草纸擦净环刀的油剂,记下环刀编号,并称重(准确至 0.01g),同时,将事先洗净、烘干的铝盒称重、编号,带上环刀、铝盒、削土刀、小铁铲到田间取样。

(2)先在田间选择有代表性的地点,然后挖掘土壤剖面,按剖面层次,分层采样,每层重复三次。如果只测定耕作层土壤容重,则不必挖土壤剖面。先用铁铲铲平,环刀托套在环刀无刃口一端,把环刀垂直压入土中,至整个环刀全部充满土壤为止(注

图 2-8 环刀

意保持土样的自然状态)。

(3)用铁铲将环刀周围的土壤挖去,在环刀下方切断,取出环刀,使环刀两端均留有多余的土壤。

(4)擦去环刀周围的土,并用小刀细心地沿环刀边缘分别将两端多余的土壤削去,使土样与环刀容积相同,立即称重。如果带回室内称重时,应在田间立即盖上环刀,以免水分蒸发影响测定结果。

(5)在田间进行环刀取样的同时,在同层采样处取 20 g 左右的土样放入已知重量的铝盒中,用酒精燃烧法测定土壤含水量(或直接从称重后的环刀内取土 20 g 测定土壤含水量)。

四、任务要求

$$土壤容重(d,kg/cm^3)=\frac{(M-G)\times 100\%}{V(100+W)}$$

式中:M 为环刀及湿土重,g;

G 为环刀重,g;

V 为环刀容积,cm^3;

W 为土壤含水量,%。

将实验数据记入下表(表 2-4)。

表 2-4 土壤容重测定记录表

重复	环刀重/g	环刀+湿土重/g	环刀+干土重/g	土壤容重/(g/cm^3)

【任务拓展】

土壤结构改良剂的应用

施用土壤结构改良剂可以改善土壤结构,增强土壤蓄水保水能力,提高土壤温度。土壤结构改良剂的应用,是提高作物产量与质量、提高产值及投入产出比的有效途径,而且该项技术易于推广,见效快,因此,土壤结构改良剂在植物生产上有着广阔的应用前景。

1.土壤结构改良剂的种类

土壤结构改良剂分为天然土壤结构改良剂和合成土壤结构改良剂。天然土壤结构改良剂是根据团粒结构形成的原理，利用植物残体、泥炭、褐煤等为原料，从中抽取腐殖酸、纤维素、木质素、多糖羧酸类等物质，作为团聚土粒的胶结剂。合成土壤结构改良剂则是模拟天然团粒胶结剂的分子结构和性质所合成的高分子聚合物。

(1)天然土壤结构改良剂的种类。由自然有机物料加工而成，主要有醋酸纤维、棉紫胶、芦苇胶、田菁胶、树脂胶、胡敏酸盐和沥青制剂等。

(2)人工合成天然结构改良剂的种类。主要有聚乙烯醇、乙酸乙烯酯和顺丁烯二酸共聚物、水解聚丙烯腈和聚丙烯酰胺，其中以聚丙烯酰胺推广应用前途较为广阔。

2.土壤结构改良剂作用效果

土壤结构改良剂的研究及应用证明，它不但增加投入团粒结构，改善土壤通气性，还能提高土壤水分有效性及土壤温度。土壤结构改良剂应用效果研究及使用技术的改进，土壤结构改良剂有效施用量的减少，使用方法的改进，改土效果的提高，使得它在大田使用成为可能。

(1)改善土壤结构。土壤结构改良剂能有效地改善土壤结构，促进团粒结构形成，减小土壤容重，增加总孔隙度。

(2)提高土壤蓄水保水能力。土壤结构改良剂能提高土壤持水量和释水量，增大土壤吸持水分对植物的有效程度。

(3)提高土壤温度。沥青乳剂可以提高低温。

3.土壤结构改良剂的使用方法

土壤结构改良剂溶于水施用效果较直接将粉剂施于表土效果好，施用前要求把土壤耙细晒干，且土壤愈干，愈细，施用效果愈好。同时，土壤的物理性状也明显得到了改善。一般情况下，适宜使用土壤结构改良剂的湿度为田间持水量的70％～80％。

4.土壤结构改良剂的用量

一般以占干土重的百分率表示，若施用量过小，团粒形成量少，作用不大；施用量过大，则成本高，投资大，有时还会发生混凝土化现象。因此，应当根据土壤和土壤结构改良剂性质选择适当的用量是非常重要的。一般适宜用量为100～2 000 mg/kg，超过5 000 mg/kg用量反而不利于团粒的形成。

【任务评价】

任务评价表

任务名称：

学生姓名	评价内容、评价标准		自评 30%	组评 30%	教师 40%	得分
专业知识	40 分					
任务完成情况	40 分					
职业素养	20 分					
评语总分	总分：	教师：				年　月　日

【任务巩固】

1. 单位体积土粒(不包括粒间孔隙)的烘干土重量，称为__________。

2. __________是指自然状态(包括孔隙)单位体积干燥土壤的质量，又叫土壤假密度。

3. 土壤按照结构体的大小、形状和发育程度可分为__________结构、__________结构、__________结构、__________结构、__________结构和__________结构。

4. 土壤物理机械性是指土壤的__________、__________、__________以及__________。

5. 土壤溶液中的阳离子与土壤胶粒表面扩散层中的阳离子进行交换后而保存在土壤中的这种现象称为__________。

6. 土壤的酸碱性通常用__________来表示。

任务 3　认识土壤空气和土壤热量

【任务目标】

1. 了解土壤的空气组成及通气状况的调节，熟悉土壤热量的来源。

2.能够判断土壤温度的变化,能够测定土壤的温度。

【任务准备】

一、资料准备

土壤温度表、铁铲、卷尺、剖面刀、任务评价表等与本任务相关的教学资料。

二、知识准备

(一)土壤空气

土壤空气不仅是土壤的基本组成成分,也是土壤肥力因素之一,其含量和组成对土壤(生物)呼吸和植物生长有直接影响,而且与生态环境密切相关。

1.土壤空气来源与含量

土壤空气主要来自于大气,其次是在土壤中存在的动、植物与微生物活动产生的气体,还有部分气体来源于土壤中的化学过程。土壤空气含量受土壤孔隙度和含水量影响,在孔隙度一定情况下,土壤空气含量随含水量增加而减少。一般旱地土壤空气含量要求10%以上。

2.土壤空气组成

土壤空气虽然来源于大气,但在组成上却与大气不同(表2-5)。土壤空气中氧的含量低于大气,这是由于根呼吸、耗氧微生物的繁殖和生理活动消耗了土壤中的O_2所造成的。根呼吸和微生物的生命活动也产生了大量CO_2,造成土壤中CO_2的浓度高于大气。土壤中的水汽远较大气为高,经常达到饱和状态,土壤中水分经常向大气中扩散,就形成了土壤水分的蒸发。通气不良的土壤还可产生还原性气体,如H_2S、CH_4等。

表2-5 土壤空气与大气的体积组成 %

气体类型	氮(N_2)	氧(O_2)	二氧化碳(CO_2)	其他气体
土壤空气	78.8~80.24	18.00~20.03	0.15~0.65	0.98
大气	78.05	20.94	0.03	0.98

3.土壤空气与植物生长

土壤空气状况是土壤肥力的重要因素之一,不仅影响植物生长发育,还影响土壤肥力状况。

(1)影响种子萌发。对于一般植物种子,土壤空气中的氧气含量大于10%则可满足种子萌发需要;如果小于5%种子萌发将受到抑制。

(2)影响根系生长和吸收功能。氧气供应不充足时，根系呼吸作用必然受到影响，细胞分裂和生长受到抑制，最终导致根系生长缓慢，根短而细，根毛数量少，根系畸形。根系发育不良，其对水分和养分的吸收能力减弱。

(3)影响养分有效性。土壤空气状况，一是通过影响微生物的活性而影响有机态养分的释放；二是通过影响土壤养分的氧化还原形态而影响其有效性。

(4)影响土壤环境状况。植物生长的土壤环境状况包括土壤的氧化还原和有毒物质含量状况。通气良好时，土壤呈氧化状态，有利于有机质矿化和土壤养分释放；通气不良时，土壤还原性加强，有机质分解不彻底，可能产生还原性有毒气体。

4. 土壤通气性调节

(1)改善土壤结构。这是改良土壤通气性的根本措施。一是通过深耕结合施用有机肥料，培育和创造良好的土壤结构和耕层构造，改善通气性；二是通过客土掺黏掺沙，改良过沙过黏质地。

(2)加强耕作管理。深耕、雨后及时中耕，可消除土壤板结，增加土壤通气性；特别是深耕可以提高土壤总孔隙度和通气孔隙度，改善植物根系的通气条件和生长环境。

(3)灌溉结合排水。排水可以增加土壤空气的含量，灌溉可以降低土壤空气的含量，也可以促进土壤空气的更新。在水稻产区，水旱轮作可促进通气孔隙形成，提高土壤氧化还原电位，减少还原性物质的积累。

(4)科学施肥。对通气不良或易淹水土壤，应避免在高温季节大量施用新鲜绿肥和未腐热有机肥料，以免因这些物质分解耗氧，加重通气不良造成的危害。

(二)土壤热量

土壤的热能主要来源于太阳辐射，此外土壤微生物活动产生的生物热、土壤内各种生化反应产生的化学热和来自地球内部的地热，也能不同程度地增加土壤的热量。土壤温度的高低，主要取决于土壤接受的热量和损失的热量数量，而土壤热量损失数量的大小主要受热容量、导热率和导温率等土壤热性质的影响。

1. 土壤热容量

土壤热容量是指单位质量或容积土壤，温度每升高1℃或降低1℃时所吸收或释放的热量。单位是J/(g·℃)(质量热容量)或J/(cm^3·℃)(容积热容量)。土壤热容量的大小可以反映出土壤温度的变化难易程度。土壤热容量越大，土壤升温所需要的热量越多，土温不易升降，温差小，俗称“冷性土”，如黏土。而热容量小，土温易升降，温差大，又称“热性土”，如沙土。

不同土壤组成成分的热容量相差很大，水的热容量最大，而土壤空气热容量最小(表2-6所示)。影响土壤热容量大小的主要因素是土壤水分含量，即水分含量高，则土壤热容量大。反之，热容量小。

表 2-6 不同土壤成分的热容量

土壤成分	土壤空气	土壤水分	沙粒和黏粒	土壤有机质
质量热容量/($J \cdot g^{-1} \cdot ℃^{-1}$)	1.0048	4.1868	0.75～0.96	2.01
容积热容量/($J \cdot cm^{-3} \cdot ℃^{-1}$)	0.0013	4.1868	2.05～2.43	2.51

2.土壤温度

土壤温度是植物生长的重要环境因素，其变化状况对植物的生长影响较大。土壤的温度在太阳辐射、自身组成及特性、近地气层等因素影响下有其特有的变化规律。

(1)土壤温度的日变化。一昼夜内土壤温度的连续变化称为土壤温度的日变化。土表白天接受太阳辐射增热，夜间放射长波辐射冷却，因而引起温度昼夜变化。在正常条件下，一日内土壤表面最高温度出现在 13 时左右，最低温度出现在日出之前。

土壤温度日变化的幅度随深度增加而逐渐减小，到达一定深度(80～100 cm)时变为零。最高、最低温度出现的时间，随深度增加而延后，约每增深 10 cm，延后 2.5～3.5 h。

(2)土壤温度的年变化。一年内土壤温度随月份连续地变化，称之为土壤温度的年变化。在中、高纬度地区，土壤表面温度年变化的特点是：最高温度在 7 月或 8 月，最低温度在 1 月或 2 月。

土壤温度年变化的幅度随深度的增加而减小，直至一定的深度时为零。这个深度的土层称之为年温度不变层或常温层，低纬度地区为 5～10 cm，中纬度地区为 15～20 m，高纬地区为 20 m 左右。

【任务实施】

土壤温度的观测

一、目的要求

通过技能训练，了解地面温度表、曲管地温表、插入式地温表的构造原理，掌握土壤温度的观测方法。

二、材料用品

地面温度表、曲管地温表、插入式地温表。

三、内容方法

(一)地温表的安置

安置于气象观测场面南部，面积 4 m×6 m，小气候观测低温地温表随观测目的的要求而定，注意土地疏松，平整无杂草，地面的三支温度表将球部和表身一半埋入土中，置于外部一半，保持清洁。

(二)地温观测方法

(1)踏板读数，不可将地面温度表取离地面。

(2)夏季高温，8 时观测后将最低温度表取回放于暗处。

(3)冬季－36℃时将水银温度表取回，降雪时置于雪面。

(4)在可能降雪之前，应罩防雪网罩，雪停后立即取下。

四、任务要求

埋放地温表，分组，轮流观测，并填写地温观测记录表(表 2-7)。

表 2-7 低温观测记录表 ℃

地面温度表			浅层地温表(曲管地温表)			
0 cm 温度表	最低温度表	最高温度表	5 cm	10 cm	15 cm	20 cm

【任务拓展】

土壤温度的调节

土壤温度与作物生长及土壤肥力有着极为密切的关系。土温影响着种子萌发及根系生长，土温变化对矿物风化、微生物活动和有机养分转化等也产生重大影响。为适应作物生长需要及提高肥力，土壤温度要进行人为地调节，主要是通过改变土壤热特性来改善土温状况。

1. 排水散墒

地势低洼，土壤过于潮湿，地温较低，只有排除积水与降低地下水位才能提高地温。黏重土壤,雨季滞涝也应采取排水措施,还要搞好中耕散墒,它能使土壤热容量和导热率降低,有利于提高地温。

2.灌溉

灌水可增加土壤温度,从而提高土壤热容量,使土温平稳。冬前灌水可防止寒潮危害。

3.向阳垄作

起垄种植,白天可提高对太阳辐射能的吸收,提高表层土壤温度。

4.温室效果

利用玻璃、透明塑料薄膜等建立温室或塑料大棚,既能透过太阳辐射,又能阻止因地温升高所产生的长波辐射透出,同时避免冷空气的直接袭击,可以提高地温,此法多用于苗床和蔬菜栽培。

5.覆盖

利用秸秆、草席、草帘等覆盖地面,可减少土壤蒸发与散热,防止地温下降,抵抗冷空气侵袭。利用马粪、半腐熟肥覆盖地面,也能起到提高地温的作用。

6.风障栽培与防风林

风障和防风林能使风速降低,气流流动减少,减少土壤与冷空气的热量交换从而防止土温下降,风障在蔬菜栽培中采用较多。

【任务评价】

任务评价表

任务名称:

学生姓名	评价内容、评价标准		自评 30%	组评 30%	教师 40%	得分
专业知识	40分					
任务完成情况	40分					
职业素养	20分					
评语总分	总分: 教师: 年 月 日					

【任务巩固】

1. 土壤空气中的__________含量低于大气，__________含量高于大气。

2. 土壤的热量来源主要有__________、__________、__________和__________。

3. 在正常条件下，一日内土壤表面最高温度出现在__________左右，最低温度出现在__________；一年内，最高温度在__________，最低温度在__________。

4. 土壤温度的调节包括__________、__________、__________、__________、__________和__________。

任务4 认识土壤中养分的形态

【任务目标】

1. 熟悉土壤中养分的形态，了解土壤中大量元素和中微量元素的转化过程。

2. 能够测定土壤中速效养分的含量。

【任务准备】

一、资料准备

土钻、铁铲、土壤筛、广口瓶、干燥箱、分光光度计、分析天平、剖面刀、火焰光度计、振荡器、任务评价表等与本任务相关的教学资料。

二、知识准备

(一)土壤氮素状况

耕作土壤中氮的来源主要有：生物固氮、降水、尘埃沉降、施入的含氮肥料、土壤吸附空气中的 NH_3，灌溉水和地下水补给等。其中施肥和生物固氮是主要的来源。

1. 土壤氮素形态

土壤中的氮素包括无机态氮和有机态氮两大类(图 2-9)。

(1)有机态氮。土壤中的氮素 95%以上为有机态氮，主要包括腐殖质、蛋白质、氨基酸等。小分子的氨基酸可直接被植物吸收利用；蛋白质、腐殖质中的氮矿化后才能被植物吸收利用。有机态氮主要来源于土壤有机质。

(2)无机态氮。无机态氮不足土壤全氮量的 5%，主要是铵盐和硝酸盐，亚硝

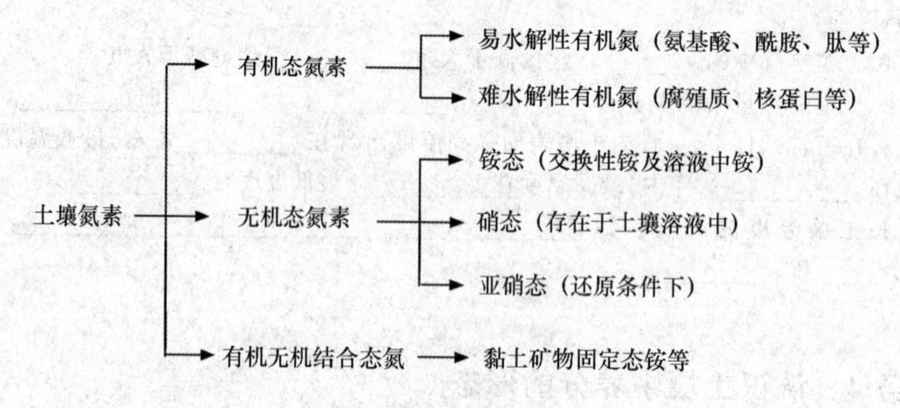

图 2-9 土壤中氮素的形态

酸盐、氨、氮气和氮氧化物等一般非常少。大部分铵态氮和硝态氮很容易被作物直接吸收利用，是速效氮。

2. 土壤氮素的转化

(1)矿化作用。矿化作用是指土壤中的有机态氮经过矿化作用分解成无机态氮素的过程。有机态氮的矿化过程需要一定温度、水分、空气及各种酶的作用下才能进行。

(2)硝化作用。硝化作用是指土壤中的氨(NH_3)或铵离子(NH_4^+)在硝化细菌的作用下转化为硝酸的过程。

(3)反硝化作用。反硝化作用是硝酸盐或亚硝酸盐还原为气体分子态氮氧化物的过程。

(4)生物固氮。生物固氮是指通过一些生物所具有的固氮菌，将空气(土壤空气)中气态的 N_2 被植物根系固定成 NH_3 而存在于土壤中的过程。

(5)土壤中无机态氮的固定作用。NH_4^+ 或 NO_3^- 可被土壤微生物吸收，也可被黏土矿物晶格固定，或与有机质结合，这些统称无机氮的固定作用。

(6)淋溶作用。土壤中以硝酸或亚硝酸形态存在的氮素在灌溉条件下容易被淋溶损失，造成污染。淋溶作用造成河水中无机态氮的增加，被认为是水体富营养化和面源污染的一个重要因素。

(7)氨的挥发作用。矿化作用产生的 NH_4^+ 或施入土壤中的 NH_4^+ 易分解成 NH_3 而挥发损失。

3. 土壤氮素供应

作物一生中所吸收的全部氮素中，有 40％～80％直接来自土壤，土壤供氮量是作物高产的重要保障。施肥是土壤氮素的重要来源。一般施入土壤中的氮素有三个去向。

(1)当季作物吸收30%~50%。

(2)残留于土壤中20%~30%。

(3)其他部分为不同形式的损失。

所以只有连续施肥,才可以使土壤保持较高的供氮水平,提高土壤对当季作物的供氮比例。

(二)土壤磷素状况

土壤中的磷来自于成土矿物、有机物质和所施用的肥料。

1.土壤磷素形态

土壤中磷的形态,按化学分类可分为有机态磷和无机态磷两大类。

(1)有机态磷。有机态磷来源于有机肥料和生物残体。

(2)无机态磷。根据植物对磷吸收程度可分为三种类型。

①水溶性磷。主要是磷酸二氢钾(KH_2PO_4)、磷酸二氢钠(NaH_2PO_4)、磷酸氢二钾(K_2HPO_4)、磷酸氢二钠(Na_2HPO_4)、磷酸一钙[$Ca(H_2PO_4)_2$]、磷酸一镁[$Mg(H_2PO_4)_2$]等,这类化合物多以离子状态存在于土壤中,可被植物直接吸收利用。

②弱酸溶性磷。主要是磷酸二钙($CaHPO_4$)、磷酸二镁($MgHPO_4$)等,它们能够被弱酸溶解,但不溶于水,能被植物吸收利用。

水溶性磷和弱酸溶性磷在土壤中含量很低,而且不稳定,易被植物吸收也能转化成难溶性磷,二者统称为土壤速效磷。

③难溶性磷。不能被水和弱酸溶解,植物不能吸收利用,可被强酸溶解,主要是磷酸十钙[$Ca_{10}(PO_4)_6 \cdot F_6$]、羟基磷灰石、磷酸八钙[$Ca_8H_2(PO_4)_6$]、氯磷灰石[$Ca_{10}(PO_4)_6Cl_6$]、盐基性磷酸铝[$AlPO_4 \cdot Al(OH)_3$]等,难溶性磷是土壤无机磷的主要部分。

2.土壤中磷的转化

(1)磷的固定。土壤中的磷发生固定的机制主要有4种:化学固定、吸附固定、闭蓄固定和生物固定,主要是化学固定和吸附固定。

①化学固定:是指磷酸根与土壤中的阳离子发生化学反应,产生磷酸盐沉淀的过程。

②吸附固定:是土壤固相对溶液中的磷酸根加以吸持,这种吸持包括土壤吸附和土壤吸收两部分。

③闭蓄固定:是指磷酸盐被溶度积很小的无定形铁、铝、钙等胶膜所包蔽的过程。

④生物固定:是土壤微生物吸收水溶性磷酸盐构成其躯体,使水溶性磷暂时被

固定起来的过程。这种固定随着微生物世代更替能较快地被释放出来。

(2)磷的释放。磷的释放包括无机态难溶性磷的释放和有机态磷的水解释放两种情况。

①土壤中无机磷的释放。土壤中难溶性无机磷的释放主要依靠 pH、Eh 的变化和螯合作用。在石灰性土壤中,难溶性磷酸钙盐可借助于微生物的呼吸作用和有机肥料分解所产生的二氧化碳和有机酸作用,逐步转化为有效性较高的磷酸盐和磷酸二钙;土壤淹水后,pH 升高,Eh 下降,促进磷酸铁水解,提高无定形磷酸铁盐的有效性,使闭蓄态磷胶膜溶解,活性提高。所以在水旱轮作田,淹水种稻后,土壤供磷能力增高。

②土壤中有机磷的分解。土壤中有机磷在酶的作用下进行水解作用,能逐步释放出有效磷供植物吸收利用。

(三)土壤中钾素状况

我国土壤全钾(K_2O)含量为 0.5~25 g/kg。影响土壤含钾量的主要因素有成土母质、气候、生物条件、质地、耕作施肥等。从北到南、由西向东,我国土壤钾素含量有逐步降低的趋势,东南地区是我国缺钾土壤的集中地区。

1.土壤中钾素的形态

土壤中钾按对植物有效性不同可分为速效性钾、缓效性钾和矿物态钾,其中速效性钾包括水溶性钾和交换性钾。

(1)速效性钾。包括存在于水溶液的钾和吸附在土壤胶体上的可交换性钾,是土壤中能够被植物直接吸收利用的钾,是土壤供钾能力的强度指标。

(2)缓效性钾。植物不能直接吸收利用,但缓慢转化后植物可吸收利用,包括黏土矿物固定的钾和易风化的原生矿物中的钾,是土壤供钾能力的容量指标。

(3)矿物态钾。指存在于土壤原生矿物中的钾,很难被植物吸收利用,只有经过长时间的风化作用,才能释放出来,如钾长石、白云母中的钾。

2.土壤中钾的转化

(1)土壤中钾的释放。钾的释放是钾的有效化过程。是指矿物中的钾和有机体中的钾在微生物和各种酸作用下,逐渐风化并转变为速效钾的过程。影响土壤中钾释放的因素主要有以下几个方面。

①土壤灼烧和冰冻能促进土壤中钾的释放;

②生物作用也可促进钾的释放;

③酸性条件可以促进矿石溶解,释放钾离子;

④种植喜钾植物也可促进钾的释放。

(2)土壤中钾的固定。是指土壤有效钾转变为缓效钾,甚至矿物态钾的过程,其主要是晶格固定。影响钾的固定因素有以下几种。

①黏土矿物类型。其固钾能力为:蛭石>伊利石>蒙脱石;

②土壤质地。质地越黏重,固钾能力越大;

③土壤水分。土壤干湿交替有利于钾的固定;

④土壤 pH。土壤呈碱性固钾能力比较强。

(四)土壤中的中量、微量元素

1.土壤中的钙

土壤中钙有 4 种存在形态,即有机物中的钙、矿物态钙、交换态钙和水溶性钙。

(1)有机物中钙。有机物中的钙主要存在于动植物残体中,占全钙的 0.1%～1.0%。

(2)矿物态钙。矿物态钙占全钙的 40%～90%,是土壤中钙的主要形态。

(3)代换态钙。代换态钙占全钙的 20%～30%,占盐基总量的大部分,对植物有效性好。

(4)水溶性钙。水溶性钙指存在于土壤溶液中的钙,含量较少,是植物可直接利用的有效态钙。

2.土壤中的镁

土壤中镁的形态有四种。

(1)有机物中的镁。主要来自秸秆和施入的农家肥。

(2)矿物态镁。是土壤镁的主要形态和来源。

(3)水溶态镁。存在于土壤溶液中。

(4)代换态镁。指吸附在土壤胶体表面并能被其他离子代换出来的镁。

代换性镁和水溶态镁是植物可以吸收利用的有效镁。

3.土壤中的硫

土壤中含硫化合物可分为无机态和有机态两种。多数土壤中,有机态硫可占其总含量的 95%以上。土壤中有效硫的主要形态是可溶性的 SO_4^{2-}、吸附态的 SO_4^{2-} 和有机态的硫。

4.土壤中微量元素的含量和形态

土壤中的微量元素存在形态多以矿物态为主,此外还有有机态、水溶态和交换态等形态。其中水溶态和交换态对植物生长发育有效性较高,是评价土壤微量元素供给能力的重要参考指标,可溶部分只占全量的百分之几或者更低。

土壤中微量元素供应不足的原因有二,其一是含量过低;其二是有效性过低。

微量元素大多以植物不能吸收利用的形态存在。

【任务实施】

土壤碱解氮的测定

一、目的要求

了解碱解扩散法测定土壤碱解氮的方法原理，熟练掌握碱解扩散法的操作技能。为指导合理施用氮肥提供科学依据。

二、材料用品

（一）试剂及配制

1. 氢氧化钠溶液 $c(NaOH)=1\ mol/L$

40.0 g 氢氧化钠（NaOH，分析纯）溶于水，冷却后，稀释至 1 L。

2. 混合指示剂

溶解 0.099 g 的溴甲酚绿和 0.066 g 甲基红于 100 mL 的乙醇 $\omega(CH_3CH_2OH)=95\%$中。

3. 硼酸（H_3BO_3）—指示剂溶液 $\rho(H_3BO_3)=20\ g/L$

溶解 20 g 硼酸于 950 mL 的热蒸馏水中，冷却后，加入 20 mL 的混合指示剂，充分混匀后，小心滴加氢氧化钠溶液 $c(NaOH)=0.1\ mol/L$，直至溶液呈红紫色（pH 约 4.5），稀释成 1 L。

4. 硫酸标准溶液 $c(1/2H_2SO_4)=0.01\ mol/L$

先配成 $1/2\ H_2SO_4=0.01\ mol/L$ 的溶液，再用 Na_2CO_3 标定，再准确稀释 10 倍。

5. 碱性胶液

40 g 阿拉伯胶和 50 mL 水在烧杯中，温热至 70～80℃，搅拌促溶，约冷却 1 h 后，加入 20 mL 甘油和 20 mL 饱和 K_2CO_3 水溶液，搅匀，放冷。离心除去泡沫和不溶物，将清液贮于玻璃瓶中备用。

6. 硫酸亚铁粉末

将硫酸亚铁（$FeSO_4\cdot 7H_2O$，分析纯）磨细，装入密闭瓶中，存于阴凉处。

（二）用具

天平、半微量滴定管（1～2 mL）、扩散皿、恒温箱、滴定台、玻璃棒。

三、内容方法

1. 称取试样

称取风干土(过 2 mm 筛)2.00 g,置于扩散皿(图 2-10)外室,加入 0.2 g 硫酸亚铁粉末于外室,轻轻地旋转扩散皿,使土壤试样均匀地铺平。

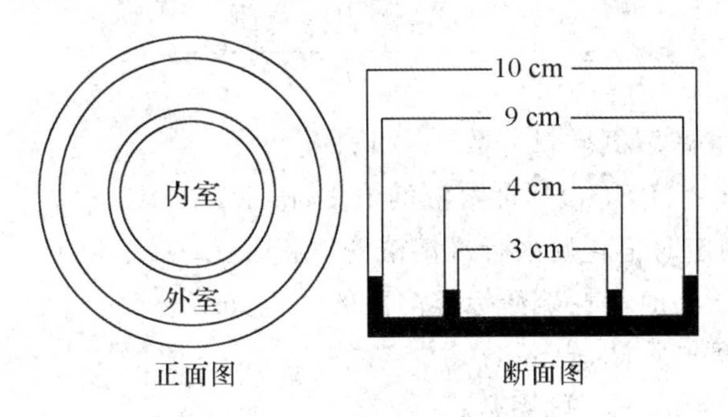

图 2-10　扩散皿示意图

2. 样品处理

取 2 mL 硼酸—指示剂溶液放于扩散皿内室,然后在扩散皿外室边缘涂上碱性胶液,盖上毛玻片,旋转数次,使皿边与毛玻片完全黏合。渐渐转开毛玻片一边,使扩散皿外室露出一条狭缝,迅速加入 10.0 mL 氢氧化钠溶液,立即盖严,再用橡皮筋圈紧,使毛玻片固定,水平地轻轻摇动扩散皿,使碱液与土壤充分混合。随后放入(40±1)℃恒温箱中,碱解扩散(24±0.5) h。

3. 测定

取出扩散皿,取下毛玻片,用硫酸标准溶液滴定内室吸收液中的 NH_3。溶液由蓝色突变为微红色为滴定终点。上述土样测定做 2 个平行。在样品测定同时,必须同时做 2 个空白试验,取其平均值,校正试剂和滴定误差。空白试验不加土样,其他步骤同样品测定同步进行。

四、任务要求

将测定结果记入表 2-8。

表 2-8　碱解氮测定记录表

样品号	土样重/g	消耗盐酸体积/mL	空白消耗盐酸体积/mL	碱解氮含量/(mg/kg)
1				
2				

续表 2-8

样品号	土样重/g	消耗盐酸体积/mL	空白消耗盐酸体积/mL	碱解氮含量(mg/kg)
3				
4				

$$\omega(\mathrm{N})=\frac{(V-V_0)\times c\times 14}{m}\times 10^3$$

式中:ω(N)为土壤碱解氮质量分数,mg/kg;

c 为硫酸(1/2 H_2SO_4)标准溶液的浓度,mol/L;

V 为样品测定时消耗硫酸标准溶液的体积,mL;

V_0 为空白试验时消耗硫酸标准溶液的体积,mL;

14 为氮的摩尔质量,g/mol;

10^3 为换算为 mg/kg 的系数;

m 为称取的风干土样质量,g。

土壤速效磷的测定

一、目的要求

理解 $NaHCO_3$ 浸提—钼锑抗比色法的方法原理,熟练掌握其操作技能。为指导合理施用磷肥提供科学依据。

二、材料用品

(一)试剂及配制

1. 碳酸氢钠浸提剂 $c(NaHCO_3)$= 0.5 mol/L,pH 8.5

42.0 g 碳酸氢钠($NaHCO_3$,分析纯)溶于约 800 mL 水中,稀释至约 990 mL,用氢氧化钠溶液 c(NaOH)=4.0 mol/L 调节 pH 至 8.5(用 pH 计测定)。最后稀释到 1 L,保存于塑料瓶中。保存不宜过久。

2. 无磷活性炭粉

将活性炭粉先用 1∶1 HCl(V/V)浸泡过夜,然后在平板漏斗上抽气过滤。用蒸馏水洗到无 Cl^- 为止。再用 $NaHCO_3$ 溶液浸泡过夜,在平板漏斗上抽气过滤,用蒸馏水洗去 $NaHCO_3$,最后检查到无磷为止,烘干备用。

3. 钼锑贮存溶液

浓硫酸(H_2SO_4,分析纯) 153 mL 缓慢转入约 400 mL 蒸馏水中,同时搅拌。放置冷却。另外称取 10 g 钼酸铵[$(NH_4)_6Mo_7O_2 \cdot 4H_2O$,分析纯]溶于约 60℃的 300 mL 蒸馏水中,冷却。将配好的硫酸溶液缓缓倒入钼酸铵溶液中,同时搅拌。随后加入酒石酸锑钾[$\rho(KSbOC_4H_4O_6 \cdot 1/2H_2O)=5$ g/L,分析纯]溶液 100 mL,最后用蒸馏水稀释至 1 000 mL。避光贮存。

4. 钼锑抗显色溶液

1.50 g 抗坏血酸($C_6H_8O_6$,左旋,旋光度$+21^\circ \sim +22^\circ$,分析纯)加入到 100 mL 钼锑贮存溶液中。此溶液须随配随用,有效期一天。

5. 二硝基酚指示剂溶液

0.2 g 2,6—二硝基酚或 2,4—二硝基酚[$C_6H_3OH(NO_2)_2$]溶于 100 mL 水中。

6. 磷标准贮存溶液 $\rho(P)=100$ mg/L

0.439 0 g 磷酸二氢钾(KH_2PO_4,分析纯,105℃烘 2 h)溶于 200 mL 水中,加入 5 mL 浓硫酸,转入 1 000 mL 容量瓶中,用水定容。此溶液可以长期保存。

7. 磷标准溶液 $\rho(P)=5$ mg/L

取磷标准贮存溶液准确稀释 20 倍,即为磷标准溶液[$\rho(P)=5$ mg/L]。此溶液不宜久存。

(二)用具

天平、三角瓶、振荡机、容量瓶、比色管、移液管、无磷滤纸、分光光度计等。

三、内容方法

1. 待测液的制备

称取风干土样(过 2 mm 筛)5.00 g,置于 250 mL 三角瓶中,加入一小匙无磷活性炭粉,准确加入碳酸氢钠浸提剂 100 mL,塞紧瓶塞,在 20～25℃温度下振荡 30 min,取出后用干燥漏斗和无磷滤纸过滤于三角瓶中。同时做试剂空白试验。

2. 定容显色

准确吸取浸出溶液 2～10 mL(含 5～25 μg 磷),移入 50 mL 容量瓶中,加入二硝基酚指示剂溶液 2 滴,用稀 H_2SO_4 和稀 NaOH 溶液调节 pH,至溶液刚呈微黄(小心慢加,边加边摇,防止产生的 CO_2 使溶液喷出瓶口)。待 CO_2 充分放出后加入钼锑抗显色溶液 5 mL,摇匀,用水定容。在室温高于 15℃的条件下放置 30 min 显色。

3. 比色

在分光光度计上用波长 700 nm(光电比色计用红色滤光片)比色,以空白试验溶液为参比液调零点，读取吸收值，在工作曲线上查出显色液的磷 mg/L 数。颜色在 8 h 内可保持稳定。

4. 工作曲线的绘制

分别吸取磷标准溶液 0.0 mL、1.0 mL、2.0 mL、3.0 mL、4.0 mL、5.0 mL、6.0 mL 放于 50 mL 容量瓶中，加入与试样测定吸取浸出液量等体积的碳酸氢钠浸提剂，加入二硝基酚指示剂溶液 2 滴，用稀 H_2SO_4 和稀 NaOH 溶液调节 pH，至溶液刚呈微黄。待 CO_2 充分放出后加入钼锑抗显色溶液 5 mL，摇匀，用水定容。即得 0.0 mg/L、0.1 mg/L、0.2 mg/L、0.3 mg/L、0.4 mg/L、0.5 mg/L、0.6 mg/L 磷标准系列溶液，在室温高于 15℃ 的条件下放置 30min 显色。在方格坐标纸上以 P mg/L 数为横坐标，读取的吸收值为纵坐标，绘制成工作曲线。

四、任务要求

将测量结果记入下表（表 2-9）。

表 2-9　速效磷测定记录表

标准液浓度 mg/L	0	0.1	0.2	0.3	0.4	0.5	0.6	待测液 1	待测液 2
吸光值									

$$\omega(\mathrm{P})=\frac{\rho\times V\times t_s}{m}$$

式中：ω(P) 为土壤有效磷质量分数，mg/kg；

ρ 为从工作曲线查得显色液中磷（P）的浓度，mg/L；

V 为显色液体积，mL；

t_s 为分取倍数，浸提液总体积/吸取浸出液体积；

m 为称取的风干土样质量，g。

土壤速效钾的测定

一、目的要求

理解乙酸铵溶液浸提——火焰光度法的方法原理，熟练掌握其操作技能。为指导合理施用钾肥提供科学依据。

二、材料用品

(一)试剂及配制

1. 乙酸铵溶液 $c(CH_3COONH_4)=1.0$ mol/L

称取 77.08 g NH_4COONH_4 溶于近 1 L 水中,用稀 HCOOH 或氨水调至 pH 7.0,然后定容。

2. 钾标准溶液

称取 0.1907 g KCl(在 110℃条件下烘 2 h)溶于乙酸铵溶液中,定容至 1 L,即为钾标准溶液 $\rho(K)=100$ mg/L。

3. 钾标准系列溶液

吸取 100 mg/L K 标准溶液 0 mL、2 mL、5 mL、10 mL、20 mL、40 mL,分别放入 100 mL 容量瓶中,用乙酸铵溶液定容,即得 0 mg/kg、2 mg/kg、5 mg/kg、10 mg/kg、20 mg/kg、40 mg/kg 的钾标准系列溶液。

(二)用具及材料

天平、三角瓶、振荡机、容量瓶、滤纸、火焰光度计或原子吸收分光光度计。

三、内容方法

1. 待测液的制备

称取风干土样(过 2 mm 筛)5.00 g,置于 150 mL 三角瓶中,加入乙酸铵溶液 50.0 mL,用橡皮塞塞紧,在往复式振荡机上振荡 30 min,振荡时最好恒温,但对温度要求不太严格,一般在 20～25℃即可。然后将悬浮液立即用干滤纸过滤,滤液承接于 100 mL 三角瓶中。试样同时做 2 个平行。

2. 火焰光度计检测

将滤液直接用火焰光度计测定钾。检测时以钾标准系列溶液中浓度最大的一个定火焰光度计上检流计的满度(90～100),以"0 mg/kg"调仪器的零点,测定滤液的检流计读数,并做好记录。

3. 工作曲线绘制

以溶液的钾浓度为横坐标,以检流计读数为纵坐标,绘制工作曲线。

四、任务要求

将实验结果记入表 2-10。

表 2-10　土壤速效钾测定记录表

标准液浓度 mg/L	0	6	12	18	24	30	待测液 1	待测液 2
吸光值								

$$\omega(\mathrm{K})=\frac{\rho\times V\times t_s}{m}$$

式中：$\omega(\mathrm{K})$为速效钾的质量分数，mg/kg；

ρ 为仪器直接测得或从工作曲线上查得的测定液的 K 浓度，mg/kg；

V 为测定液定容体积，mL；

t_s 为分取倍数，原待测液总体积和吸取的待测液体积之比；

m 为称取的风干土样质量，g。

【任务拓展】

土壤养分的调控

1.加强耕作和合理灌溉

精耕细作，疏松土壤，以耕保肥，促进养分的转化供应。合理灌溉，调节土壤水、气和热，以水促肥，提高土壤的供肥能力。

2.改善土壤性状

影响土壤养分有效性的主要因素有：土壤酸碱性、土壤的氧化还原状况、土壤质地、有机质和微生物的互动等。农业生产上通过耕作和合理灌溉调节土壤的水、气和热状况，来提高土壤养分的有效性。

3.合理施肥

施肥强调以有机肥为主，配合少量的化肥，并要注意平衡施肥，即氮、磷、钾之间和大量元素与微量元素之间的平衡供应，才能大幅度提高养分的利用率，从而增进肥效。根据具体情况灵活应用不同的施肥方式，更好地发挥肥效。

4.实施养分资源综合调控

(1)制定正确的养分资源管理政策和法规。通过计算目标区域的养分循环与平衡，对各项管理措施进行评价，依据有关政策和法规制定详细的养分管理计划。

(2)养分资源管理的经济调控。通过改变产品和投入养分的价格来调节供求关系或投入产出比以影响投入水平，在确定粮肥比价时，要注意保护和调动农民种粮的积极性。

(3)养分资源管理的技术推广与农化服务。进一步健全市场和农业产业化生产新形式的农业技术推广体系,以指导和帮助农民制定合理的施肥决策。

【任务评价】

任务评价表

任务名称:

学生姓名	评价内容、评价标准		自评 30%	组评 30%	教师 40%	得分
专业知识	40 分					
任务完成情况	40 分					
职业素养	20 分					
评语总分	总分:　　教师:　　年　月　日					

【任务巩固】

1.土壤中的氮素包括＿＿＿＿＿和＿＿＿＿＿两大类。

2.土壤中的氮素转化包括＿＿＿＿＿、＿＿＿＿＿、＿＿＿＿＿、＿＿＿＿＿、＿＿＿＿＿、＿＿＿＿＿。

3.土壤中磷的形态包括＿＿＿＿＿和＿＿＿＿＿两类。

4.土壤中无机态磷包括＿＿＿＿＿、＿＿＿＿＿、＿＿＿＿＿。

5.土壤中的磷易发生固定,主要包括＿＿＿＿＿、＿＿＿＿＿、＿＿＿＿＿和＿＿＿＿＿四种。

6.土壤中的钾按对植物有效性不同可分为＿＿＿＿＿、＿＿＿＿＿和＿＿＿＿＿。

项目二　农作物生长环境调控技术

【项目描述】

农业生产的对象主要是植物生产。农业生产必须为作物的生长发育创造良好的生活条件。植物生存的环境包括自然环境和栽培环境。农业生产的基本条件是光照、温度、水分、养分和空气等生活因子以及土壤等自然资源，这是作物生命活动中不可缺少的因子，它们与生物体的生存、分布、生长发育及形态结构、生理功能等关系密切。

这些生活因子中，每个生活因子对植物生长发育和产量的形成都有其特殊的作用，它们之间不可替代，是同等重要的。另一方面，在这些基本生活因子之间，又有着相互关系、相互制约的关系。其中一个因素缺少或数量不足，就会限制其他因子的作用，导致植物产量降低、品质下降。

本项目分为农作物生长光照环境调控、农作物生长温度环境调控、农作物生长水分环境调控、农作物生长气候环境调控和农作物生长养分环境调控 5 个工作任务。

通过本项目学习农作物所需要的光照环境、温度环境、水分环境、气候环境、养分环境如何影响农作物的生长发育；能够通过人为的手段调控农作物生长的环境条件，并按照人们的要求进行生长发育；培养认真严谨、善于思考、沟通协作等能胜任岗位工作的职业素质。

任务 1　农作物生长光照环境调控

【任务目标】

1. 了解昼夜和四季形成的过程，熟悉太阳光谱与农业生产的关系。

2. 能够调控植物生长的光照环境。

【任务准备】

绿色植物只有在光照条件下才能进行光合作用，提供植物生长发育所需要的有机营养。光照影响植物叶绿素的合成、气孔的开闭、光合作用中光反应的进行及光合产物的运输分配，影响植物的生长特性及开花习性，最终影响植物产品的产量和品质，与农林生产的关系极为密切。因此，研究植物生产的光环境及其变化规律与植物生长发育之间的关系，对指导农林植物生产具有重要意义。

一、资料准备

照度计、打印机、任务评价表等与本任务相关的教学资料。

二、知识准备

(一)昼夜与四季

我们居住的地球始终在不停地运动着，地球的运动形成了昼夜与四季。地球的自转，形成了昼夜交替，自转一周，为 1 个昼夜，约 24 h；地球绕太阳的公转，形成了四季交替，绕太阳公转一周，为期 1 年，大约 365 d。

1. 昼夜

地球在自转过程中，总有半个球面向着太阳，即昼半球，处于白昼；而背对太阳的半球为夜半球，处于黑夜。昼半球和夜半球的分界线为晨昏线，晨昏线与地球纬圈交割，将纬圈分为昼弧和夜弧。地球自西向东自转时，昼半球东边的区域逐渐进入黑夜，夜半球东边的区域逐渐进入白昼(图 2-11)。地球不停地自转，形成各地的昼夜交替。地球自转一周，各地一般经过从日出到日落和从日落到日出的过程，即 1 个白昼和 1 个黑夜，形成 1 个昼夜，为 1 d。但在北极圈和南极圈内有时只有白昼没有黑夜，或只有黑夜没有白昼。

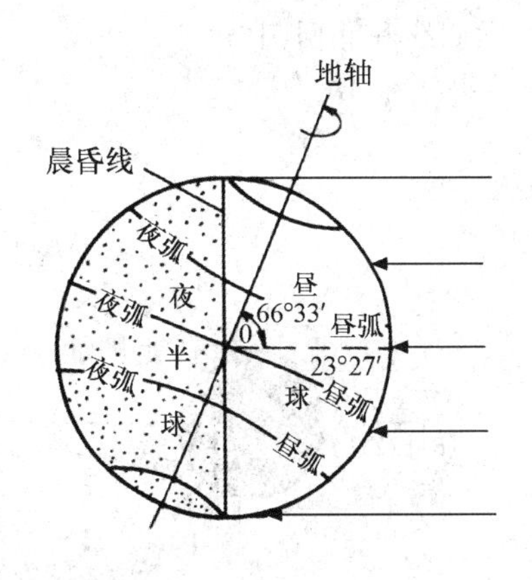

图 2-11　地球自转

(1)昼夜长短与纬度的关系。昼夜长短随地球纬度的变化而变化，冬至日，太阳直射南纬 23°27′，北半球夜弧长于昼弧，故北半球黑夜长于白昼，且随纬度的增高，白昼越短，黑夜越长，北极圈内有夜无昼，称为极夜现象；夏至日，太阳直射北纬 23°27′，北半球昼弧长于夜弧，故北半球白昼长于黑夜，且随纬度的增高。白昼越长，黑夜越短，北极圈内有昼无夜，称为极昼现象。在春分和秋分日，太阳直射赤道，地球各地昼弧等于夜弧，全球各地昼长等于夜长。

(2)昼夜长短与季节的关系。昼夜长短随季节不同而变化。北半球春分日日长为 12 h，春分日后，日长逐渐增长，大于 12 h，到夏至日达到最长，然后日长渐短，至秋分日又减少到 12 h，日夜等长。秋分过后。日长渐短，到冬至日达到最短。冬至日以后，日长又逐渐增长，到第二年春分日，日长又回到 12 h，日夜等长。随着季节的交替，日长与夜长年复一年、周而复始地发生着这样的周期性变化。

2. 四季

地球绕太阳公转，形成四季交替。地球公转时，地球与黄道面(公转轨道面)的夹角为 66°33′，但地轴的方向不变，导致地球上发生季节交替，同时使日照时数随纬度和季节的不同而变化着。

一年中，太阳光线在地球上的直射点所在的地理纬度随季节不同而发生着变化。冬至日，太阳直射南纬 23°27′，冬至后太阳直射位置向赤道转移，到春分日太阳直射赤道。春分后太阳直射位置继续北移，夏至日直射北纬 23°27′，夏至后太阳直射位置回返南移，到秋分日再次直射赤道(图 2-12)。也就是说，一年中太阳直射点所在的地理位置往返于南、北纬 23°27′之间，所以将南、北纬 23°27′分别称为南回归线和北回归线。

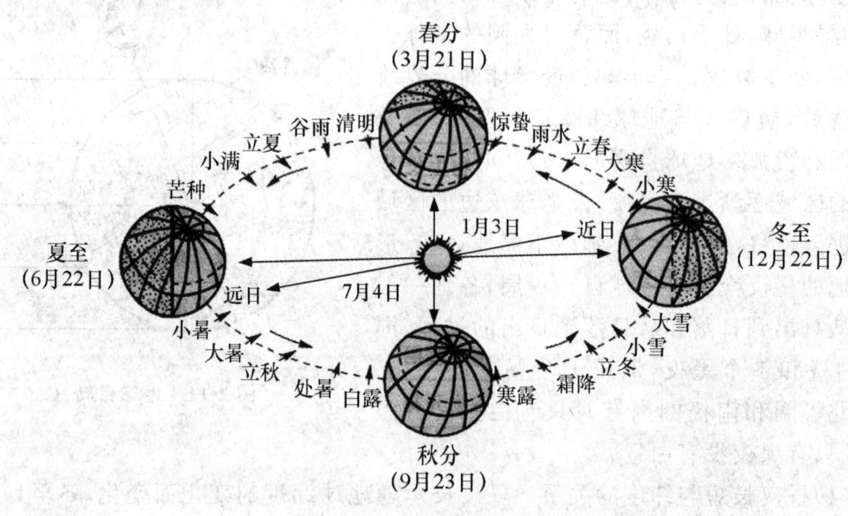

图 2-12 地球公转

一般春分到秋分是绝大多数农作物生长发育的主要时期，此时北半球各地的白昼比黑夜长，且纬度越高的地区，日照时间越长，故称高纬度(60°以北)地区为长日照地区，低纬度（30°以南）地区为短日照地区。起源于不同地区的植物具有相应的光周期特点，对日照时间及温度等环境因素各有不同的需求。

（二）太阳辐射与太阳光谱

1. 太阳辐射

（1）太阳辐射的组成。太阳以电磁波或粒子形式向外放射的能量叫太阳辐射。按电磁波波长的不同，太阳辐射分为无线电辐射、红外线辐射、可见光辐射、紫外线辐射、x 射线辐射和 γ 射线辐射等。太阳辐射的主要波长范围在 150～4 000 nm（图 2-13）。由于太阳辐射的波长比地面和大气辐射的波长短得多，所以人们习惯上把太阳辐射称为短波辐射，其中对地球生物影响最大的是可见光辐射和紫外线辐射，能够被叶绿素吸收的各种波长的太阳辐射又称为生理辐射。

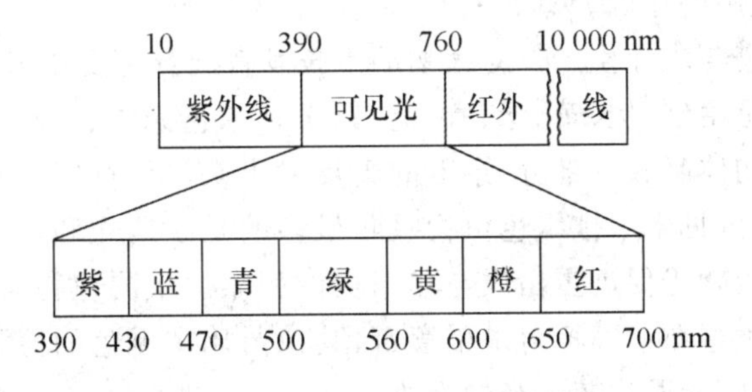

图 2-13　太阳光谱

（2）到达地面的太阳辐照度。当太阳斜射到水平面上时，该水平面上所得到的太阳辐射能的多少，便决定于太阳辐射在水平面上的投射角——太阳高度角（图 2-14）。水平面上所接受的太阳辐射能量与太阳高度角成正比。正午时太阳高度角最大，所以太阳辐射能也最大，地面温度也就比较高。日出和日落时太阳高度角最小，所以太阳辐射能也最小，地面温度也就比较小。在农业生产上虽无法改变太阳高度角，但若改变地面坡度就相当于改变了太阳高度角。在一定条件下，地面坡度越大，地面获得太阳辐射能就越多，温度就越高。所以，山的南坡热量资源总是高于平地，其道理也就在此。我国冬季北方地区应用的阳畦、冷床、日光温室及其塑料薄膜向南倾斜都是对太阳辐射能利用的典型事例，已经取得了明显的经济效益和社会效益。

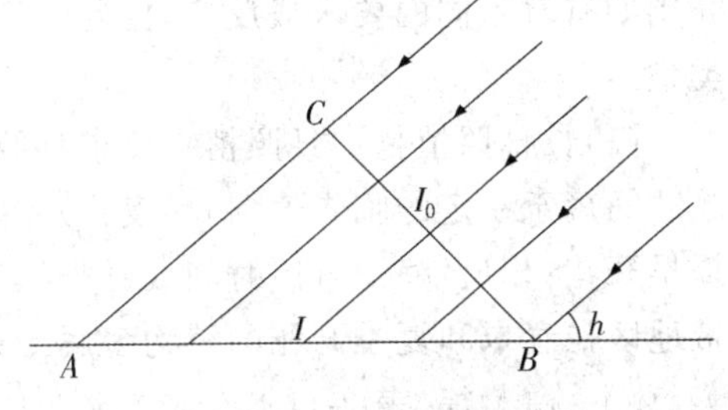

图 2-14　水平地面上的太阳辐射

2. 太阳光谱

(1)太阳光。太阳光是一种自然光,它由各种不同波长的光所构成。太阳辐射能随波长的分布,称为太阳辐射光谱。波长在 390～760 nm 的光为可见光,波长小于 390 nm 的光为紫外光(紫外线),波长大于 760 nm 的光为红外光(红外线)。不同被长的光其能量不同,它们对植物的生长发育起着不同的作用。

红外线具有热效应,供植物生长发育所需热量,植物吸收的红外线主要通过蒸腾耗热与叶面辐射而全部损失掉。紫外线波长较短的部分能抑制植物生长,波长较长的部分对植物有刺激作用,可促进种子的发芽和果实的成熟,并能提高蛋白质和维生素的含量。果实成熟期间,增加紫外线和紫光含量,向阳的果实比较香甜而且产量高。紫外线和紫光不易透过普通的玻璃,但可以透过塑料薄膜,这是紫光膜在生产上广泛应用的原因。

(2)太阳光谱与农业生产。对植物的生长发育起着主要作用的是可见光,可见光是复合光,它是由红、橙、黄、绿、青、蓝、紫 7 种单色光混合而成的。太阳光照射在物体上,光被物体吸收一部分,余下的光反射出来,反射光的颜色就是我们见到的物体的颜色。可见光中被绿色植物吸收最多的是红橙光和蓝紫光,红橙光有利于糖类的积累,蓝紫光促进蛋白质与非糖类的积累。不同植物对光谱的要求和反应不同,用浅蓝色塑料薄膜覆盖水稻育亩,其秧苗比用无色的薄膜覆盖的健壮,这是因为浅蓝色薄膜能通过蓝紫光的缘故。

(三)光照时间与植物的生长发育

光照时间从多方面影响植物的生长发育。尤其在植物成花方面。日照时数是非常重要的影响因素。一昼夜中光照与黑暗时间的交替称为光周期,不同季节具有不同的光周期特点。植物对昼夜长短的反应,统称为光周期现象。植物在成花之前需要一定的光周期条件,称为植物成花的光周期现象。

1. 植物对光周期的反应类型

起源于不同纬度地区的植物,由于长期生活在不同的光周期条件下,其成花对光周期有着不同的要求或反应,据此将植物分为长日照、短日照和日中性植物三种类型。

(1)长日照植物。日照植物要求日照时间长于一定的临界值(临界日长)或黑暗时间短于一定的临界值(临界夜长)才能开花。日长越长,黑暗越短,越能促进或提早开花;相反,缩短日照时间或延长黑暗时间,则会延迟甚至抑制植物开花。温带地区在春末和夏季开花的植物多属于长日照植物,例如,天仙子、芥菜、小麦、油菜、萝卜、白菜等(表 2-11)。

表 2-11 几种长日照植物的临界日长

植物种类	冬小麦	菠菜	甜菜	白芥菜	天仙子(28.5℃)
临界日长/h	12	13	13～14	14	11.5

(2)短日照植物。短日照植物要求日照时间短于一定的临界值(临界日长)或黑暗时间长于一定的临界值(临界夜长)才能开花。在一定范围的光周期内,日长越短,黑暗越长,越能促进或提早植物开花;相反,延长日照时间或缩短黑暗时间,则会延迟或抑制植物开花。温带地区秋季开花的植物多属于短日照植物,例如菊花、紫苏、玉米、甘薯、烟草等(表 2-12)。

表 2-12 几种短日照植物的临界日长

植物种类	美洲烟草	草莓	菊花	苍耳	大豆(早熟品种)	大豆(晚熟品种)
临界日长/h	14	10.5～11.5	16	15.5	17	13～14

(3)日中性植物。日中性植物的成花对日照时间长短要求不严格,只要其他条件适宜,在自然光周期条件下都能开花,如番茄、茄子、辣椒、黄瓜等蔬菜及菊花、玉米、大豆、花生的某些品种。

可见,不管是长日照植物还是短日照植物,它们开花对光周期的要求并不是所需日照时数的绝对值长短,而是只要长于或短于其临界日长就能开花,否则就延迟开花甚至不能开花。

2. 光周期诱导

成花现象对光周期敏感的植物,只有在经过适宜的光周期诱导后才能开花,但这种光周期处理并不需要一直持续,而是只要在植物花芽分化之前的一段时间给以足够天数的适宜光周期之后,植物在任何日照长度下都可以开花,这种现象称为光周期诱导。光周期诱导在农业生产有很多应用。

(1)引种。植物生产中常从异地引进优良植物品种进行栽培,在同纬度地区之间引种容易成功,但不同纬度地区之间引种时,应考虑植物品种的光周期反应类型及两地区的光周期差异,否则会因提早或延迟开花造成严重减产,甚至因为植物成花受不适宜光周期的抑制而绝产,导致引种工作的失败。

用于收获花、果实或种子的植物,短日照植物由南方引种到北方栽培时应引早熟品种,从北方引到南方栽培时应引晚熟品种;若将长日照植物由南方引到北方栽培,则应引晚熟品种,从北方引到南方栽培时应引早熟品种。

(2)育种。育种工作中有时遇到雌雄亲本花期不遇的问题,无法进行有性杂交，生产中根据栽培植物的光周期反应类型，通过暗期闪光、人工延长光照时间或适当遮光等技术措施调控光周期，使雌雄亲本同时开花，以便顺利杂交，培育新品种。

(3)调节花卉开花时间。延长黑暗可提早短日照花卉开花、延迟长日照花卉开花，夜间闪光或人工延长日照时数可提早长日照花卉开花、延迟短日照花卉开花。例如，短日照植物的菊花，在自然条件下秋季开花，若给以遮光缩短光照时间，则可提早至夏季开花；长日照植物的杜鹃、茶花等花卉，若进行人工光照延长日照时间，可提早开花。

(4)控制生殖生长，增加茎叶产量。对于以营养器官为主要经济收获对象的植物，人为调控光期或暗期的长短，抑制成花，控制生殖生长，促进营养生长，可增加产量。如对甘蔗(短日照植物)进行夜间闪光，打断暗期，能抑制开花，可获得较高的茎秆产量。又如温带栽培烟草(短日照植物)时的提前播种、麻类(短日照植物)的南种北植等措施，都能达到增产的目的。

(四)提高光能利用率的途径

植物光能利用率的高低是决定植物产量的基本因素，提高植物的光能利用率是提高植物产量的最主要手段，生产上可从下列途径入手。

1. 合理密植

合理的种植密度，既能增大叶面积指数，减少漏光，又可提高植物群体的光能利用率，充分吸收和利用光能。合理密植是提高植物产量的重要措施之一。

合理密植的目的是处理好植物群体与个体之间的关系，使群体生长后期既不能偏光损失过多，又要通风透光条件良好。植物栽培密度如果太稀，生长后期仍不能封行，会造成极大的漏光浪费，单株虽然生长较好，但因为株数少，也会大大影响产量。

2. 选育光能利用率高的品种

在植物品种的选育过程中，应选育具有矮秆抗倒伏、叶片较短较直立、叶片分布合理、耐阴性较强、适于密植及青秆黄熟等特点的植物品种，这些特点有利于植物对光能的利用。

3. 提高复种指数

间作、套种、复种能充分利用不同空间、不同生长季的大阳光能，提高光能利用率，还能充分利用地力，获得更大的经济效益。如常见的玉米与大豆间作、果树与蔬菜或中药间作、小麦与玉米套种等。间作套种要遵循“喜光与耐阴、高秆与矮秆、早熟与晚熟、深根与浅根”的原则，对不同类型的植物进行科学合理的搭配。

4.提高光合速率

改善影响光合作用的环境条件,使植物充分利用光能,提高光合速率,可增加光合积累。

(1)人工补充光照。光线较弱时,增加人工光照可提高光合速率,如日光灯、反光幕等已广泛应用于蔬菜、瓜果及花卉的保护地栽培。

(2)调节温度。温度低的季节,利用温室、大棚等园艺设施调控温度,有利于栽培植物光合作用的进行。温度过高时,则进行通风、遮阴以适当降温,降低呼吸消耗,增加净积累。

(3)改善二氧化碳的供应条件。合理密植,保持植物群体内部通风换气良好,能及时补充下层环境的二氧化碳;多施有机肥,促进土壤微生物的活动,可提高土壤中二氧化碳的含量,土壤二氧化碳散逸,可改善植物群体的下层环境。还可增施其他二氧化碳肥料,如大田施碳酸氢铵等化肥,温室大棚内施用干冰、秸秆燃烧、反应物等补充二氧化碳。

(4)降低光呼吸。改变环境的气体成分,降低光呼吸。适当增加环境中二氧化碳的浓度、降低氧气的浓度,使核酮糖二磷酸羧化反应占优势,有利于固定二氧化碳,而减少其氧化反应(光呼吸)的比例。还可以利用光呼吸抑制剂降低光呼吸,如亚硫酸氢钠。

5.加强田间公理

在植物生产过程中,要加强田间综合管理,创造良好条件,有利于光合作用的进行,减少有机物消耗,调节光合产物的分配,提高植物产量。通常的田间管理措施有合理排水、合理施肥、适时中耕松土、整枝修剪、防除杂草及病虫害防治等。

【任务实施】

光照度的测定

一、目的要求

熟悉照度计、日照计的构造原理,能利用仪器进行光照度的测定。

二、材料用品

照度计。

三、内容方法

压拉后盖，检查电池是否装好，然后调零，方法是完全遮盖探头光敏面，检查读数单元是否为零。不为零时仪器应检修。按下“电源”、“照度”和任一量程键(其余键抬起)，然后将大探头的插头插入读数单元的插孔内。打开探头护盖，将探头置于待测位置，光敏面向上，此时显示窗口显示数字，该数字与量程因子的乘积即为光照度值(单位：lx)。

如欲将测量数据保持，可按下“保持”键(注意：不能在未按下量程键前按“保持”键)。读完数后应将“保持”键抬起恢复到采样状态。测量完毕将电源键抬起(关)。再用同样方法测定其他测点照度值。全部测完则抬起所有按键，小心取出探头插头，盖上探头护盖，照度计装盒带回。

四、任务要求

将测量结果记入表 2-13。

表 2-13 光照度测定记录表

测点	次数	读数	选用量程	光照度值	平均值
阳光直射的位置	1				
	2				
	3				
树林内	1				
	2				
	3				
田间	1				
	2				
	3				
日光温室	1				
	2				
	3				

【任务拓展】

认识植物的光合作用

1.光合作用

绿色植物利用太阳光能，把 CO_2 和 H_2O 同化为有机物，释放 O_2，同时贮存能量的过程称光合作用，亦称碳素同化作用。光合作用为生命活动提供氧气和食物，为人类和动物提供生存的基础，光合作用是地球上一切生命存在、繁荣和发展的根本源泉。

2.光合作用的场所

叶片是光合作用的主要器官，而叶绿体是进行光合作用的重要细胞器。叶绿体中存在着能进行光合作用的化学活性物质光合色素，叶绿体也是植物进行光合作用的场所。

叶绿体中含有光合色素，光合色素是绿色植物进行光合作用的化学活性物质，高等植物叶绿体含有的光合色素主要有两大类：叶绿素和类胡萝卜素。

(1)叶绿素。叶绿素具有吸光性，叶绿素对绿色吸收最少，所以叶绿素溶液呈现绿色，叶片绿色亦是这个道理。

(2)类胡萝卜素。类胡萝卜素包括胡萝卜素和叶黄素，胡萝卜素能够吸收光能，也能对叶绿素起保护作用。秋天，叶绿素被破坏，叶黄素显露出来，这是叶子变黄的主要原因。

3.光合作用的生理意义

(1)把无机物转变成有机物。绿色植物通过光合作用过程制造有机物，既满足植物自身生长发育的需要，又为生物界提供食物的来源，人们生活所必需的粮、棉、油、菜、果、茶、药和木材等都是光合作用的产物。

(2)将太阳能转变为可贮存的化学能。绿色植物通过光合作用将无机物转变为有机物的同时，将光能转变为贮藏在有机物中的化学能。工农业生产和人们日常生活所利用的主要能源如煤、石油、天然气等都是植物光合作用所贮存的能量。

(3)维持大气中氧和二氧化碳的平衡。生物呼吸和工厂燃烧消耗氧气并释放出二氧化碳，而绿色植物光合作用释放出氧气，维持大气中的氧气平衡。

食物、能源和氧是人类生活的三大要素，都由光合作用提供，因此光合作用是地球上生命存在、繁荣和发展的根本源泉。

【任务评价】

任务评价表

任务名称：

学生姓名	评价内容、评价标准		自评30%	组评30%	教师40%	得分
专业知识	40分					
任务完成情况	40分					
职业素养	20分					
评语总分	总分： 教师： 年 月 日					

【任务巩固】

1.光合作用的原料是________和________；产物是________和________。

2.地球不停地自转，形成各地的________；地球绕太阳公转，形成________。

3.按电磁波波长的不同，太阳辐射分为________、________、________、________、________和________等。

4.在太阳辐射中，对地球生物影响最大的是________和________。

5.可见光是复合光，它是由________、________、________、________、________、________、________7种单色光混合而成的。

6.植物成花对光周期有着不同的要求或反应，据此将植物分为________、________和________三种类型。

任务2 农作物生长温度环境调控

【任务目标】

1.了解温度在植物生命活动中的作用，掌握植物生长发育的温度三基点，掌握活动温度、积温等温度指标。

2. 能够测定当地的土壤温度和空气温度,能够调控作物生长的温度环境。

【任务准备】

植物生长发育对温度条件有一定的要求。在适宜的温度范围内,植物的生理活动、生化反应能顺利进行,生长发育正常。温度过低或过高,则会导致植物生长减慢、停止,发育不正常,甚至死亡。

温度对植物生命活动的作用主要表现在三个方面:一是在常温下温度的变化对植物生长发育的影响;二是温度变化对植物生物产量和产品品质的影响;三是温度过高或过低对植物的伤害。温度对植物产品的品质也有着十分重要的影响,温度过高过低都会引起植物的伤害甚至死亡。

一、资料准备

温度表、温度计、百叶箱、任务评价表等与本任务相关的教学资料。

二、知识准备

(一)温度与农业生产

温度是农业环境的一个重要因子,不但直接影响植物的生命活动,而且通过对土壤和水体及其对其他农业环境的影响而间接影响植物,温度影响病虫害的发生、发展,温度还影响着许多农事活动的进行。

1. 土温对农业生产的影响

(1)对水分的吸收。当土壤温度较低时,增加了水的黏滞性,降低了细胞膜的透性。同时对植物吸水的影响又间接影响着气孔阻力,从而限制了光合作用。

(2)对养分的吸收。低温会明显减少植物对多种养分的吸收。土温不但影响根系活动,而且还影响土壤养分的转化和微生物对土壤养分的利用。

(3)对块茎、块根形成的影响。土温对块茎、块根形成有很大的影响。如马铃薯苗期土温高,生长虽旺盛但产量并不高。土温低块茎个数多而小,土温适宜时块茎个数少而薯块大。土温过高则个数少、块茎小、减产严重。土温日较差的大小还会对薯块的形状产生影响。

2. 温度对农业昆虫发生、发展的影响

许多昆虫的生命过程以及生命过程的某些阶段是在土壤中度过的。因此土温对昆虫尤其是地下害虫的发生发展有直接的影响,从而间接影响植物的生长发育。如沟金针虫,当 10 cm 土温达到 6℃左右时,开始向地面活动,当 10 cm 土温达到

17℃左右时活动最盛，并为害种子和幼苗，高于 21℃时又向土壤深层活动。

3.温度对农事活动的影响

(1)温度对耕作的影响。温度过高土壤水分蒸发快，黏重土壤易板结不便于耕作。北方冬季要抢在土壤封冻前耕翻耙耱，早春也要到化冻到一定程度后才能耕种。

(2)通度对种子发芽、出苗的影响。不同的植物种子所要求的土壤温度不同。如水稻发芽所需的最低温度为 10～12℃，玉米为 8～10℃，而小麦、油菜为 1～2℃。在其他条件适宜的前提下，土温越高，种子发芽速度越快。当然，土温过高对种子发芽也不利。了解种子发芽所需要的最低温度是确定植物适宜播种期的重要依据之一。一般以地表 5 cm 土温来确定作物适宜播种期所要求的最低温度指标。

(3)温度对肥效的影响。早春温度较低时土壤中的有机磷释放缓慢，有效磷含量低。高温能促使土壤中的迟效磷转化为速效磷，所以植物一般不会发生缺磷现象。因此，有些地区把磷肥集中施在秋播作物上，即使下茬作物不施磷肥，土壤中释放的速效磷也够了。另外，土壤的供氮能力与温度也有一致性。化肥施用碳酸氢铵等易挥发的化肥应避免在高温下存放时间过长。

(4)温度对农药药效的影响。一般温度高，农药的杀虫效果好，当然挥发也快。因此要利用有利时机迅速集中用药。温度低时药效慢，残留期也相对较长。

(二)春化作用

植物在通过每一个发育阶段时，都要求一定的温、光、水、肥等综合外界条件，但其中有一个条件起主导作用，若这个条件不能满足植物的要求，即使其他条件在好，植物也不能通过发育阶段。其中，有一些一二年生的植物在其性器官形成前要求一定的低温，如果春播一直在高温条件下，就只能进行营养生长，而不开花结实。这种植物在苗期需要经过一段低温时期才能开花结实的特性称为春化作用，这一发育阶段称为春化阶段。

1.春化作用的条件

低温是春化作用的主要条件，此外还需要适宜的水分、充足的氧气和足够的养分以及适宜的光照条件。

(1)温度和时间。低温是春化作用的主导因子，植物的春化作用需要适宜的温度并持续一段时间。植物不同，所要求的温度范围不同。通常春化作用的温度范围为 0～15℃，最适温度 0～2℃。时间长的可达 1～3 个月，短的有几天至 2 周不等。

(2)水分。植物通过春化作用需要适当的含水量。干种子对低温没有反应，植物不能以干种子形式通过春化。

(3)氧气。在缺氧条件下,即使水分充足,萌动的种子也不能通过春化。充足的氧气是进行生理生化活动的必要条件,缺氧严重时可导致春化效果解除。

(4)养分。春化作用需要足够的养分,没有养分,则不能通过春化。

(5)日照诱导。有些植物在感受低温后,还需要长日照诱导才能开花,如天仙子。

2.去春化作用和再春化作用

(1)去春化作用。在春化作用结束之前,若将正在进行春化的植物放到较高温度条件下,低温的效果就会被减弱或解除,这种高温解除春化的现象叫作去春化或春化作用的解除。解除春化的温度一般为25～40℃。

(2)再春化作用。被解除了春化效应的植物再返回到低温时,植物重新获得低温的诱导效应,又可重新进行春化,这种现象称为再春化现象。一旦春化作用完成以后,植物便能稳定保持春化效应,直至开花。

(三)植物生长发育的基点温度

植物的生命活动需要在一定的温度范围内才能进行,植物的每一生命活动都有其最高温度、最低温度和最适温度,称为三基点温度。在最适温度下,植物的生命活动最强,生长发育速度最快,在最高和最低温度下,植物停止发育,但仍能维持生命。如果温度继续升高或降低,就会对植物产生不同程度的影响,所以在植物温度三基点之外,还可以确定使植物受害或致死的最高与最低温度指标,即最高致死温度和最低致死温度,合称为五基点温度。

植物发育阶段对温度的要求最严格,温度范围最窄,一般在10～35℃,而最适于发育的温度范围一般在20～30℃,生长所要求的温度范围比较宽,在5～40℃,植物保持生存的温度范围则更宽,大致在－10～50℃。

不同植物的三基点和五基点温度是不同的。几种主要作物的三基点温度如表2-14所示。

表2-14　几种作物的三基点温度　℃

作物	最低温度	最适温度	最高温度
水稻	10～12	30～32	36～38
小麦	3～4.5	20～22	30～32
玉米	8～10	30～32	40～44
大豆	6～8	25～30	39～40
甘薯	12	21～26	35
棉花	13～15	25～32	40

即使是同一种植物不同的发育时期，由于组成器官和生理功能上的区别，其三基点温度也是不同的。

（四）植物的温度生态类型

温度也存在着不同的生态类型。根据植物对温度的不同要求，一般可细分为5类。

1. 耐寒的多年生植物

包括金针菜、茭白、藕等。它们的地上部分能耐高温，但一到冬季，地上部分枯死，而以地下的宿根越冬，一般能耐0℃以下的低温。

2. 耐寒的一二年生植物

包括大蒜、大葱、菠菜以及白菜的某些品种。能忍受－2～－1℃的低温，短期内可耐－10～－5℃的低温。其同化作用最为旺盛的温度为15～20℃。

3. 半耐寒植物

包括豌豆、蚕豆、萝卜、胡萝卜、芹菜、葡萄以及甘蓝、大白菜等。它们不能忍受长期－2～－1℃的低温。在长江流域以南地区，均可露地越冬，华南各地还能冬季露地生长。它们的同化作用以在17～20℃的温度条件下最旺盛；超过20℃时，同化作用减弱，超过30℃时，同化作用所积累的有机物质几乎全部被呼吸所消耗。

4. 喜温植物

包括黄瓜、辣椒、番茄、茄子、菜豆等。其最适温度为20～30℃，当温度超过40℃时，则生长几乎停止。而当温度在10～15℃以下时，又会出现授粉不良，导致落蕾落花增加。因此，这类植物在长江以南地区可以春播和秋播，北方则只能以春播为主。

5. 耐热植物

包括西瓜、冬瓜、南瓜、丝瓜、甜瓜、豇豆、刀豆等。它们在30℃左右时光合作用最旺盛，而西瓜、甜瓜及豇豆等在40℃的高温下仍能生长。在全国范围内都是春季播种、秋季收获，生长于一年中温度最高的季节。

（五）积温

在植物生活所需要的其他因子都得到基本满足的条件下，植物在完成某个或全部生育期时，还需要一定的热量。这个热量通常是用相应时段内逐日平均气温的累积值来表示的。这个累积温度，称为积温。积温常用来作为研究植物发育对热量要求和评价某一地区热量资源的一种指标。

1. 生物学下限温度

生物学下限温度又称生物学零度，是植物有效生长的起始温度。一般来说，三基点温度的最低温度就是生物学下限温度。各种植物的生物学下限温度是不完全相同的，一般粗略地认为：温带植物的生物学下限温度为5℃，亚热带植物为10℃，热带植物为18℃。

2. 活动积温

高于生物学下限温度的日平均温度称为活动温度。植物(或昆虫)某一生育期或全生育期内活动温度的总和称为活动积温。

不同作物、作物的不同类型以及不同的生育期所要求的活动积温是不同的。主要作物的几种主要类型所需大于10℃的活动积温如表2-15所示。

表2-15　主要作物的不同类型所需10℃的活动积温　℃

作物	类型		
	早熟型	中熟型	晚熟型
水稻	2 400～2 500	2 800～3 200	
棉花	2 600～2 900	3 400～3 600	4 000
冬小麦		1 600～2 400	
玉米	2 100～2 400	2 500～2 700	>3 000
高粱	2 200～2 400	2 500～2 700	>2 800
谷子	1 700～1 800	2 200～2 400	2 400～2 600
大豆		2 500	2 900
马铃薯	1 000	1 400	1 800

3. 有效积温

活动温度与生物学下限温度之差称为有效温度。植物(或昆虫)的某一生育期或全生育期内有效温度的总和称为有效积温。

不同作物以及作物不同的生育期所要求的有效积温是不同的。主要作物主要生育期所需的有效积温如表2-16所示。

表2-16　主要作物主要生育期所需要的有效积温　℃

作物	生育时期	有效积温
水稻	播种—出苗	30～40
	出苗—拔节	600～700
	抽穗—黄熟	150～300

续表 2-16

作物	生育时期	有效积温
冬小麦	播种—出苗	70～100
	出苗—分蘖	130～200
	拔节—抽穗	150～200
春小麦	播种—出苗	80～100
	出苗—分蘖	150～200
	分蘖—拔节	80～120
	拔节—抽穗	150～200
	抽穗—黄熟	250～300
棉花	播种—出苗	80～130
	出苗—现蕾	300～400
	开花—吐絮	400～600

有效积温常用来表示作物对热量条件的要求。由于活动积温包含了低于生物学下限温度的那部分无效积温，因此，温度越低，无效积温的比例越大。所以用以反映植物对热量条件的要求是有效积温比活动积温更稳定些。有效积温可以作为预测作物物候期、成熟期以及病虫害发生期的重要依据之一。

(六)农业生产温度调节

1.保护地栽培

(1)地面覆盖。利用塑料薄膜进行覆盖或建造各种形式的温室、大棚等，在蔬菜栽培、水稻育秧、花卉越冬、地膜保墒、防除杂草等方面得到了广泛的应用。并在保温、增温、抑制杂草、保蓄水分等方面发挥了重要作用。

(2)塑料大棚。大棚覆盖的材料为塑料薄膜。其适于大面积覆盖，因为它质量轻，透光保温性能好，可塑性强，价格低廉。又由于可使用轻便的骨架材料，容易建造和造型，可就地取材，建筑投资较少，经济效益较高，并能抵抗自然灾害，防寒保温，抗旱、涝，提早栽培，延后栽培，延长作物的生长期，达到早熟或晚熟、增产稳产的目的，深受生产者的欢迎。因此，在农业生产上发展很快。

(3)温室。温室栽培是保护地栽培的主要形式。它是利用特定设施的保温防寒、增温防冻功能，在低温或寒冷的季节进行植物的栽培和生产。温室栽培经过长期的生产实践已形成低级、中级和高级等多种温室类型。我国目前将现代化温室分为塑料温室和玻璃温室两大类。凡用金属或木构件为骨架、用玻璃覆盖而成的温室称为玻璃温室;凡是用塑料薄膜或硬质塑料板覆盖而成的温室就称为塑料温室。根据温室有无加热设备又可分为加温温室和不加温温室(日光温室)。

2. 耕作措施

(1)耕翻松土。耕翻松土的主要作用是:疏松土壤、通气增温、调节水气和保肥保墒。

(2)镇压。镇压是利用镇压器具的冲力和重力对表土或幼苗进行磙压的一种栽培措施。目的在于压紧土壤、破碎土块。

(3)垄作。垄作就是先起垄,在垄背上栽种植物,起垄高度可达到 20 cm 左右。垄作的目的在于提高土层温度,增大受光面积,利于排水,通风透气。

3. 水分管理措施

(1)灌溉。提高土壤含水量,使土壤导热性增强,热容量增大,土温升降缓慢。

(2)喷灌。喷灌对气温和空气相对湿度的影响一般要比地面灌溉大,在出现干热风和霜冻天气时,其降温和增温效应比较明显。

4. 物理化学制剂的应用

采取物理化学方法调控温度,如土面增温剂、降温剂及喷洒有色物质等。

【任务实施】

空气温度的测定

一、目的要求

了解常用温度表、温度计的构造原理,掌握空气温度的观测方法。

二、材料用品

普通温度表、最高温度表、最低温度表、温度计、百叶箱。

三、内容方法

观测时按照干球、湿球温度表,毛发湿度表,最高、最低温度表,温度计的顺序进行。干湿球温度表每天观测四次(2 时、8 时、14 时、20 时),最高、最低温度表每天 20 时观测一次。

1. 最高、最低温度表的调整

最高、最低温度表观测后应立即调整。最高温度表的调整方法:用手握住表身,球部向下,臂外伸 30°,用大臂前后甩动,直至水银柱表示的数接近当时的气温,然后放回原处。先放球部后放表身,以免水银柱滑动。最低温度表的调整方法:将球部抬起,使游标滑到酒精柱顶端,放回原处,先放顶部后放球部,以免游标发生移动。

2. 温度计读数

读数记录后作时间记号。每天 14 时换纸,换纸时先作终止时间记号,拨开笔挡,取下自记笔,记上终止时间,然后上好中机发条,将填写好日期的新自记纸裹在钟筒上,卷紧,水平对齐,底边紧贴筒底缘并以压纸条固定,转动钟筒使笔尖对准记录开始时间,拨回笔挡做时间记号,盖上盒盖。

四、任务要求

将测定的数据记入表 2-17。

表 2-17 空气湿度测定记录表

测量项目	干球温度	最高温度	最低温度
读数/℃			

【任务拓展】

认识农业界限温度

对农业生产具有普遍意义,标志着某些重要物候现象或农事活动的开始、终止或转折,对农业生产有指示或临界意义的日平均温度,称为农业界限温度。农业界限温度以日平均气温稳定通过(开始或终止)某一温度为标准。农业上常用的界限温度有 0℃,5℃,10℃,15℃,20℃,它们具有重要的农业意义。

1. 0℃

土壤冻结或解冻,农事活动终止或开始。秋季 0℃稳定终止时,冬小麦开始越冬,土壤开始冻结。春季稳定通过 0℃时,土壤开始解冻,早春作物开始播种。生产上常用日平均气温 0℃以上的持续日数表示农耕期。

2. 5℃

春季稳定通过 5℃时,多数树木开始生长,5℃为早春作物播种,小麦积极生长的界限温度。秋季 5℃稳定终止时,秋播小麦开始进入抗寒期。生产上常用 5℃以上持续日数表示植物的生长期或生长季。

3. 10℃

10℃是一般喜温植物生长的起始温度,10℃时喜温作物(水稻、棉花等)开始播种与生长;10℃也是喜凉植物积极生长的温度,是大多数植物开始进入活跃生长的界限温度。常用10℃以上的持续时期表示植物的生长活跃期。

4. 15℃

15℃是喜温植物开始快速生长、热带植物组织分化的界限温度。常用15℃以上的持续时间表示喜温植物的积极生长期。

5. 20℃

20℃时,热带作物开始积极生长期,也是水稻安全抽穗开花的指标。

【任务评价】

任务评价表

任务名称:

学生姓名	评价内容、评价标准		自评 30%	组评 30%	教师 40%	得分
专业知识	40分					
任务完成情况	40分					
职业素养	20分					
评语总分	总分: 教师: 年 月 日					

【任务巩固】

1. 植物在苗期需要经过一段低温时期才能开花结实的特性称为__________。

2. 植物的三基点温度是__________、__________和__________。

3. 植物的五基点温度是__________、__________、__________、__________、__________。

4. 植物正常生长发育所需要的积温包括__________和__________。

5. 高于生物学下限温度的日平均温度称为__________。

6. 活动温度与生物学下限温度之差称为__________。

任务3 农作物生长水分环境调控

【任务目标】

1. 了解土壤和大气中水分存在的状态,理解植物在生长发育时期对水分的需求。

2. 能够测定土壤及大气中的含水量,掌握作物生长水分环境的调控方式。

【任务准备】

生命起源于水,没有水便没有生命。在植物的一生过程中,植物不断地从周围环境中吸收水分,以满足其正常生命活动的需要;同时,又将体内的水分不断地散失到环境当中去,维持植物体内的水分平衡。植物对水分的吸收、水分在植物体内的运输以及植物的水分散失就构成了植物的水分代谢。土壤中的水分是植物吸水的主要来源,植物体内的水分通过蒸腾作用散失到空气中,与由江、河、湖泊蒸发的水分其间组成大气中的水分,大气中水分饱和后便以雨、露、霜、雹和雾等形式降落地下,重新形成土壤水。土壤、植物和大气共同完成自然界中水的循环。

一、资料准备

干燥箱、土钻、铁铲、土样筛、铝盒、天平、干燥器、雨量器、雨量杯、任务评价表等与本任务相关的教学资料。

二、知识准备

(一)水分与植物生长

1. 水的生理作用

水是生命的摇篮,植物的一切生命活动必须在细胞水分充足的情况下才能进行。农业生产上,水是决定收成有无的重要因素之一,即农谚所言“有收无收在于水”,保持植物体内的水分平衡是提高作物产量和改善产品质量的重要前提。

(1)水是原生质的组成成分。蛋白质、核酸和糖类物质都含有许多的亲水集团,吸附着大量的水分子,原生质的含水量一般在70%~90%,使原生质呈溶胶状态,保证旺盛的代谢活动正常进行。随细胞含水量减少,原生质胶体由溶胶状态向凝胶状态转变,生命活动也将大为减弱,休眠种子就处于这种状态。如果细胞失水过多,可能引起原生质胶体严重破坏而导致细胞死亡。

(2)水是生命活动的介质和参与者。水是生物体内最重要的介质,也是代谢作用的反应物,一切生化反应必须在水溶液的状态下才能顺利进行。光合作用、呼吸作用、有机物转化运输和一些合成及分解的生理过程中,水分作为反应物直接参与生化反应的进行。

(3)水是物质吸收和运输的工具。植物利用根系从土壤中吸收植物生长需要的水分和营养物质,但植物不能直接吸收固态的无机物和有机物,这些物质只有溶解在水中,通过水流的移动才能被吸收。各种物质在植物体内的运输,也要以水溶液的形式进行。

(4)水是植物固有形态的保持者。细胞和组织存在一定量的水分,使细胞维持一定的紧张度,保持了植物的固有形态,使枝叶以一定的排列形式挺立于空间,便于充分接收光照和交换气体,也利于开花和传粉。若植物含水量不足,便会出现萎蔫现象,也影响了正常的生理活动。

(5)水是恒定植物体温的缓冲剂。水具有特殊的物理和化学性质,给植物的生命活动带来各种有利条件。水的汽化热大,借助于水分蒸腾而大量散热以调节植物体温,水的比热容大,温度上升 1℃需要吸收较多的热量,含水量很高的植物体,体温比较恒定,水的表面张力高有利于物质的吸收和运输,水分子表现明显的极性,决定多数化合物的水合现象,并使原生质胶体性质得到稳定。

2.植物的根系吸水

在植物生长的周围环境中,只有土壤中含有充分而比较稳定的水分。尽管植物的地上部分叶片也能吸水,但除了下雨外,叶片常接触的只是温度很低的干燥的大气,很难有效地吸到水,所以高等植物吸水的主要器官是根系。作物需要的水分主要是通过根系吸收的,根系主要的吸水部位是根毛区。农业生产上经常采取有效措施,促进根系生长,多发新根,增加根毛区面积,以利于植物对水分的吸收,是提高作物产量的有效措施。

植物根系吸水的动力主要有根压和蒸腾拉力两种。

(1)根压。根压是指由于植物根系生理活动而促使液流从根部上升的压力。根压的形成导致水分不断地向上输送,根部也在不断地吸水。将植物的茎从靠近地面的部位切断,切口不久就会流出汁液,这种现象称为伤流,流出的汁液称伤流液。在空气温度较大而又无风的早晨,一些植物的叶尖和叶缘也会排出珠,这种现象称为吐水,也是植物根部产生根压的缘故。植物以根压作为吸水动力进行的吸水方式称为主动吸水。

(2)蒸腾拉力。水分从植物地上部分以水蒸气状态向外界散失的过程称蒸腾作用。植物从土壤中吸收的水分用作植物组成成分的不到 1%,绝大部分是通过蒸腾作用散失到环境中。植物通过蒸腾作用产生蒸腾拉力，加强根系的水分吸收，是一种被动吸水过程；由于蒸腾作用导致植物体内水分流动，促进植物体内的物质运输；水分由液体转化为气体散失到空气当中，带走大量的热量，维持叶面温度的恒定。蒸腾作用的主要部位是气孔（气孔蒸腾）、角质层（角质蒸腾）和皮孔（皮孔蒸腾）。

植物幼苗时期主要靠主动吸水，植株长成后，主动吸水已不能满足生长的需求，这时的植物主要靠的是被动吸水。

（二）土壤水分

土壤液相主要成分是土壤水分与溶解在水分中的各种物质，因此土壤水分并非纯水，而是溶解有一定浓度的无机与有机离子的稀薄溶液。通常所说的土壤水实际上是指在105℃条件下可从土壤中被驱逐出来的水分。

1. 土壤含水量

土壤含水量是表征土壤水分状况的一个指标，又称土壤含水率、土壤湿度等。常见的表示方法有以下几种。

（1）土壤质量含水量。单位质量土壤中水分的质量占烘干质量的比值为土壤质量含水量，通常用百分数表示，标准单位是g/kg。在生产实践中，如果没有指明是何种类型的土壤含水量，一般情况下是指质量含水量。

$$土壤质量含水量=\frac{土壤水质量}{烘干土质量}\times 100\%$$

烘干土质量一般是指在105℃条件下烘至恒重的土壤。

（2）土壤溶剂含水量。单位体积土壤中水分体积占总体积的百分比为土壤容积含水量。

$$土壤容积含水量=\frac{土壤水体积}{土壤总体积}\times 100\%$$

（3）土壤相对含水量。土壤相对含水量是指土壤实际的质量含水量占田间持水量的百分率。

$$土壤相对含水量=\frac{土壤含水量}{土壤田间持水量}\times 100\%$$

（4）水层厚度。为了使土壤实际含水量与降雨量、蒸发量进行比较，将一定厚度土层中所含的水分换算成水层厚度来表示，单位多采用mm。

$$水层厚度=土层厚度\times 质量含水量\times 土壤容重\times 10$$

（5）土壤水贮量。土壤水贮量是指一定面积、一定厚度土层水分的总贮量，单

位为 m^3/hm^2。

$$土壤水贮量=水层厚度\times 10$$

式中：10 为水层厚度（mm）转换为 m^3/hm^2 的换算系数。

2. 土壤水分类型

土壤水可根据受力情况的不同划分为吸湿水、膜状水、毛管水和重力水等类型。

（1）吸湿水。吸湿水是指固相土粒借助其表面的分子引力从大气中吸收的那部分气态水，通常在土粒表面形成单分子水层（图 2-15）。吸湿水受到的土粒吸引力极大，不能溶解其他物质，不能自由移动，植物不能吸收利用，是一种无效水。

（2）膜状水。吸湿水含量达到最大后，土粒剩余分子引力吸附的液态水为膜状水（图 2-16）。膜状水通常在吸湿水的外围形成一层连续的水膜，其受到的吸引力远小于吸湿水，因此对植物部分有效，能从水层厚的土粒缓慢运动到水层薄的土粒表面。当植物发生永久萎蔫时的土壤含水量称为凋萎系数，也称为萎蔫系数。

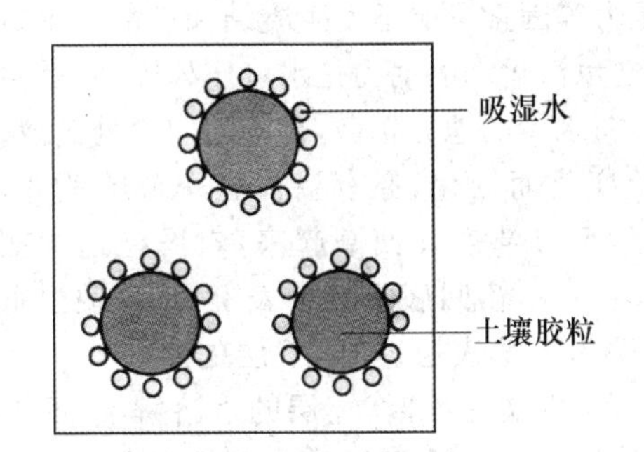

图 2-15　土壤吸湿水

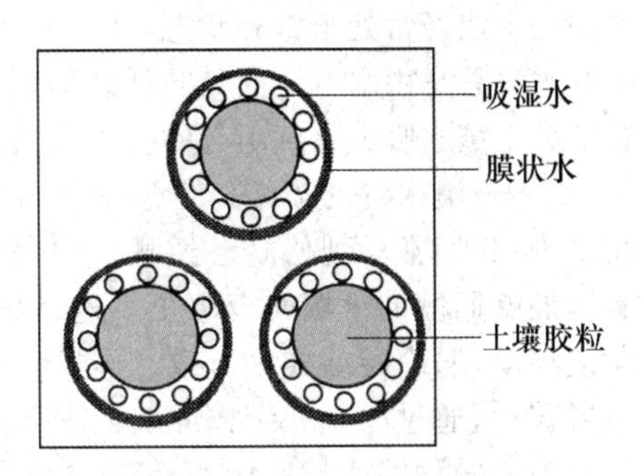

图 2-16　土壤膜状水

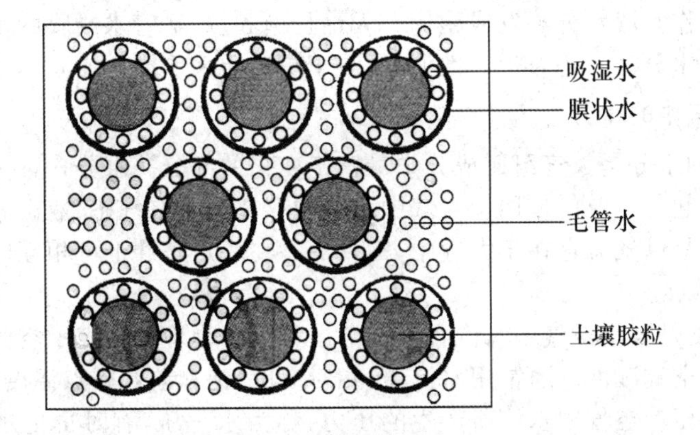

图 2-17　土壤膜状毛管水

(3)毛管水。通过毛管力保持在土壤毛管空隙中的水分为毛管水,毛管水对植物全部有效(图 2-17)。毛管水是一般土壤供给植物生长发育所需要的主要水分类型,移动性很强,可以在土层中向上、向下运动。当长期干旱无雨时,深层土壤的水分能够通过毛细管运动到表层土壤供植物吸收利用,表层土壤多余的水分也可以通过毛细管转移到深层土壤或地下水中。

(4)重力水。重力水是指土壤中只受重力作用沿着大孔隙向下运动的那部分水分。只有当土壤水分含量高过土壤田间持水量时才能出现重力水。由于重力水不易被保持在表层土壤中,植物基本不能吸收利用这部分水,是一种多余水。

3.土壤水分的运动

自然界的水分进入土壤后并非固定不变,而是处于不停的运动之中。气态水的扩散、凝结和液态水的蒸发、运转、渗吸、渗漏等,都直接影响着土壤肥力的改变和作物的生长发育。

(1)土壤水汽的扩散。由于土壤含水量一般都在最大吸湿量以上,所以土壤孔隙中的水汽经常处于饱和状态,并在温度、压力等因素影响下发生凝结和扩散。土壤中的水汽总是由水汽压高处向低处移动,推动水汽运动的动力是水汽压梯度,它是由温度和土壤水吸力梯度引起的。水汽由水多向水少的地方扩散,自暖处向冷处扩散。

(2)土壤水汽的凝结。土温常随气温的变化而变化,亦有昼夜和季节的差异。在夏季,我们常看到傍晚已经晒干的表土层,翌日清晨又回潮起来,农民把这种在清晨能够回潮的土壤叫夜潮土。这是昼夜温差大,夜间底土暖于表土,水汽便由下向上移动,遇冷凝结成水所致。同样,在冬季当土壤表层冻结,下层的水分不断向冻层移动,通过冷凝并结成冻块而聚积起来,当春暖化冻时,上层的水溶解了,而下层仍为未融化的冰粒所堵塞,解冻水不能下渗,一时表土很湿并出现返浆现象。

(3)土壤水分的蒸发。土壤水分经汽化并以水汽的形态扩散到近地面的大气中的过程,叫作土壤水分蒸发或跑墒。无论是饱和水、毛管水或膜状水都可因蒸发而损失,土壤水分蒸发是非生产性消耗,对于旱田应采取措施使其尽量减少。

(三)大气中的水分

大气中的水分是大气组成成分中最富于变化的部分。水分含量多少对植物的生长、发育都起着重要的作用。大气中水分的存在形式有气态、液态和固态。多数情况下,水分是以气态存在于大气中,三种形态在一定条件下可相互转化。

1.空气湿度

空气湿度是表示空气中水汽含量和潮湿程度的物理量。表示空气潮湿程度的物理量,称为空气湿度。通常用水汽压、相对湿度、饱和差和露点温度来表示。

(1)水汽压。空气中水汽所产生的压力,称为水汽压,有时也把水汽压叫作绝对温度。水汽压取决于空气中的水汽含量,当空气中水汽含量增多时,水汽压就相应增大。水汽压的单位用百帕(hPa)表示。

(2)相对湿度。空气中的水汽压与同温度下的饱和水汽压的百分比,称相对湿度。

(3)饱和差。在一定温度条件下,饱和水汽压与空气中实际水汽压的差值,称为饱和差。

(4)露点温度。露点温度(简称露点)是指空气中水汽含量不变,气压一定时,通过降低气温使空气达到饱和时的温度,称为露点温度,单位为℃。

2.水分蒸发

由液态水或固态水转变为气态水的过程叫蒸发。江、河、湖、泊、海洋和土壤中的水分都可以通过蒸发向大气中运动,它们是大气中水分的主要来源。水面蒸发是一个复杂的物理过程,它受好多气象因子影响。

(1)水温愈高,蒸发愈快。水温增高,水分子运动加快,逸出水面可能性增大,进入空气中的水分子就多。

(2)饱和差大,蒸发就快。饱和差大,表示空气中水汽分子少,水面分子就易逸出跑进空气中。

(3)风速愈大,蒸发愈快。风能使蒸发到空气中的水汽分子迅速扩散,减少了蒸发面附近的水汽密度。

(4)气压愈低,蒸发愈快。水分子逸出水面进入空气中,要反抗大气压力做功,气压愈大,气化时做功愈多,水分子汽化的数量就愈少。

此外,蒸发还和蒸发面的性质与形状有关,凸面的蒸发大于凹面,凸面曲率越大,蒸发越快。小水滴表面的蒸发就比大水滴快,纯水面蒸发大于溶液面,过冷却水面(0℃以下的液态水)的蒸发大于冰面。

3.水汽凝结

(1)水汽凝结的条件。水汽由气态转变为液态的过程称为凝结。大气中的水汽发生凝结的条件是:大气中的水汽要达到饱和或过饱和状态,另外就是必须具有凝结核。

①水汽达到饱和。大气中的水汽达到饱和或过饱和的途径有两种:一种是在一定温度下增加大气中的水汽含量,使水汽压增大。另一种是在水汽含量不变的条件下,使气温降低到露点或露点以下。一般导致水汽凝结有四种方式:暖空气与较冷的下垫面接触、辐射冷却、两种温度不同而且都快要饱和的空气相混合、空气上升发生绝热冷却。

②凝结核。在水汽发生凝结过程中起着核心作用的小质点,称为凝结核。进入大气中的氯化物、硫化物、氮化物和氨等都是吸湿性很强的凝结核。此外,大气中的尘粒和微小的有机物,也能把水汽分子吸附在它们表面形成小水滴或小冰晶。

(2)水汽凝结物。露、霜、雾、云等称为地面和地面物上的凝结物。

①地面水汽的凝结物。露和霜是地面和地面物体表面辐射冷却,温度下降到空气的露点以下时,空气接触到这些冷的表面,而产生的水汽凝结现象。如露点高于0℃,就凝结为露;如果露点低于0℃,就凝结为霜。

②大气中的凝结物。当近地气层温度降低到露点以下时,水汽发生凝结成水滴或冰晶,弥漫成乳白色带状,使水平方向上的能见度减小的现象称为雾。

云是自由大气中的微小水滴或冰晶或者两者混合组成的可见悬浮物。

4.降水

云中的水分以液态或固态的形式降落到地面上的现象,称为降水。包括雨、雪、霰、雹等。

(1)降水条件。降水产生于云中,有云未必有降水。云滴要成为雨滴下降到地面,云滴是非常小的,其直径为5～50 μm,下降速度慢。因空气浮力及上升气流作用而悬浮于空中,要使云层产生降水,必须使云滴增大到其受重力下降的速度超过上升气流的速度,并在下降过程中不被全部蒸发。因此,降水的条件:一是要有充足的水分;二是要使气块能够抬升并冷却凝结;三是要有较多的凝结核。

(2)降水的种类。

①按降水物态形状分:

雨:从云中降到地面的液态水滴。直径一般为0.5～7 mm。雨滴下降的速度与直径有关,雨滴越大,其下降速度也越快。

雪:从云中降到地面的固态降水。当云层温度很低时,云中有冰晶和过冷却水同时存在,水汽、水滴表面向冰晶表面移动,在冰晶的角上凝华。使冰晶逐渐增大而降落到地面。雪大多呈六出分枝的星状、片状或柱状晶体。不很冷的时候,很多雪花合成团像棉絮状。降雪时天空大多是均匀密布的云层。

霰:是白色或灰白色不透明的圆锥形或球形的颗粒状固态降水,直径2～5 mm,比较松软,易被捏碎。霰是冰晶降落到过冷水滴的云层中,互相碰撞合并而形成。或是过冷却水在冰晶周围冻结而成的。由于霰的降落速度比雪花大得多,着落硬地常反跳,霰常见于降雪之前。

雹:由透明和不透明的冰层组成的固体降水物。雹是由霰粒在云中继续增大而形成的,其大小不一。它常发生在温暖季节有强烈上升气流的积雨云中。

②按降水性质分:

连续性降水:降水时间长,强度变化较小,降水范围较大,常降自雨层云中。

阵性降水:降水持续时间短,强度大,常突然开始和停止,降水范围较小,而且分布不均匀,多降自积雨云中。

毛毛状降水：是极小的滴状液体降水，降水强度极小，通常降自层云或层积云。

(3)降水的表示方法。①降水量：从云中降下来的液态水或融化后的固态水，在水平面上未经蒸发、渗透、流失所累积的水层厚度称为降水量。以 mm 为单位。

②降水强度：单位时间内的降水量。单位是 mm/d 或 mm/h。

【任务实施】

降水量的观测

一、目的要求

了解降水量测定仪器的构造原理，掌握降水量的观测方法。

二、材料用品

雨量器、雨量杯、虹吸雨量计。

三、内容方法

(一)雨量器的安装与观测

1. 安装

雨量器(图 2-18)放于观测场东，百叶箱南，盛水口水平，距地面 70 cm，下雪时放于备用支架上，距地面 1.2 m，取下盛水器、储水瓶，仅用外筒观测。

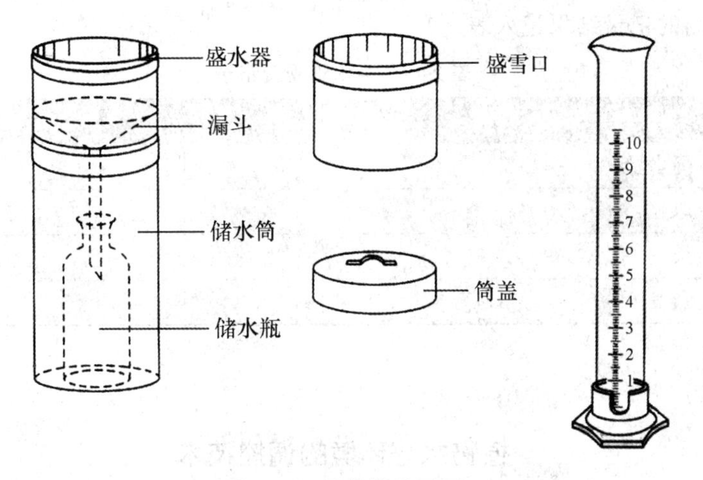

图 2-18 雨量器及量杯

2. 观测

一般每天 8 时和 20 时进行观测，观测时将瓶内的水倒入雨量杯，用食指和拇指夹住雨量杯上端，使雨量杯自由下垂，视线与杯中水的凹液面最低处齐平，读取刻度。在气温较高的季节，降水停止后应及时进行补充观测。降雪时，改用盛雪口和储水筒直接测定。如在观察时下雨，应该启用备用雨量器，以确保观测记录。

无降水时，降水量不做记录。不足 0.05 mm 时降水量记为 0.0 mm。

(二)虹吸雨量计

1. 安装

安装在雨量器附近，盛水器口离地面的高度以仪器自身高度为准，器口就保持水平。

2. 观测

每天 20 时观测一次。观测时从自记纸上读取降水量。一天内有降水时，必须换自记纸。无降水时，自记纸可用 8～10 d，但应每天加 1 mm 水量，使笔尖位置太高，以免迹线重叠。

自记记录开始和终止的两段须作时间记号，可轻抬自记笔根部，使笔尖在自记纸上画一短垂线；如果记录开始或终止时有降水，则应用铅笔作时间记号。

如果在自记纸上有降水记录，而换纸时没有降水，应在换纸前加水做人工虹吸，使笔尖回到零线；如果换纸时正在降水，则不作人工虹吸。

四、任务要求

将观测的记录结果记入表 2-18。

表 2-18 降水量观测记录

mm

观测时间	8:00	20:00
降水量		
原量		
余量		
蒸发量		

【任务拓展】

植物水分环境的调控技术

在植物生产实践中，可以通过一些水分调控技术来提高农田土壤水分的生产效率，发展节水高效农业。

1. 积水蓄水技术

蓄积自然降水，减少降水径流损失是解决农业用水的重要途径，除了拦河筑坝、修建水库、修筑梯田等大型集水蓄水和农田基本建设工程外，在干旱少雨地区，采取适当方法，汇集、积蓄自然降水，发展径流农业是十分重要的措施。

(1)沟垄覆盖集中保墒技术。基本方法是平地(或坡地沿等高线)起垄，农田呈沟、垄相间状态，垄作后拍实，紧贴垄面覆盖塑料薄膜，降雨时雨水顺薄膜集中于沟内，渗入土壤深层，沟要有一定深度，保证有较厚的疏松土层，降雨后要及时中耕以防板结，雨季过后要在沟内覆盖秸秆，以减少蒸腾失水。

(2)等高耕作种植。基本方法是沿等高线筑埂，改顺坡种植为等高种植，埂高和带宽的设置既要有效地拦截径流，又要节省土地和劳力，适宜登高耕作种植的山坡土层厚 1 m 以上，坡度在 6°～10°，带宽 10～20 m。

(3)微集水面积种植。我国的鱼鳞坑就是微集水面积种植之一：在一小片植物，或一棵树周围，筑高 15～20 cm 的土埂，坑深 40 cm，坑内土壤疏松，覆盖杂草，以减少蒸腾。

2. 节水灌溉技术

目前，节水灌溉技术在植物生产上发挥着越来越重要作用，主要有喷灌、微灌、膜上灌、地下灌等技术等。

(1)喷灌技术。喷灌是利用专门的设备将水加压，或利用水的自然落差将高位水通过压力管道送到田间，再经喷头喷射到空中散成细小水滴，均匀散布在农田上，达到灌溉目的。

喷灌可按植物不同生育期需水要求适时、适量供水，且具有明显的增产、节水作用，与传统地面灌溉相比。还兼有节省灌溉用工、占用耕地少、对地形和土质适应性强，能改善田间小气候等优点。

(2)地下灌溉技术。把灌溉水抽入地下铺设的透水管道或采用其他工程措施普遍抬高地下水位，依靠土坡的毛细管作用浸润根层土壤，供给植物所需水分的灌溉技术。

(3)微灌技术。微灌技术是一种新型的节水灌溉工程技术，包括滴灌、微喷灌和涌泉灌等。它具有以下优点：一是节水节能；二是灌水均匀，水肥同步，利于植物生长；三是适应性强，操作方便。可根据不同的土壤渗透特性调节改善速度，适用于山区、坡地、平原等各种地形条件。

(4)膜上灌溉技术。膜上灌溉技术是在地膜栽培的基础上，把以往的地膜旁侧改为膜上灌水，水沿放苗孔和膜旁侧灌水渗入进行灌溉。近年来由于无纺布(薄膜)的出现,膜上灌溉技术应用更加广泛。膜上灌适用于所有实行地膜种植的作物。

(5)调亏灌溉。调亏灌溉是从植物生理角度出发,在一定时期内主动施加一定程度的有益的亏水度,使作物经历有益的亏水锻炼后,达到节水增产,改善品质的目的,通过调亏可控制地上部分的生长量,实现矮化密植,减少整枝等工作量。该方法不仅适用于果树等经济作物,而且适用于大田作物。

3.少耕免耕技术

(1)少耕。少耕的方法主要有以深松代翻耕、以旋耕代翻耕、间隔带状耕种等。我国的松土播种法就是采用凿形或其他松土器进行松土,然后播种。带状耕作法是把耕翻局限在行内,行间不耕地,植物残茬留在行间。

(2)免耕。免耕具有以下优点:省工省力;省费用、效益高;抗倒伏、抗旱旱、保苗率高;有利于集约经营和发展机械化生产。国外免耕法一般由三个环节组成:利用前作残茬或播种牧草作为覆盖物;采用联合作业的免耕播种机开沟、喷药、施肥、播种、覆土、镇压一次完成作业;采用农药防治病虫、杂草。

4.地面覆盖技术

(1)沙田覆盖。沙田覆盖在我国西北干旱、半干旱地区十分普遍,它是由细沙甚至砾石覆盖于土壤表面,起到抑制蒸发,减少地表径流,促进自然降水充分渗入土壤中,从而起到增墒、保墒作用。此外沙田还有压碱,提高土壤温度,防御冷害作用。

(2)秸秆覆盖。利用麦秆、玉米秆、稻草、绿肥等覆盖于已翻耕过或免耕的土壤表面;在两茬植物间的休闲期覆盖,或在植物生育期覆盖;可以将秸秆粉碎后覆盖,也可整株秸秆直接覆盖,播种时将秸秆扒开,形成半覆盖形式。

(3)地膜覆盖。地膜覆盖能提高低温,防止蒸发,湿润土壤,稳定耕层含水量,起到保墒作用。从而有显著增产作用。

(4)化学覆盖。化学覆盖是利用高分子化学物质制成乳状液,喷洒到土壤表面,形成一层覆盖膜,抑制土壤蒸发,并有增湿保墒作用。

5.耕作保墒技术

主要是:适当深耕、中耕松土、表土镇压、创造团粒结构体、植树种草、水肥耦合技术、化学制剂保水节水技术等。

6.水土保持技术

(1)水土保持耕作技术。主要有两大类:一类是以改变小地形为主的耕作法,包括等高耕种、等高带状间作、沟垄种植(如水平沟、垄作区田、等高沟垄、等高垄作、蓄水聚肥耕作、抽槽聚肥耕作等)、坑田、半旱式耕作、水平犁沟等。另一类是以增加地面覆盖为主的耕作法，包括草田带轮作、覆盖耕作（如留茬覆盖、秸秆覆盖、地膜覆盖、青草覆盖等）、少耕（如少耕深松、少耕覆盖等）、免耕、草田轮作、深耕密植、间作套种、增施有机肥料等。

（2）工程措施。主要措施有修筑梯田、等高沟埂（如地埂、坡或梯田）、沟头防护工程等。

（3）林草措施。主要措施用封山育林，荒坡造林（水平沟造林、鱼鳞坑造林），护沟造林，种草等。

【任务评价】

任务评价表

任务名称：

学生姓名	评价内容、评价标准		自评 30%	组评 30%	教师 40%	得分
专业知识	40 分					
任务完成情况	40 分					
职业素养	20 分					
评语总分	总分：　　教师：　　年　月　日					

【任务巩固】

1. 植物幼苗时期主要吸水动力是________。

2. 植株长大后，吸水的动力是________。

3. 土壤水可根据受力情况的不同划分为________、________、________和________等类型。

4. 农田水分灌溉的方式有________、________、________、________等。

5. 表示空气潮湿程度的物理量，称为________。通常用________、________、________和________度来表示。

6. 由液态水或固态水转变为气态水的过程叫________；水汽由气态转变为液态的过程称为________。

7. 形成降水的条件是＿＿＿＿＿和＿＿＿＿＿。

8. 地面和地面物上的水汽凝结物有＿＿＿＿＿＿＿、＿＿＿＿＿＿＿、＿＿＿＿＿＿＿、＿＿＿＿＿＿＿。

9. 大气中的降水包括＿＿＿＿＿、＿＿＿＿＿、＿＿＿＿＿、＿＿＿＿＿；降水的表示方法有＿＿＿＿＿和＿＿＿＿＿。

任务4 农作物生长气候环境调控

【任务目标】

1. 了解气候与作物生长发育的关系，熟悉主要的农业气象要素。

2. 能够观测当地的农田小气候，并能够调控作物生长的气候环境。

【任务准备】

植物借助根固定在土壤上，生存于大气当中。大气的成分、大气的温度、大气的湿度、大气的运动，天气的晴、阴、冷、暖、雨、雪、风、霜、雾和雹等都会直接对植物的生长发育产生的影响。

一、资料准备

气压计、气压表、温度表、风速计、照度计、任务评价表等与本任务相关的教学资料。

二、知识准备

(一)主要的农业气象要素

气象要素是指描述大气中所发生的各种物理现象和物理过程常用的定性和定量的特征量。

1. 气压

(1)气压。由于地球引力的作用，大气具有一定的重量，地面上单位面积所承受的大气的压力简称气压(大气压强)，其单位为 hPa(百帕)。在纬度为 45°的海平面上，气压为 1 013.2 hPa，称为一个标准大气压。气压是空气分子运动和大气综合作用的结果。

(2)气压的变化。一天当中，早晚气压上升，午后气压下降。一年当中，冬季(1 月)气压最高，夏季气压(7 月)最低。空气的密度随高度的升高而变小，大气的厚度随高度的升高而变薄，同一地点，随海平高度的上升，气压值逐渐下降。气温的变化也能导致气压发生变化，较冷的地区气温低，空气柱冷却收缩，气压值升高；较暖的地区，气温高，空气受热膨胀向四周扩散，使气压值降低。

2. 风

(1)风的形成。空气的水平运动称为风，用风向和风速表示。风向是指风的来向，风速是空气在单位时间内移动的水平距离。

一天中，午后的风速最大，清晨的风速小。风的日变化中，晴天比阴天显著，夏季比冬季显著，陆地比海洋显著。风的年变化，冬半年的风速大于夏半年。风随着海拔高度的升高，风速增大。风向摇摆不定，风速忽大忽小的现象，称为风的阵性。一般来说，风的阵性山区比平原地区明显，低空比高空明显，白天比夜间明显，午后最显著。

(2)风的类型。

①季风。季风是指以一年为周期，随季节的改变而改变风向的风。通常指的是冬季风和夏季风。冬季大陆温度低于海洋，陆地上因温度下降使气压升高，所以在大陆上形成高压，海洋上形成低压，风从大陆吹向海洋。夏季相反，大陆上温度高于海洋，则大陆上形成低压，海洋上形成高压，所以风从海洋吹向大陆。

我国位于欧亚大陆的东南部，背靠欧亚大陆，面临西太平洋，因此，季风很明显，夏季常吹东南风或西南风；冬季常吹偏北风，北方多数为西北风，南方多数为东北风。由于各地地理条件不同，地形复杂，常常形成各种与季风风向不同的风。

②地方性风。它是与地方特点有关的局部地区的风，可因地形的动力作用或地表受热的不同而形成的。

a. 海陆风。海滨地区，白天风由海上吹向陆地，称作海风，夜间风自陆地吹向海上，称作陆风，这种风向日日夜夜交替且风力较清和的风合称为海陆风(图 2-19)。海陆风以昼夜为周期风向发生变化，也是一种热力环流。海风给沿海地区带来丰盛的水汽，在陆上形成云雾，缓和了温度的变化。所以海滨地区，夏季比内陆凉爽，冬季比内陆温和。

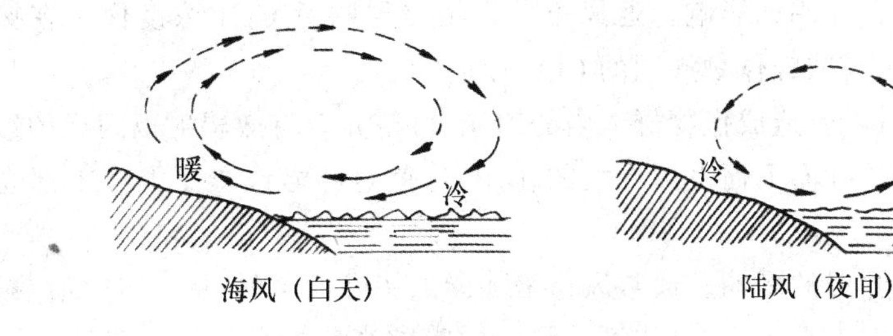

图 2-19　海陆风

b.山谷风。在山区,白天风从山谷吹向山坡,称作谷风,夜间风从山坡吹向山谷,称作山风,二者合称山谷风(图2-20)。山谷风的形成是由于山坡与谷地同高度上受热和失热程度不同而产生的一种热力环流。山风还可使冷空气聚集在谷地,在寒冷季节造成“霜打洼”现象,而山腰和坡地中部,由于冷空气不在此沉积,往往霜冻较轻。

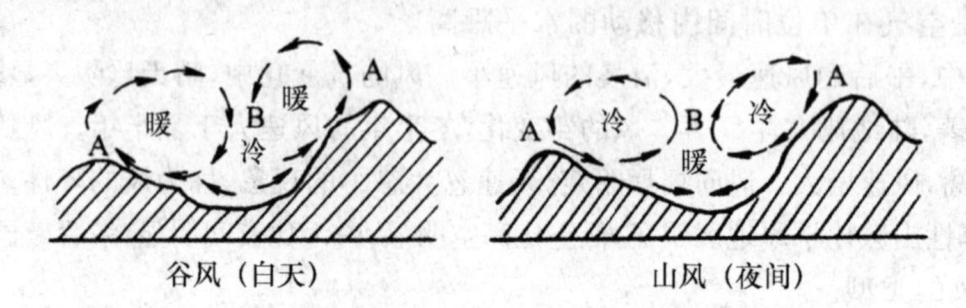

图2-20 山谷风

c.焚风。当气流跨过山脊时,在山的背风面,由于空气的下沉运动产生一种热而干燥的风,称作焚风(图2-21)。不论冬夏昼夜,焚风在山区都可以出现。焚风能形成森林火灾和旱灾,但焚风也可使初春的冰雪融化,利于灌溉,夏季焚风可以使谷物和水果早熟。

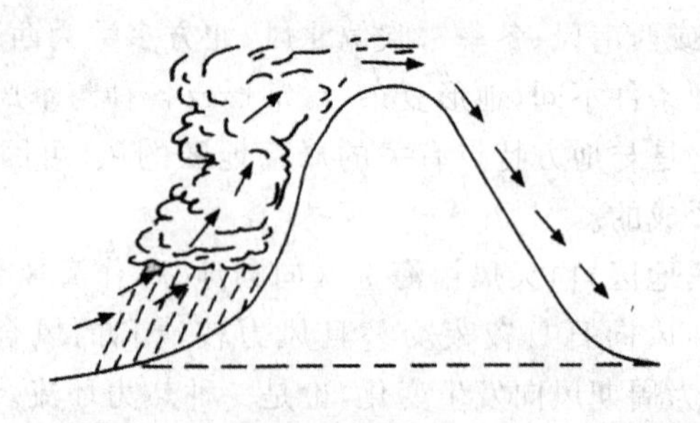

图2-21 焚风

(3)风与农业生产。

①风对植物光合作用的影响。通风可使作物冠层附近CO_2浓度保持在接近正常的水平上,防止或减轻作物周围的CO_2亏损。

风可引起茎叶振动,造成作物群体内的闪光,可使光合有效辐射以闪光的形式合理地分布到更广的叶面上而发挥更大的作用,这就意味着改善了群体下部光的质量。

②风对蒸腾与叶温的影响。通常风速增加能加快叶面蒸腾,从而吸收潜热,叶温降低。但如叶温大大高于气温(如气孔开度中等的高辐射条件下),风速的增加会降低蒸腾。

③风对植物花粉、种子及病虫害传播的影响。风是异花授粉植物的天然传粉媒介，植物的授粉效率以及空气中花粉孢子被传送的方向与距离，主要取决于风速的大小与风向。风还可以帮助植物散播芬芳气味，招引昆虫为虫媒花传播花粉。

豆科植物的微小种子、长有伞状毛（如菊科植物）或“翅”（如许多树种）的大种子、纸状果实或种子以及某些植物的繁殖体等可以通过风来传播。

风还会传播病原体，使病害蔓延。多种昆虫，如白粉蝶、黏虫及稻纵卷叶螟成虫的迁飞、降落与气流运行及温湿度状况有密切的关系。水稻白叶枯病、小麦条锈病的流行，都是菌源随气流传播的结果。

④风对植物生长及产量的影响。适宜的风力使空气乱流加强。由于乱流对热量和水汽的输送，使作物层内各层次之间的温、湿度得到不断的调节，从而避免了某些层次出现过高（或过低）的温度、过大的湿度，利于作物生长发育。

（二）农业灾害性天气

1. 寒潮

寒潮是北方强冷空气大规模向南活动的过程。国家气象局测定的全国性的寒潮标准是：凡冷空气入侵后，气温在 24 h 内下降 10℃或 10℃以上，同时最低气温在 5℃以下，称为寒潮。如果 24 h 内最低气温下降 14℃以上，陆上有 3～4 个大行政区出现 7 级以上大风、沿海所有海区出现 7 级以上大风，称为强寒潮。

寒潮对农业的危害主要是剧烈降温造成的霜冻、冰冻等冻害以及大风、大风雪、大风沙等灾害天气。我国北方，寒潮天气主要是强烈的降温和偏北大风的干冷天气，降水较少。新疆、西北地区及内蒙古常出现沙暴、雪暴等天气。我国南方，寒潮天气除降温外，还有降水，尤其是在华南一带常有大范围持久的阴雨天气。

2. 霜冻

霜冻是指气温大于 0℃的暖湿季节里，土壤表面和植物表面温度短时间内降到 0℃或 0℃以下，引起植物受冻害或死亡的现象。霜冻包含温度降低的程度和植物抗低温的能力，发生霜冻时可能有霜，也可能无霜，近地面空气温度可能小于 0℃也可能大于 0℃。由于多数作物温度降到 0℃以下时就要受害，所以一般把最低地面温度降到 0℃时就算出现霜冻。

按霜冻出现的季节可分为秋霜冻、春霜冻和冬季霜冻三类。对农作物在不同地区有不同的危害，为了防止霜冻对农作物造成危害，在生产上常常采用人工施放烟幕、灌水、塑料薄膜或草毡覆盖包扎、露天加温、鼓风、喷雾、风障和防护林等措施进行防御。

3. 倒春寒

春初没有明显的寒潮爆发，气温偏高于历年同期平均值，但到了春末，由于冷空气活动频繁或寒潮暴发，使气温明显偏低，而对作物造成损伤的一种冷害，称为倒春寒。倒春寒是由前期的气温偏高和后期气温偏低两部分组成，灾害是后期低温。在北方倒春寒前期气温偏高促使冬小麦返青拔节，果树开始含苞，抗低温能力下降，后期低温造成大范围严重危害。

4. 冷害

植物生长季节里，温度下降到植物生育期间所需的生物学最低温度以下，而气温仍大于0℃，对植物生长发育造成的危害称为低温冷害，简称冷害。冷害与霜冻虽然都属低温伤害，但两者是有区别的：霜冻温度小于或等于0℃，是植物体内结冰引起的伤害；而冷害温度大于0℃，是植物生育期内较长时间温度相对偏低引起的伤害。

5. 连阴雨

连阴雨是指连续5～7 d以上的阴雨，或降水暂时停止、保持阴天或短暂晴天的现象，降水强度一般是中雨、大雨和暴雨。连阴雨天气一般是在大范围天气形势和水汽来源丰沛的条件下由稳定雨带所形成，它主要出现于副热带高压西北侧的暖温与西风带中的冷空气相交的地带，随季节性变动，我国春季出现在东北和华北地区，秋季则出现在长江中下游地区。

6. 洪涝

洪涝是由于长期阴雨和暴雨，短期的雨量过于集中，河流泛滥，山洪暴发或地表径流大，低洼地积水，造成植物被淹没或冲毁的现象。形成洪涝的天气系统有华南静止锋、台风、锋面气旋等。华南静止锋徘徊于华南地区，锋上不断产生波动气旋，这时不仅阴雨连绵而且还可以带来暴雨。台风暴雨主要发生在夏、秋季节，有时台风与西风槽结合，会产生特大暴雨。

7. 干旱

干旱天气是在高压长期控制下形成的，我国各主要农业区都可发生。按干旱天气发生的时间，可分为春旱、夏旱和秋旱。春旱主要影响北方麦区冬小麦越冬以后的生长发育和产量的形成，对玉米、棉花等春播作物的播种、出苗及幼苗生长也有很大影响。夏旱对水稻、果树等威胁很大。秋旱对大秋作物产量及越冬作物的播种和出苗有影响。

8. 干热风

干热风是一种高温低湿并伴有一定风力的大气干旱现象，我国北方，春末夏初，小麦灌浆乳熟阶段经常出现，常使小麦减产。按照天气现象不同，干热风可划分为高温低湿型、雨后枯热型和旱风型三种类型。高温低湿型干热风造成气温高、天气旱、相对湿度低。雨后枯热型是雨后高温或猛晴。旱风型干热风造成湿度低、气温高，风速大。生产上多采用“抗、躲、防、改”等措施抵御干热风，即培育抗性品种、调节播种期、灌溉预防和调节农田气候（防护林）。

9. 冰雹

冰雹是从发展旺盛的积雨云中降落到地面的固体降水物，它通常以不透明的霜粒为核心，外包多层明暗相间的冰壳，直径一般在 5～50 mm，大的可达 300 mm 以上。我国冰雹天气多发生在 4～7 月，内陆多于沿海，山地多于平原。冰雹会给农业带来严重的危害，甚至会危及人牲畜的生命。目前，主要采用催化剂和爆炸阻止冰雹形成或破碎冰雹抵御雹灾。

10. 台风

台风是产生在热带洋面上强大而深厚的气旋，它会引起狂风暴雨和海浪滔天，极大地威胁着人民生命财产安全，但其丰沛的雨水对解决和缓和我国东部酷暑和干旱也极为有利。台风移动有一定的路径，到达我国的台风多由菲律宾以东洋面产生，从台湾海峡、福建、华南沿海、海南岛、浙江、江苏、温州和汕头等地登陆，全年都可发生，7～10 月份最为频繁。

（三）农业小气候

小气候就是指在小范围的地表状况和性质不同的条件下，由于下垫面的辐射特征与空气交换过程的差异而形成的局部气候特点。小气候的特点主要是：范围小、差异大、很稳定。植物生产中，由于自然和人类活动的结果，特别是一些农业技术措施的影响，各种下垫面的特征常有很大差异，光、热、水、气等要素有不同的分布和组合，形成小范围的性质不同的气候特征，叫作农业小气候。如农田小气候、果园小气候、防护林小气候等。

（四）二十四节气

二十四节气的划分是从地球公转所处的相对位置推算出来的。地球围绕太阳转动称为公转，公转轨道为一个椭圆形，太阳位于椭圆的一个焦点上。地球的自转轴称为地轴，由于地轴与地球公转轨道面不垂直，地球公转时，地轴方向保持不变，致使一年中太阳光线直射地球上的地理纬度是不同的，这是产生地球上寒暑季节变化和日照长短随纬度和季节而变化的根本原因。地球公转一周需时约 365.23 d，公转一周是 360°，将地球公转一周均分为 24 份，每一份间隔 15°定一位置，并给一“节气”名称，全年共分二十四节气，每个节气为 15°，时间大约为 15 d。

二十四节气是我国劳动人民几千年来从事农业生产，掌握气候变化规律的经验总结，为了便于记忆，总结出二十四节气歌：春雨惊春清谷天，夏满芒夏暑相连，秋处露秋寒霜降，冬雪雪冬小大寒，上半年来六廿一，下半年来八二三，每月两节不变更，最多相差一两天。前四句是二十四节气的顺序，后四句是指每个节气出现的大体日期。按阳历计算每月有两个节气，上半年一般出现在每月的6日和21日，下半年一般出现在8日和23日，年年如此，最多相差不过一两天(表2-19)。

表2-19 二十四节气的含义和农业意义

节气	月份	日期	含义和农业意义
立春	2	4或3	春季开始
雨水	2	19或18	天气回暖，降水开始以雨的形态出现，或雨量开始逐渐增加
惊蛰	3	6或5	开始打雷，土壤解冻，蛰伏的昆虫被惊醒，开始活动
春分	3	21或20	评分春季的节气，昼夜长短相等
清明	4	5或4	气候温和晴朗，草木开始繁茂生长
谷雨	4	20或19	春播开始，降雨增多加，雨生百谷
立夏	5	5前后	夏季开始
小满	5	21或20	麦类等夏熟作物的籽粒开始饱满，但尚未成熟
芒种	6	6或5	麦类等有芒作物开始成熟，夏播作物播种
夏至	6	22或21	夏季热天来临，白昼最长，夜晚最短
小暑	7	7或8	炎热季节开始，尚未达到最热程度
大暑	7	23或22	一年中最热时节
立秋	8	8或7	秋季开始
处暑	8	23或24	炎热的暑天即将过去，渐渐转向凉爽
白露	9	8或7	气温降低较快，夜间很凉，露水较重
秋分	9	23或22	平分秋季的节气，昼夜长短相等
寒露	10	8前后	气温已很低，露水发凉，将要结霜
霜降	10	24或23	气候渐冷，开始见霜
立冬	11	8或7	冬季开始
小雪	11	23或22	开始降雪，但降雪量不大，雪花不大
大雪	12	7或6	降雪较多，地面可以积雪
冬至	12	22或21	寒冷的冬季来临，白昼最短，夜晚最长
小寒	1	6或5	较寒冷的季节，但还未达到最冷程度
大寒	1	20或21	一年中最寒冷的节气

【任务实施】

气压和风的观测

一、目的要求

掌握气压和风的观测方法，并能够正确使用气压表、风速计和风速表，会目测风向风力。

二、材料用品

水银气压表、空盒气压表、气压计、电接风向风速计、轻便风向风速表。

三、内容方法

（一）水银气压表

1. 观测

安装好仪器，观测附属温度表，转动调整水银面螺旋使槽内的水银面上升直至恰与象牙针相接；调整游尺，先使游尺稍高于水银柱顶端，然后慢慢下降直到游尺的下缘恰于水银柱凸面顶点相切为止；读数后转动调整螺旋使水银面下降。

2. 读数并记录

先在刻度标尺上读取整数，然后在游尺上找出一条与标尺上某一刻度相吻合的刻度线，游尺上这条刻度线的数字就是小数度数。由于水银气压表的读数常常是在非标准条件下测得的，须经仪器差、温度差、重力差订正后才是本站气压，未经订正的气压读数仅供参考。

（二）空盒气压表

打开盒盖，先读复温；轻击盒面（克服机械摩擦），待指针静止后再读数；读数时视线应垂直于刻度面，读取指针尖所指刻度示数，精确到 0.1；读数后立即复读，并关好盒盖。空盒气压表上的示数经过刻度订正、温度订正和补充订正即为本站气压。

（三）气压计

气压计水平安放，离地高度以便于观测为宜。平稳后进行读数，精确到 0.1 hPa。

（四）电接风向风速计

安装好仪器，打开指示器的风向、风速开关，观测两分钟风速针摆动的平均位置，读取整数记录。风速小时开关拨到“20”挡上，读 0～20 m/s 的标尺刻度；风速大时开关拨到“40”挡上，读 0～40 m/s 的标尺刻度。观测风向指示灯，读取两分钟的最多风向，用十六个方位记录。静时，风速记“0”，风向记录“C”；平均风速超过 40 m/s，则记为>40。记录器部分的使用方法与温度计基本相同。从自记纸上可知各时风速、各时风向及日最大风速。

根据风对地面或海面物体的影响而引起的各种现象，按风力等级估计风力，并记录其相应风速的中数值。目测风向风力时，观测者应站在空旷处，多选几个物体，认真观测，尽量减少主观的估计误差。

四、任务要求

按照要求记录，并将观测结果记入表 2-20。

表 2-20 气压和风的观测记录表

时刻	气压	风向	风力
8:00			
10:00			
12:00			
14:00			
16:00			
18:00			
20:00			

【任务拓展】

农田小气候的改良

1. 耕翻的气象效应

耕翻使土壤疏松，孔隙度增大，土壤热容量和导热率减小，同时也使土壤表面粗糙，反射率降低，吸收太阳辐射增加，土表有效辐射增大，地温升高。

2. 镇压的气象效应

镇压使土壤紧密，孔隙度减小，土壤容重和毛管持水量增加，土壤热容量和导热率增大。此外，镇压可促进土壤的热交换。

3. 垄作的气象效应

疏松土层，通气良好，排水性强，表层土壤的热容量和导热率都比平作小，对提高表层土壤温度,保持下层土壤水分有良好作用。此外,垄作还可以改善株间通风条件。

4.灌溉的气象效应

农田灌溉后,土壤湿润,颜色加深,反射率减小,吸收率增大,同时地温降低,空气湿度增大。灌溉后土壤含水量增加,增大了土壤热容量、导热率和导温率,使土壤温度变化缓慢。

5.种植行向的气象效应

夏半年沿东西行向的照射时数比沿南北行向的显著,冬半年的情况恰好相反。秋播作物取南北向种植比东西向有利,而春播作物取东西向种植比南北向有利。

6.种植密度的气象效应

株间太阳辐射的透射情况、株间任何高度的辐射透射率以及群体上下层透射率的差别,都随密度的增大而减小。由于植株的阻拦作用,密度增大,株间的风速减小。

【任务评价】

任务评价表

任务名称:

学生姓名	评价内容、评价标准		自评 30%	组评 30%	教师 40%	得分
专业知识	40分					
任务完成情况	40分					
职业素养	20分					
评语总分	总分: 教师: 年 月 日					

【任务目标】

1.地面上单位面积所承受的大气的压力简称__________。

2.一天当中,__________气压大,__________气压小;一年当中,__________气压大,__________气压小。

3.空气的水平运动形成__________,用__________和__________表示。

4.风的类型有____________和地方性风。地方性风常见有____________、____________、____________。

5.常见的农业灾害性天气有____________、____________、____________、____________、____________、____________、____________、____________、____________、____________。

6.二十四节气分别是____________、____________。

任务5 农作物生长养分环境调控

【任务目标】

1.了解植物对矿质营养的吸收规律,熟悉植物生长必需的营养元素。

2.能够识别植物的营养缺素症状,掌握常用肥料的使用方法及施用技术。

【任务准备】

植物营养是施肥的理论基础,合理施肥应该按照植物的营养特征,结合气候、土壤和栽培技术等因素进行综合考虑。也就是说,施肥要把植物体内的代谢作用和外界环境条件结合起来,运用现代科学辩证地研究它们之间的相互关系,从而找出合理施肥的理论依据及其技术措施,以便指导生产,发展生产。

一、资料准备

分析天平、土样筛、油浴、电炉子、高温电阻炉、任务评价表等与本任务相关的教学资料。

二、知识准备

(一)植物营养

1.植物必需营养元素

植物的组成十分复杂,到目前为止,已经确定为植物生长发育所必需的营养元素有17种，即碳(C)、氢(H)、氧(O)、氮(N)、磷(P)、钾(K)、钙(Ca)、镁(Mg)、硫(S)、铁(Fe)、锰(Mn)、硼(B)、锌(Zn)、铜(Cu)、钼(Mo)、氯(Cl)、镍(Ni)。这17种植物必需元素都是用培养试验的方法确定下来的。

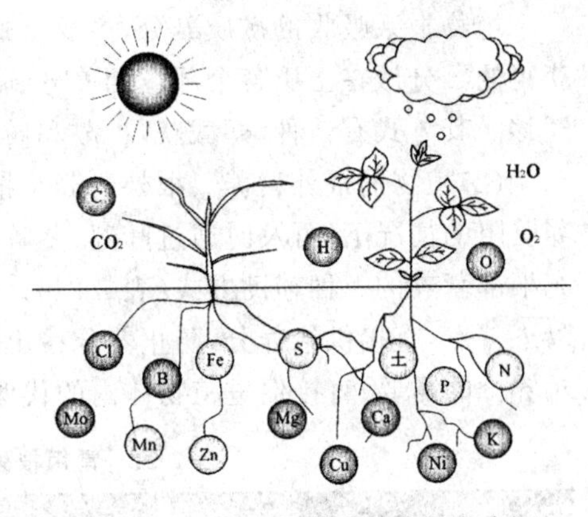

图 2-22　植物生长必需营养元素及其来源

在植物必需的营养元素中，碳、氢、氧三种元素来自空气和水分，氮和其他灰分元素主要来自土壤(图2-22)。在土壤的各种营养元素中，氮、磷、钾是植物需要量和收获时带走较多的营养元素，而它们通过残茬和根的形式归还给土壤的数量却不多，常常表现为土壤中有效含量较少，需要通过施肥加以调节，以供植物吸收利用。因此，氮、磷、钾被称为"肥料三要素"。

2. 植物必需营养元素的分组

通常根据植物对17种必需营养元素的需要量不同，可以分为大量营养元素和微量营养元素。大量营养元素一般占植株干物质重量的百分之几十到千分之几；它们是(C)、氢(H)、氧(O)、氮(N)、磷(P)、钾(K)、钙(Ca)、镁(Mg)、硫(S)等9种。微量营养元素占植株干物质重量的千分之几到十万分之几；它们是铁(Fe)、锰(Mn)、硼(B)、锌(Zn)、铜(Cu)、钼(Mo)、氯(Cl)、镍(Ni)8种。

3. 必需营养元素之间的相互关系

植物必需营养元素在植物体内构成了复杂的相互关系，这些相互关系主要变现为同等重要和不可替代的关系。即必需营养元素在植物体内不论含量多少都是同等重要的，任何一种营养元素的特殊生理功能都不能被其他元素所代替。

4. 植物吸收养分原理

植物对养分的吸收有根部营养和根外营养两种方式。植物的根部营养是指植物根系从营养环境中吸收养分的过程。根外营养是指植物通过叶、茎等根外器官吸收养分的过程。

(1)植物的根部营养。根系使植物吸收养分和水分的重要器官。在植物生长发育过程中，根系不断地从土壤中吸收养分和水分。一般说来，植物根尖的根毛区是吸收养分最活跃的区域。植物根系可吸收离子态和分子态的养分，一般以离子态养分为主，其次为分子态养分，大部分有机态养分需要经过微生物分解转变为离子态养分后，才能被植物吸收利用。

植物根系吸收的矿质养分，主要是通过植物根系从土壤溶液或土壤颗粒表面获得的。分散在土壤各个部位的养分到达根系附近或根表的过程称为土壤养分的迁移。其方式有3种，即截获、扩散和质流。

(2)植物的根外营养。根外营养是植物营养的一种补充方式，特别是在根部营养受阻的情况下，可及时通过叶部、茎等吸收营养进行补救。因此，根外营养是补充根部营养的一种辅助方式(表2-21)。根外营养和根部营养比较起来，一般具有以下特点：直接供给养分，防止养分在土壤中的固定；吸收速率快，能及时满足植物对养分的需要；直接促进植物体内的代谢作用；节省肥料，经济效益高。

表2-21　常用根外肥(叶面肥)的配制

叶面肥类型	常用浓度/%	配制方法	适用范围	注意事项
尿素水溶液	1～2	0.5～1.0 kg尿素对水50 kg	所有作物	
过磷酸钙浸出液	1～3	过磷酸钙过筛后1份加水10份，搅拌放置1 d，取上清液	多数作物	所用过磷酸钙必须是优质品
硫酸钾或氯化钾水溶液	1～1.5	0.5～0.75 kg钾肥对水50 kg	硫酸钾多数作物，氯化钾忌氯作物除外	氯化钾因含有氯离子，喷施浓度不宜过大
磷酸二氢钾水溶液	0.2～0.5	100 kg水中加入磷酸二氢钾200～500 g(可加100 g洗衣粉增强叶面吸附力)	多数作物	可用于浸种
锌肥水溶液	0.1～0.2	100 kg水中加入100～200 g硫酸锌	多数作物	
硼肥水溶液	0.2～0.3	100 kg水中加入200～300 g硼砂或硼酸	棉花、油菜等十字花科作物	
钼肥水溶液	0.05～0.1	100 kg水中加入50～100 g钼酸铵	豆类	
锰肥水溶液	0.05～0.1	100 kg水中加入50～100 g硫酸锰	棉花、豆类、果树	
铁肥水溶液	0.1～0.5	100 kg水中加入50～100 g硫酸亚铁	多用于果树类	

(二)化学肥料

化学肥料，简称化肥，是用化学和(或)物理方法人工制成的含有一种或几种作物生长需要的营养元素的肥料。由于营养成分多为无机物，又称为矿质肥料或无机肥料。只含有一种可标明含量的营养元素的化肥称为单元肥料，如氮肥、磷肥、钾肥以及微量元素肥料等。含有氮、磷、钾三种营养元素中的两种或三种且可标明其含量的化肥，称为复合肥料或混合肥料。

1. 氮肥及施用

(1)氮素的营养功能。氮称之为生命元素，主要有如下几种重要功能。

①蛋白质的重要组分。蛋白态氮通常可占植株全氮的80%～85%。蛋白质中平均含氮16%～18%。

②核酸和核蛋白质的成分。核酸也是植物生长发育和生命活动的基础物质，核酸中含氮15%～16%，核酸态氮占植株全氮的10%左右。

③叶绿素的组成元素。绿色植物依靠叶绿素进行光合作用。

④一些生理活性物质的组成元素。酶是生命活性物质，酶本身就是蛋白质，是植物体内生化作用和代谢过程中的生物催化剂。

此外，维生素 B_1、维生素 B_2、维生素 B_6、烟碱和茶碱等生物碱、细胞分裂素、激素等分子中都有氮素，如果没有氮素，这些物质就不能合成。

(2)植物的氮素缺乏和过多的症状。氮是植物体内重要物质的组成成分，且氮在植物体内以蛋白态氮和非蛋白态氮不断地进行着转化作用，即有机态氮和无机态氮可以互相转化。老器官中的有机态氮以分解为主，分解为无机态氮，向幼嫩器官运输，重新合成有机态氮。

①氮素缺乏的症状。缺氮时，蛋白质合成受阻，植株生长缓慢、矮小，叶绿素形成减少，叶色变黄。禾本科作物分蘖少，双子叶作物分枝少。若生长后期缺氮，禾本科作物穗短小，穗粒数少，籽粒不饱满，易出现早衰。氮是可被再利用的营养元素，缺氮症状首先出现在植株下部的叶片，然后逐渐向上部叶片蔓延。氮素供给不足，还影响作物产品品质，如蛋白质含量下降，维生素与必需氨基酸含量也会减少。

②氮素过多的症状。氮肥用量过多，蛋白质合成增加，消耗大量碳水化合物，不利于淀粉和糖分的累积，也使构成细胞壁的原料如纤维素、果胶等物质的形成受到严重的抑制。细胞壁变薄，叶片变得柔软多汁，叶色浓绿，作物容易遭受病虫侵袭，易倒伏，抗恶劣气候条件差，贪青晚熟，生殖器官不发达，纤维品质下降，淀粉和糖分含量下降。

(3)氮肥的种类。氮肥是农业生产中主要的化学肥料种类之一。氮素化肥不但种类多，而且在农业生产中的用量大，在农业生产中具有举足轻重的地位。氮肥的分类有多种方法，常按照氮素形态分为：

①铵态氮肥。铵态氮肥是指氮素形态为铵(NH_4^+)或氨(NH_3)的肥料，包括液体氨、氨水、碳酸氢铵、硫酸铵和氯化铵等。

a. 碳酸氢铵

分子式为 NH_4HCO_3，简称碳铵，含氮 17%左右，白色细粒结晶，有强烈的氨气味，易溶于水，20℃时溶解度为 21%，水溶液 pH 为 8.2～8.4，易吸湿结块。在常温易分解。由于碳铵施入土壤后无任何残留和副作用，因此适用于多种作物和土壤。

b. 硫酸铵

分子式为 $(NH_4)_2SO_4$，简称硫铵，含氮 20%～21%，俗称肥田粉。产品一般为白色或略带颜色的结晶，物理性质稳定，常温下不易分解。易溶于水，水溶液呈弱酸性，不易吸湿。硫酸铵是一种生理酸性肥料，长期施用硫酸铵会使土壤变酸。

适用于各种土壤和各类作物，可作基肥、追肥和种肥。作追肥时，施后应覆土，不宜表施。拌种时，种子和肥料应干燥，以防烧伤种子。在酸性或中性土壤中长期施用时，应结合施用石灰，以调节土壤酸碱度。在施用过程中不宜与碱性物质混用。

c. 氯化铵

分子式为 NH_4Cl，简称氯铵，含氮量 24%～25%，纯品为白色结晶，由于有杂质，常略带浅黄色，有吸湿性，易结块，易溶于水，溶解时能吸热制冷，水溶液弱酸性，是一种生理酸性肥。

氯化铵不宜作种肥，也不宜施在盐碱地中。由于含有 Cl^-，不宜施用于马铃薯、亚麻、烟草、甘薯、茶等忌氯作物。

d. 液氨

液氨是由合成氨直接加压经冷却、分离而成的一种高浓度液体氮肥，含氮量为 82.3%，是含氮量最高的氮肥品种，呈碱性，常压下呈气态，加压至 1 723～2 027 kPa 时才呈液态。施入土壤后，大部分以 NH_3 形式溶于水中，只有少部分质子化形成 NH_4^+，因此在质地轻的土壤中易挥发。液氨一般作基肥于播前施用，必需时也可作追肥。

②硝态氮肥。硝态氮肥是指氮素以硝酸根（NO_3^-）形态存在的肥料，包括硝酸铵、硝酸钠、硝酸钙等。常见的硝态氮肥是硝酸铵。

硝酸铵，分子式为 NH_4NO_3，简称硝铵，含氮 33%～34%，NH_4^+-N 和 NO_3^--N 各一半。纯品为白色结晶，极易溶于水，水溶液呈中性。吸湿性强，化学性质不稳定，受热易分解，具有助燃性和爆炸性。受潮结块的硝铵，不能用铁锤猛击，以免发生爆炸。

硝酸铵不易被土壤胶体吸附，不宜用于水田，适宜在北方干旱地区施用。在降雨量多的地区，应分次施用，以免淋失。不宜与有机肥料混合堆沤，以免反硝化脱氮。易溶于水，可作追肥，但作基肥时效果比其他氮肥效果差。

③酰胺态氮肥。酰胺态氮肥是含有酰胺基(-$CONH_2$)或分解过程中产生酰胺基的化合物，常见的酰胺态氮肥是尿素。

尿素：分子式为 $CO(NH_2)_2$，化学名称为碳酰二胺，含氮 42%～46%，是人工合成的有机成分肥料。在常温下(10～20℃)吸湿性不大，在高温高湿条件下，也能吸湿潮解。当温度超过 20℃，湿度大于 80%时，吸湿性增强。纯品尿素为白色针状或棱柱状晶形。造粒尿素为白色颗粒，易溶于水，水溶液呈中性。

施入土壤中的尿素，大部分以分子态溶于土壤水中，约有 20%被土壤颗粒吸附，但这种吸附很弱，尿素易随水流失。溶于水的尿素分子，在脲酶的作用下，很快转化为碳酸铵和碳酸氢铵，最终以碳酸氢铵的形式被作物吸收。

适应于各种土壤和植物，可用作基肥、追肥或叶面喷施。尿素应深施，在施用尿素的同时可加入少量脲酶抑制剂，使尿素分解缓慢进行。尿素用作追肥时，应提前一周施用，以保证有足够的时间转化为铵。尿素一般不宜作种肥，因尿素浓度高能使蛋白质变性，同时缩二脲会影响种子发芽和幼苗根系生长。尿素易作根外追肥，不烧伤茎叶，易被叶片吸收。

④缓效氮肥。缓效氮肥是采用物理或化学方法，对速效氮肥进行改造或改性，使其氮素缓慢释放出来，满足作物整个生育期对氮素的需要，减少氮素损失。主要包括合成长效氮肥和包膜氮肥。这类肥料也称长效氮肥或可控释氮肥。

a. 合成长效氮肥

主要是尿素与醛反应所形成的水溶性低的聚合物，如脲甲醛、脲异丁醛、脲乙醛、草酰胺等。这种聚合物进入土壤后，在化学的或微生物的作用下，逐渐分解并释放出尿素。

b. 包膜氮肥

在速效氮肥颗粒表面涂上一层惰性物质，如硫黄、沥青、树脂、聚乙烯、石蜡、磷矿粉等，氮素通过包膜扩散，或包膜逐渐分解而释放出氮素。

(4)氮肥的合理分配和施用。化学氮肥的利用率不高是国内外普遍存在而又难以解决的实际问题。氮肥利用率是指当季作物从所施氮肥中吸收氮素占施氮量的百分数。我国氮肥利用率一般在 40%左右。合理施用和分配氮肥，提高氮肥利用率可以采取以下措施：

①根据气候条件合理分配和施用氮肥。氮肥利用率受降雨量、温度、光照强度等气候条件影响非常大。北方以分配硝态氮肥适宜。南方则应分配铵态氮肥。施用时，硝态氮肥尽可能施在旱作土壤上，铵态氮肥施于水田。

②根据植物特性确定施肥量和施肥时期。不同植物对氮肥需要不同，一般以

叶为收获物的植物需氮较多;禾谷类植物需氮次之;豆科植物能进行共生固氮,一般只需在生长初期施用一些氮肥;马铃薯、甜菜、甘蔗等淀粉和糖料植物一般在生长初期需要氮素充足供应;蔬菜则需多次补充氮肥使得氮素均匀地供给蔬菜需用,不能把全生育期所需的氮肥一次性施入。

③根据土壤特性施用不同的氮肥品种和控制施肥量。一般沙土、沙壤土保肥性能差,氨的挥发比较严重,因此氮肥不能一次施用过多,应该一次少施,增加施用次数;轻壤土、中壤土有一定的保肥性能,可适当地多施一些氮肥;黏土的保肥、供肥性能强,施入土壤的肥料可以很快被土壤吸收、固定,可减少施肥次数。碱性土壤施用铵态氮肥应深施覆土,酸性土壤宜选择生理碱性肥料或碱性肥料,若施用生理酸性肥料应结合有机肥料和石灰。

④根据氮肥的特性合理分配与施用。一般来讲,铵态氮肥可作基肥深施覆土;硝态氮肥在土壤中移动性大宜作旱田追肥;尿素适宜于一切植物和土壤。尿素、碳酸氢铵、氨水、硝酸铵等不宜作种肥,而硫酸铵等可作种肥。硫酸铵可分配施用到缺硫土壤和需硫植物上;氯化铵忌施在烟草、茶、西瓜、甜菜、葡萄等植物上,但可施在纤维类植物上,如麻类植物;尿素适宜作根外追肥。

⑤铵态氮肥深施。氮肥深施能增强土壤对 NH_4^+ 的吸附作用,减少氨的直接挥发,随水流失以及反硝化脱氮损失,提高氮肥利用率和增产。氮肥深施有利于促进根系发育,增强植物对养分的吸收能力。氮肥深施的深度以植物根系集中分布范围为宜。

⑥氮肥与有机肥料、磷肥、钾肥配合施用。氮肥与有机肥、磷、钾肥配合施用,既可满足植物对养分的全面需要,又能培肥土壤,使之供肥平稳,提高氮肥利用率。

⑦加强水肥综合管理,提高氮肥利用率。水肥综合管理,也能起到部分深施的作用,达到氮肥增产的目的。在水田中,已提出的“无水层混施法”(施用基肥)和“以水带氮法”(施用追肥)等水稻节氮水肥综合管理技术。

⑧施用长效肥料、脲酶抑制剂和硝化抑制剂,提高氮肥利用率。施用长效氮肥,有利于植物的缓慢吸收,减少氮素损失和生物固定,降低施用成本,提高劳动生产率;施用脲酶抑制剂,可抑制尿素的水解,使尿素能扩散移动到较深的土层中,从而减少旱地表层土壤中或稻田田面水中铵态氮总浓度,以减少氨的挥发损失。

2.磷肥及施用

(1)磷的营养功能。

①磷是作物体内许多重要化合物的组成元素。磷是核酸、核蛋白、磷脂、三磷酸腺苷(简称 ATP)等许多化合物的组成元素。

②参与作物体内许多代谢过程。磷参与植物体内多种重要代谢活动,包括碳

水化合代谢、氮代谢和脂肪代谢。磷能促进碳水化合物在体内的运输；磷是作物体内氮素代谢过程中的组成成分之一，是生物固氮所必需的。

③提高作物抗逆性。磷能提高作物的抗旱、抗寒、抗病、抗酸碱等能力。

(2)磷素缺乏和过多的症状。

①磷素缺乏的症状。缺磷对植物光合作用、呼吸作用及生物合成过程都有影响，对代谢的影响必然会反映在生长上。在缺磷初期叶片常呈暗绿色，许多一年生植物(如玉米)的茎常出现典型的紫红色症状。从植物长相上看，常表现为生长迟缓，植株矮小，结实状况差。植物种类不同，缺磷的症状也有差异。植物缺磷的症状常首先出现在老叶上。

②磷素过多的症状。磷肥过量时，叶片肥厚而密集，叶色浓绿；植株矮小，节间过短；出现生长明显受抑制的症状。繁殖器官常因磷肥过量而加速成熟进程，并由此而导致营养体小，茎叶生长受抑制，降低产量。施磷肥过多还表现为植株地上部分与根系生长比例失调，在地上部生长受抑制的同时，根系非常发达，根量极多而粗短。此外，还会出现叶用蔬菜的纤维素含量增加、烟草的燃烧性差等品质下降的情况。施用磷肥过多还会诱发锌、锰等元素代谢的紊乱，常常导致植物缺锌症等。

(3)磷肥的种类、性质和施用。磷肥是由磷矿石加工而来，根据其生产方法不同，生产出的磷肥种类和性质差异很大。按其溶解性不同，分为水溶性、弱酸溶性和难溶性 3 大类(图 2-23)。

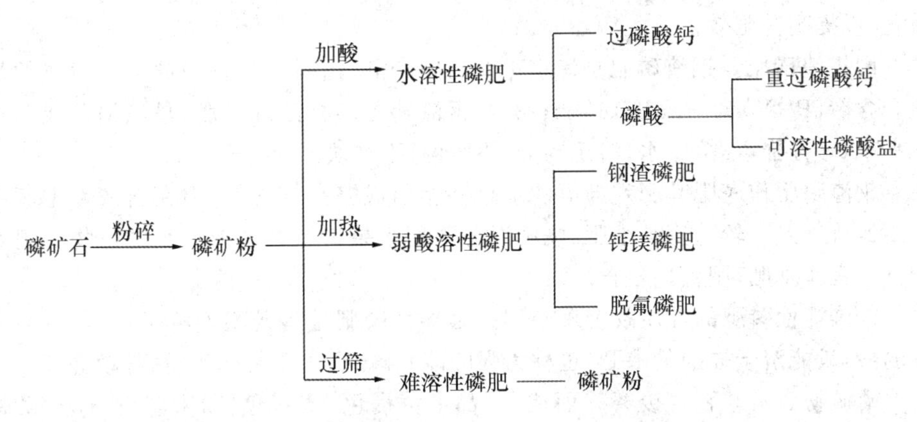

图 2-23　磷肥生产途径及代表产品示意图

①水溶性磷肥。水溶性磷肥是指有效成分能够溶于水的磷肥，主要有普通过磷酸钙和重过磷酸钙，所含磷酸盐为磷酸二氢钙。

a. 普通过磷酸钙。主要成分为磷酸二氢钙[$Ca(H_2PO_4)_2$]，简称普钙，是由硫酸分解磷矿粉，使难溶性的磷酸钙转化为水溶性的磷酸一钙。为灰白色粉末或颗粒，含有效磷(P_2O_5)14%～20%，硫酸钙($CaSO_4$)40%～50%，有效磷含量取决于原料磷矿石的品位。$Ca(H_2PO_4)_2$ 易溶于水，因肥料中常含有少量的游离酸，所以肥料呈酸性，并具有腐蚀性，易吸湿结块。

过磷酸钙在土壤中易发生固定，合理施用的原则是：集中施用、分层施用、与有机肥料混合施用、制成颗粒肥料和根外追肥。

b.重过磷酸钙。重过磷酸钙简称重钙，由一定浓度的磷酸与适量的磷矿粉反应生成的一种高浓度磷肥。含有效磷(P_2O_5)为 36%～54%，呈深灰色，颗粒或粉末状，易溶于水。呈酸性，腐蚀性与吸湿性强，易结块，多制成颗粒状。不宜与碱性物混合，否则会降低磷的有效性。重钙施入土壤后的转化过程和施用方法，与普钙基本相似，其肥效不如等磷量的过磷酸钙。

②弱酸溶性磷肥。弱酸溶性磷肥是指有效养分不溶于水，能溶于 2%的柠檬酸、中性柠檬酸铵或微碱性柠檬酸溶液的磷肥，也称枸溶性磷肥，主要有钙镁磷肥、脱氟磷肥、钢渣磷肥和沉淀磷肥等。

a.钙镁磷肥。钙镁磷肥的外观为黑绿色、灰绿色或灰棕色的粉末，呈碱性(pH 8～8.5)，不吸湿结块，无腐蚀性，长期存放不易变质。施入土壤后，可缓慢逐渐转化为水溶性磷酸盐。

钙镁磷肥可作基肥、种肥和追肥，以基肥深施效果最好。不论基肥、追肥，均宜集中施用，追肥要早施。钙镁磷肥还可以与有机肥料一起堆沤，促进钙镁磷肥的有效化，以提高其肥效。

b.钢渣磷肥。钢渣磷肥是炼钢工业的副产品，由磷酸四钙与硅酸钙组成的复盐。含磷(P_2O_5)量一般为 14%～18%，钢渣磷肥属枸溶性磷肥，呈黑褐色或深棕色粉末，碱性强，不溶于水，溶于弱酸，不吸湿、不结块。

钢渣磷肥作底肥其肥效与等磷量普钙相当或略高于普钙，但在石灰性土壤中肥效比普钙差。较适宜与堆肥、厩肥混合施用于果树及其他多年生的植物上肥效较好。宜作基肥，肥效期较长。

③难溶性磷肥的性质及合理施用。难溶性磷肥是指既不能溶于水，也不能溶于弱酸，只能溶于强酸的磷肥，也称为强酸溶性磷肥，主要有磷矿粉、骨粉等。

磷矿粉由磷矿石直接磨碎而成，大都呈黄褐色、灰褐色，粉末状，中性至微碱性。不吸湿不结块，物理性状良好。全磷(P_2O_5)含量为 10%～25%，弱酸溶性磷含量为 1%～5%。磷矿粉只宜作基肥撒施或深施。磷矿粉与酸性肥料或生理酸性肥料混合施用，与有机肥一起施用，都可以促进磷矿粉的溶解，提高其肥效。

(4)磷肥的合理分配与施用。在农业生产中磷肥已成为仅次于氮肥使用量的主要化肥种类之一，但我国磷肥的当季利用率并不高，一般为 10%～25%。因此，提高磷肥利用率是当前农业生产中的一个重要问题。

①根据植物特性和轮作制度合理施用磷肥。不同植物对磷的敏感程度不同。磷肥的施用时期很重要,植物需磷的临界期都在早期,因此,磷肥要早施,一般作底肥深施于土壤,而后期可通过叶面喷施进行补充。磷肥具有后效,因此在轮作周期中,不需要每季植物都施用磷肥,而应当重点施在最能发挥磷肥效果的茬口上。

②根据土壤条件合理施用。在缺磷土壤要优先施用、足量施用,中度缺磷土壤要适量施用、看苗施用;含磷丰富土壤要少量施用、巧施磷肥。酸性土壤可施用碱性磷肥和枸溶性磷肥,石灰性土壤优先施用酸性磷肥和水溶性磷肥。边远山区多分配和施用高浓度磷肥,城镇附近多分配和施用低浓度磷肥。

③根据磷肥特性合理施用。普钙、重钙等适用于大多数植物和土壤,可作基肥、种肥和追肥集中施用。钙镁磷肥、钢渣磷肥作基肥最好施在酸性土壤上,磷矿粉和骨粉最好作基肥施在酸性土壤上。由于磷在土壤中移动性小,最好采用分层施用和全层施用。

④与其他肥料配合施用。植物按一定比例吸收氮、磷、钾等各种养分,只有在协调氮、钾平衡营养基础上,合理配施磷肥,才能有明显的增产效果。磷肥与有机肥料混合或堆沤施用,可减少土壤对磷的固定作用,促进弱酸溶性磷肥溶解,防止氮素损失,起到“以磷保氮”作用。

3. 钾肥及施用

(1)钾素的营养功能。

①促进光合作用。钾能促进叶绿素的合成,改善叶绿体的结构。

②促进光合产物的运输。钾能调节“源”和“库”的相互关系、增加“库”的储存量,从而促进光合作用产物向储藏器官运输。

③酶的活化剂。钾是合成酶、氧化还原酶和转移酶等多种重要酶的活化剂,供钾水平会影响植物体内碳、氮代谢作用。

④促进氮的吸收和代谢。钾参与植物体内氮的运输,它在木质部运输中常常是硝酸根离子(NO_3^-)的主要陪伴离子。钾离子能促进植物从土壤中吸取氮素。

⑤调节叶片气孔的关闭。光照充足时,钾离子能使叶片的气孔张开;光照不足或缺水时,钾能促进气孔迅速关闭,以减少水分由于无效的蒸腾作用而损失。

⑥增强植物的抗性。钾有多方面的抗逆功能,增强植物的抗旱、抗高温、抗寒、抗病、抗盐、抗倒伏等性能,从而提高其抵御外界恶劣环境的忍耐能力。

⑦改善植物产品的品质。钾对植物品质的改善不仅表现在提高产品的营养成分,而且也表现在能延长产品的储存期,更耐搬运和运输;钾能使水果的色泽更鲜艳,汁液含糖量和酸度都有所改善,所以钾常被称为品质营养元素。

(2)植物缺钾和钾素过量的症状。

①钾素缺乏的症状。植物缺钾症状一般在苗期表现不明显,多数情况下在生长发育的中后期才表现出来。由于钾可被再利用,缺钾症状首先出现在较老的叶片上。缺钾症状的表现有一个过程,初期往往表现为叶肉色泽变为不均匀的淡色,叶缘卷缩或带皱纹,进而尖端和边缘部分变黄而枯焦,严重者往往叶上出现褐色烧灼状坏死斑点。

缺钾的植株,根系生长停滞,易发生根腐病;维管束木质化程度低,容易倒伏;叶片气孔的开关受到影响,植株容易失水而出现萎蔫。不同植物的缺钾症状表现有所差异。

②钾素过多的症状。植物对钾的吸收具有奢侈吸收的特性。过量钾的供应,虽不易直接表现出中毒症状,但可能影响各种离子间的平衡,浪费化肥用量,降低施肥的经济效益。偏施钾肥,引起土壤中钾的过剩,还会抑制植物对镁、钙的吸收,促使出现镁、钙的缺乏症,影响产量和品质。因此,合理施用钾肥必须根据植株及土壤中钾的丰缺状况而定。

(3)常用化学钾肥的种类、性质。

①硫酸钾。分子式为 K_2SO_4,含 K_2O 为 50%～52%,纯净的硫酸钾系白色或淡黄色,菱形或六角形结晶。吸湿性小,物理性状良好,不易结块,便于施用。硫酸钾易溶于水,是速效性肥料,能被植物直接吸收利用。硫酸钾属化学中性、生理酸性肥料。

硫酸钾可做基肥、追肥、种肥和根外追肥。由于钾在土壤中移动性较差,故宜用作基肥,并应注意施肥深度。如作追肥时,则应注意早施及集中条施或穴施到植物根系密集层,既减少钾的固定,也有利于根系吸收。硫酸钾适用于各种植物,在缺硫土壤上,或需硫较多的植物上施用硫酸钾,效果优于氯化钾,但在强还原条件下,易还原成 H_2S,累积到一定浓度会危害植物生长,它的效果不及氯化钾。

②氯化钾。分子式为 KCl,白色、淡黄色或紫红色,含 K_2O 50%～60%,易溶于水,易吸水结块。属化学中性,生理酸性肥料。

在酸性土壤上长期大量施用氯化钾,会加重植物受酸和铝的毒害,应配合施用石灰及有机肥料。不宜施在忌氯的作物上。氯化钾可用作基肥和追肥,不宜做种肥,也不宜施在盐碱地上。

③窑灰钾肥。窑灰钾肥是水泥工业的副产品,含 K_2O 1.6%～23.5%,甚至高达 39.6%,易溶于水,水溶液 pH 9～11,属碱性肥料。窑灰钾肥中钾的形态主要是 K_2SO_4 和 KCl。窑灰钾肥的颗粒小、质地轻、易飞扬、吸湿性强、施用不便。

窑灰钾肥可做基肥和追肥,不能做种肥,宜在酸性土地区施用。施用时,严防与种子或幼苗根系直接接触,否则会影响种子发芽和幼苗生长。

④草木灰。草木灰是我国农村常用的以含钾为主的农家肥料,它是植物残体燃烧后的灰分。含有多种矿物元素,如钾、磷、钙、镁、硫、硅及各种微量元素。习惯上将草木灰视为钾肥,实际上它是以钙、钾为主,含有多种养分的肥料。草木灰中钾的形态主要是碳酸钾,其次是硫酸钾,氯化钾较少。

草木灰属碱性肥料,水溶液呈碱性,不宜与铵态氮肥、腐熟的有机肥和水溶性磷肥混用。适用于多种植物和土壤,可做基肥、追肥、盖种肥和根外追肥。

(4)钾肥的合理施用。

①根据土壤条件合理施用钾肥。植物对钾肥的反应首先取决于土壤供钾水平。钾肥应优先施用在缺钾地区的土壤上。质地较黏土壤,供钾能力一般,钾肥用量应适当增加。沙质土壤上,应掌握分次、适量的施肥原则,防止钾的流失,而且应优先分配和施用在缺钾的沙质土壤上。干旱地区和土壤,钾肥施用量适当增加。在长年渍水、还原性强的土壤或土层中有黏盘层的土壤,应适当增加钾肥用量。盐碱地应避免施用高量氯化钾,酸性土壤施硫酸钾更好些。

②根据植物特性合理施用钾肥。钾肥应优先施用在需钾量大的喜钾植物上。对一般植物来说,苗期对钾较为敏感;对耐氯力弱、对氯敏感的植物,尽量不选用氯化钾。

③养分平衡与钾肥施用。钾肥肥效常与其他养分配合情况有关。钾肥只有在充足供给氮磷养分基础上才能更好地发挥作用。

④采用合理的施用技术。钾肥宜深施、早施和相对集中施。施用时掌握重施基肥,看苗早施追肥原则。对保肥性差的土壤,钾肥应基、追肥兼施和看苗分次追肥,以免一次用量过多,施用过早,造成钾的淋溶损失。

4.中量元素肥料及其施用

(1)含钙肥料及合理施用。

①含钙肥料的种类和性质。农业上常用的钙肥主要有石灰和石膏等。生石灰 CaO 含量为55%~85%、MgO 为10%~40%。生石灰溶于水呈碱性,具有中和酸度、杀虫、灭草和土壤消毒的作用,但用量不能过多,否则会引起局部土壤过碱。生石灰加水或堆放时吸水生成熟石灰,又称消石灰。主要成分为 $Ca(OH)_2$,含 CaO 为70%左右,呈碱性。石膏既含钙又含硫,对缺钙缺硫的土壤更适宜施用。一些磷肥中常有含钙的成分,如普通过磷酸钙、钙镁磷肥、重过磷酸钙也都是重要钙肥来源。

②钙肥的合理施用。石灰可作基肥或追施。施用石灰时注意不要过量。沟施、穴施时应避免与种子或植物根系接触,最好配合农家肥及氮磷钾化肥的施用。

石膏不仅能提供钙素营养,同时还可以提供硫素营养,改良土壤。石膏多作基肥施用,并结合灌溉排水施用石膏。

(2)镁肥的种类、性质和合理施用。

①镁肥的种类。常用的镁肥有硫酸镁、氯化镁、碳酸镁、硝酸镁等,均属水溶性镁肥,可用于叶面喷施。

②镁肥的合理施用。镁肥应首先施用在缺镁的土壤和需镁较多的植物上。配合有机肥料、磷肥或硝态氮肥施用,有利于发挥镁肥的效果。镁肥可做基肥、追肥和根外追肥。水溶性镁肥宜做追肥,微水溶性则宜做基肥。由于镁素营养临界期在植物生长前期,故在植物生育早期追施效果好。

(3)硫肥的种类、性质和合理施用。

①硫肥的种类。含硫化肥除石膏、硫黄外,多是N、P、K化肥的副成分,或是通过在生产工艺中加硫或硫酸盐生产而成,如硫酸铵、硫酸钾、硫酸镁、普通过磷酸钙都是大量元素化肥。

②硫肥的合理施用。石膏是一种难溶性硫酸盐,作硫肥时一般作基肥或追肥施用,常以粉状掺入其他肥料中同时施用。石膏还是一种良好的土壤改良剂,在碱性土壤中施用可中和土壤中的碱,同时增加结构性的Ca^{2+},可使土壤形成良好的结构性。

5.微肥料及施用

(1)微量元素的营养功能。微量元素在植物体内含量虽少,但对植物的营养作用是不能被大量元素所替代的。每种微量元素的主要生理功能如表2-22所示。

表2-22 微量元素主要营养功能

元素种类	营养功能
硼(B)	①促进碳水化合物的合成和运转,改善植物各器官有机物质的供应,提高植物的结实率和坐果率。②促进生殖器官的正常发育。③使植物分生组织细胞分化正常。④提高豆科植物根瘤的固氮活性,增加固氮量。⑤提高植物的抗寒、抗旱等抗逆性
锌(Zn)	①参与生长素的合成。②是多种酶的成分和活化剂,这些酶对体内物质水解、氧化还原过程和蛋白质合成起着主要作用。③促进植物的光合作用
锰(Mn)	①直接参与光合作用。②对植物体内氧化还原有重要作用。锰可以变价(Mn^{2+}、Mn^{4+}),能直接影响体内的氧化还原过程。③是多种酶的活化剂和3种酶的组成成分。所以,锰与呼吸作用、碳水化合物的转化和生长素的合成、降解等都密切相关

续表 2-22

元素种类	营养功能
钼(Mo)	①对生物固氮具有重要作用。是固氮酶中钼铁蛋白的重要组分,固氮酶可促进氮气还原成氨。②促进硝态氮的同化作用。是硝酸还原酶的组成成分,硝酸还原酶可把硝态氮还原成氨以供植物吸收利用。③提高叶片光合作用强度和促进植物体内维生素C合成
铁(Fe)	①是植物体内铁氧还原蛋白的重要组成部分,铁氧还蛋白在植物体内参与光合作用、硝酸还原、生物固氮等电子传递活动。是固氮酶的成分,缺铁时豆科植物生物固氮量减少,氮素供应受到限制。②是光合作用不可缺少的元素。缺铁不能形成叶绿素,出现缺绿病。③参与植物细胞的呼吸作用,是一些与呼吸作用有关的酶的成分,如细胞色素氧化酶、过氧化物酶,过氧化氢酶等。④是磷酸蔗糖合成酶最好的活化剂,缺铁会影响植物体内蔗糖的合成
铜(Cu)	①有催化作用。是植物体内许多氧化酶的组分,或是某些酶的活化剂。②积极参与光合作用。在叶绿体中铜的含量较高。③参与植物体内的氮素代谢过程。缺铜时,蛋白质合成受阻,可溶性氨基态氮积累。铜对共生固氮也有影响,缺铜时,根瘤内末端氧化酶的活性降低,对固氮作用不利

(2)植物缺乏微量元素的症状。植物缺乏微量元素会表现出相应症状,一般症状表现如表 2-23 所示。

表 2-23 植物缺乏微量元素的一般表现

缺乏元素	出现症状部位	一般症状
钼	全株可见	轻度缺钼植株叶片为黄色或淡棕褐色,有坏死斑点。严重缺钼的植株,植株矮小,叶脉间失绿,主茎软弱,叶片萎死,呈灰色;十字花科植株叶片呈绿色或蓝绿色,叶片卷曲;豆科植物根瘤小而色淡,发育不良,开花结果延迟,叶呈斑点状失绿,如柑橘"黄斑症"
锌	局部叶片明显	叶片失绿,变黄,叶斑症有时可蔓延到叶脉,严重缺乏时,叶片坏死。幼叶期症状明显,生长停滞,双子叶植物叶不对称,叶小,簇生,状如莲座称小叶病。有时叶片卷曲,易折断。单子叶植物叶片错位,新叶呈极淡黄色,根系瘦弱,如玉米"花叶苗"
硼	上部叶片及生长点表现突出	叶色暗绿,叶片肥厚、皱缩以至畸形,生长点易死亡,茎及叶柄易折断,花发育不全,易脱落,果、穗不实。块根,浆果心腐易空心,根系弱,侧根多而坚硬,也有因缺硼而叶色褪绿的,多从叶尖向四周蔓延。油菜的"花而不实"和棉花的"蕾而不花"比较典型

续表 2-23

缺乏元素	出现症状部位	一般症状
锰	嫩叶明显	症状从新叶开始，绿叶和功能叶有黄色或淡黄色褪绿斑点，后期可能坏死。网状脉叶斑圆形黄色，平行脉叶斑为长形灰色，严重缺乏时叶片枯萎甚至坏死，下部叶片易折断或下垂
铁	幼叶明显	幼叶、新叶首先脉间失绿黄化，以后完全失绿，叶色有时淡黄，有时呈柠檬黄色，如长期缺铁，叶片边缘组织萎死。果树则嫩枝易干枯，茎秆短而细，新生叶片易变白，枯梢
铜	幼叶明显	双子叶植株的叶片卷缩，植株膨胀消失或凋萎，叶片易折断，叶尖黄色变成黄绿色，有黄褐色坏死斑点。单子叶植株新叶上部渐枯黄变白，成穗能力差，穗空发白，果树林木易顶梢枯死，如梨树的“枯顶症”

(3)微量元素肥料的种类和性质。以微量元素为主要成分的肥料称为微量元素肥料，简称微肥。如锌肥、铁肥、硼肥、钼肥、铜肥、锰肥等(通常不把氯和镍列入微肥研究中)。只有在施用大量元素肥料的基础上施用微肥，才能较好地发挥微肥的肥效。我国目前常用的微量元素肥料品种 20 余种(表 2-24)。

表 2-24　微量元素肥料的种类和性质

微量元素肥料名称	微量元素肥料种类	主要成分	有效成分含量/%(以元素计)	性质
硼肥(B)	硼酸	H_3BO_3	17.5	白色结晶或粉末，溶于水，常用硼肥
	硼砂	$Na_2B_4O_7 \cdot 10H_2O$	11.3	白色结晶或粉末，溶于水，常用硼肥
	硼镁肥	$H_3BO_3 \cdot MgSO_4$	1.5	灰色粉末，主要成分溶于水
	硼泥	—	约 0.6	是生产硼砂的工业废渣，呈碱性，部分溶于水
锌肥(Zn)	硫酸锌	$ZnSO_4 \cdot 7H_2O$	23	白色或淡橘红色结晶，易溶于水，常用锌肥
	氧化锌	ZnO	78	白色粉末，不溶于水，溶于酸和碱
	氯化锌	$ZnCl_2$	48	白色结晶，溶于水
	碳酸锌	$ZnCO_3$	52	难溶于水

续表 2-24

微量元素肥料名称	微量元素肥料种类	主要成分	有效成分含量/%(以元素计)	性质
钼肥(Mo)	钼酸铵	$(NH_4)_2MoO_4$	49	青白色结晶或粉末,溶于水,常用钼肥
	钼酸钠	$Na_2MoO_4 \cdot 2H_2O$	39	青白色结晶或粉末,溶于水
	氧化钼	MoO_3	66	难溶于水
	含钼矿渣	—	10	是生产钼酸盐的工业废渣,难溶于水,其中含有效态钼1%～3%
锰肥(Mn)	硫酸锰	$MnSO_4 \cdot 3H_2O$	26～28	粉红色结晶,易溶于水,常用锰肥
	氯化锰	$MnCl_2$	19	粉红色结晶,易溶于水
	氧化锰	MnO	41～68	难溶于水
	碳酸锰	$MnCO_3$	31	白色粉末,较难溶于水
铁肥(Fe)	硫酸亚铁	$FeSO_4 \cdot 7H_2O$	19	淡绿色结晶,易溶于水,常用铁肥
	硫酸亚铁铵	$(NH_4)_2SO_4 \cdot FeSO_4 \cdot 6H_2O$	14	淡绿色结晶,易溶于水
铜肥(Cu)	五水硫酸铜	$CuSO_4 \cdot 5H_2O$	25	蓝色结晶,溶于水,常用铜肥
	一水硫酸铜	$CuSO_4 \cdot H_2O$	35	蓝色结晶,溶于水
	氧化铜	CuO	75	黑色粉末,难溶于水
	氧化亚铜	Cu_2O	89	暗红色晶状粉末,难溶于水
	硫化铜	Cu_2S	80	难溶于水

(4)微量元素肥料的施用方法。

①施于土壤。直接施入土壤中的微量元素肥料,能满足植物整个生育期对微量元素的需要。由于微肥有一定后效,因此,可隔年施用一次。微量元素肥料用量较少,施用时必须均匀,作基肥时,可与有机肥料或大量元素肥料混合施用。

②施于植物。微量元素肥料直接施于植物的常用方法包括:

a. 拌种。用少量温水将微量元素肥料溶解,配制成较高浓度的溶液,喷洒在种子上。

b. 浸种。把种子浸泡在含有微量元素肥料的溶液中 6～12 h,捞出晾干即可播种。

c. 蘸秧根。将适量的肥料与肥沃土壤少许制成稀薄的糊状液体,在插秧前或植物移栽前，把秧苗或幼苗根浸入液体中数分钟即可。

d. 叶面喷施。这是微量元素肥料既经济又有效的方法。常用浓度为 0.01%～0.2%，具体用量视植物种类、植株大小而定，一般用量为每亩 40～75 kg。

e. 枝干注射。果树、林木缺铁时常用 0.2%～0.5%硫酸亚铁溶液注射入树干内，或在树干上钻一小孔，每棵树用 1～2 g 硫酸亚铁盐塞入孔内，效果很好。

常见微量元素肥料的具体施用方法如表 2-25 所示。

表 2-25 常见微量元素肥料的施用方法

肥料名称	基肥	拌种（每千克种子）	浸种	根外喷施
硼肥	硼泥 225～375 kg/hm^2 硼砂 7.5～11.25 kg/hm^2 可持续 3～5 年	—	—	硼砂或硼酸浓度为 1～2 mg/kg，喷施 2～3 次
锌肥	硫酸锌 15～30 kg/hm^2 可持续 2～3 年	硫酸锌 4 g	硫酸锌浓度为 0.2 ～ 0.5mg/kg；水稻 1 mg/kg	硫酸锌浓度1～2 mg/kg，喷施 2～4 次
钼肥	钼渣 3.75 kg/hm^2 左右可持续 2～4 年	钼酸铵 1 ～2g	钼酸铵浓度为 0.5～1 mg/kg	钼酸锰浓度 0.5 ～ 1 mg/kg，喷施 1～2 次
锰肥	硫酸锰 15 ～ 45 kg/hm^2 可持续 1～2 年，效果较差	硫酸锰 4～8 g	硫酸锰浓度为 1 mg/kg	硫酸锰浓度 1～2 mg/kg，果树 3 mg/kg，喷施 2～3 次
铁肥	大田植物，硫酸亚铁 30～75 kg/hm^2，果树 75～150 kg	—	—	大田植物硫酸亚铁浓度 2～10 mg/kg；果树 3～4 mg/kg 喷 3～4 次
铜肥	硫酸铜 15 ～ 30 kg/hm^2 可持续 3～5 年	硫酸铜 4～8 g	硫酸铜浓度为 0.1～0.5 mg/kg	硫酸铜浓度为 0.2～0.4 mg/kg，喷 1～2 次

（5）微量元素肥料施用注意事项。

①针对植物对微量元素的反应施用。各种植物对不同的微量元素有不同的反应，敏感程度也不同，需要量也有差异，因此将微量元素肥料施在需要量较多、对缺素比较敏感的植物上，发挥其增产效果。

②针对土壤中微量元素状况而施用。一般来说缺铁、硼、锰、锌、铜，主要发生在北方石灰性土壤上，而缺钼主要发生在酸性土壤上。酸性土壤施用石灰会明显影响许多种微量元素养分的有效性，因此，施用时应针对土壤中微量元素状况。

为了彻底解决微量元素缺乏问题，应在补充有效性微量元素养分的同时，注意消除缺乏微量元素的土壤因素。一般可采用施用有机肥料或适量石灰来调节土壤酸碱度、改良土壤的某些性状。

③把施用大量元素肥料放在重要位置上。在农业生产中,微量元素肥料的效果,只有在施足大量元素肥料基础才能充分发挥出来。

6.复(混)合肥料及施用

凡是肥料成分中同时含有氮、磷、钾三要素或其中任何两种养分的化学肥料,称为复(混)合肥料。

(1)复(混)合肥料的养分表示方法。复(混)合肥料的养分含量表示式有两种:分析式和比例式。分析式是肥料中所含氮、磷、钾的百分比,即 N%-P_2O_5%-K_2O%。如 15-15-15,就表示这种复合肥中含氮(N)15%、磷(P_2O_5)15%、钾(K_2O)15%。比例式是三大元素含量的比值,即 N∶P_2O_5∶K_2O 的值,如分析式为 15-15-15 的复合肥,比例式为 1∶1∶1。对于多功能型复合肥,一般在分析式的最后标出所含微量元素的百分含量和种类。如 20-20-15-2B,就表示这种三元复合肥中含硼,含量为2%。在计算复合肥总养分含量时,微量元素含量不计算在内。

(2)复合肥料的种类和性质。根据混合工艺不同,复合肥又可分为配混和掺混。配混是以相对固定的配方在化肥生产厂进行。掺混是以相对密度相似的粒状基础肥料进行掺和,配方可灵活变换,就近散装掺混。如果按用途,复混肥料分通用型(或称广谱型)和专用型,通用型使用的地区,土壤、植物的适宜范围比较广;专用型是针对某一地区、某种或某专型植物或某种土壤所需,以求最大经济、环境效益而配制。因此,专用型掺混肥料的生产和施用是复混肥料发展的趋势。

按照所含大量元素的种类不同可分为:二元复混肥料、三元复混肥料、多元复混肥料、多功能复混肥料。二元复合肥又可根据所含三大元素的种类不同分为:氮磷型复合肥、磷钾型复合肥和氮钾型复合等。常见化成复合肥的种类和性质如表 2-26 所示。

表 2-26 复合肥料种类及其性质

肥料名称		组成和含量	性质	施用
二元复合肥	磷酸铵	$(NH_4)_2HPO_4$ 和 $NH_4H_2PO_4$ N 16%~18%,P_2O_5 46%~48%	水溶性,性质较稳定,多为白色结晶颗粒状	基肥或种肥,适当配合施用氮肥
	硝酸磷肥	NH_4NO_3,$(NH_4)_2HPO_4$ 和 $CaHPO_4$ N 12%~20%,P_2O_5 10%~20%	灰白色颗粒状,有一定吸湿性,易结块	基肥或追肥,不适宜于水田,豆科植物效果差
	磷酸二氢钾	KH_2PO_4 P_2O_5 52%,K_2O 35%	水溶性,白色结晶,化学酸性,吸湿性小,物理性状良好	多用于根外喷施和浸种

续表 2-26

肥料名称		组成和含量	性质	施用
三元复合肥	硝磷钾肥	NH_4NO_3，$(NH_4)_2HPO_4$，KNO_3，N11%～17%，P_2O_5 6%～17%，K_2O 12%～17%	淡黄色颗粒，有一定吸湿性。其中，N、K为水溶性，P为水溶性和弱酸溶性	基肥或追肥，目前已成为烟草专用肥
	硝铵磷肥	N，P_2O_5，K_2O 均为 17.5%	高效、水溶性	基肥、追肥
	磷酸钾铵	$(NH_4)_2HPO_4$ 和 K_2HPO_4 N、P_2O_5，K_2O 总含量达 70%	高效、水溶性	基肥、追肥

(3)复合肥料的合理施用。复合肥料在施用时应根据植物，土壤和肥料等多方面特性合理施用。在施用时应注意以下几点：

①根据土壤条件合理施用。一要根据土壤养分状况施肥。一般来说，在某种养分供应水平较高的土壤上，应选用该养分含量低的复混肥料。二要根据土壤酸碱性施肥。三要根据土壤水分状况施肥。

②根据植物特性合理施用。一般粮食植物以提高产量为主，可施用氮磷复混肥料；豆科植物宜施用磷钾为主的复混肥料；果树、西瓜等经济植物，以追求品质为主，施用氮磷钾三元复混肥料可降低果品酸度，提高甜度；烟草、柑橘等"忌氯"植物应施用不含氯的三元复混肥料。

不同植物对氮、磷、钾三要素的需求比例也不一样，应根据其需肥特点，确定肥料配方。在轮作中上、下茬植物施用的复混肥料品种也应有所区别。

③根据复混肥料的养分形态合理施用。由于复(混)合肥料一般含有磷或钾，且为颗粒状，养分释放缓慢，所以作基肥或种肥效果较好。作基肥要深施覆土；作种肥必须将种子和肥料隔开 5 cm 以上。施肥方式有条施、穴施、全层深施等。

④以基肥为主合理施用。由于复混肥料一般含有磷或钾，且为颗粒状，养分释放缓慢，所以作基肥或种肥效果较好。作基肥要深施覆土；作种肥必须将种子和肥料隔开 5 cm 以上。施肥方式有条施、穴施、全耕层深施等。

⑤与单质肥料配合施用。复混肥料种类多，成分复杂，养分比例各不相同，不可能完全适宜于所有植物和土壤。因此，施用前根据复混肥料的成分、养分含量和植物的需肥特点，合理施用一定用量的复混肥料，并配施适宜用量的单质肥料，以确保养分平衡，满足植物需求。

7. 有机肥料

有机肥料是指农村中利用各种有机物质、就地取材、就地积制的自然肥料的总称，又称农家肥料。有机肥料资源极为丰富，品种繁多，几乎一切含有有机物质、并能提供多种养分的材料，都可用来制作有机肥料。

根据其来源、特性和积制方法，有机肥料一般可分以下几类。

(1)粪尿肥。包括人粪尿、家畜粪尿及厩肥、禽粪、海鸟粪等。

(2)堆沤肥。包括堆肥、沤肥、秸秆直接还田利用以及沼气池肥等。

(3)绿肥。包括栽培绿肥和野生绿肥，例如，豆科植物、紫云英、苜蓿等。

(4)杂肥。泥炭及腐殖酸类肥料、油粕类肥料、泥土类肥料、海肥和农盐以及生活污水、工业污水、工业废渣等。

(5)商品有机肥。包括工厂生产的各种有机肥料、有机-无机复混肥料、腐殖酸肥料。

8. 生物肥料

(1)生物肥料的概念。生物肥料是指利用生物技术制造的、对作物具有特定肥效(或有肥效又有刺激作用)的生物制剂。其有效成分可以是特定的活生物体、生物体的代谢物或基质的转化物等，这种生物体既可以是微生物，也可以是动、植物的组织和细胞。

(2)常见生物肥料。按照制品中特定的微生物种类可分为细菌肥料(如根瘤菌肥、固氮菌肥)、放线菌肥料(如抗生菌肥料)、真菌类肥料(如菌根真菌)；按其作用机理分为根瘤菌肥料、固氮菌肥料(自生或联合共生类)、解磷菌类肥料、硅酸盐菌类肥料；按其制品内含成分特点分为单一的微生物肥料和复合(或复混)微生物肥料。复合微生物肥料又有菌和菌复合，也有菌和各种添加剂复合。

我国目前市场上出现的品种主要有：固氮菌类肥料、根瘤菌类肥料、解磷微生物肥料、硅酸盐细菌肥料、光合细菌肥料、芽孢杆菌制剂、分解作物秸秆制剂、微生物生长调节剂类、复合微生物肥料、与 PGPR 类联合使用的制剂以及 AM 菌根真菌肥料、抗生菌 5406 肥料等。

【任务实施】

常见化学肥料的识别

一、目的要求

掌握常见化学肥料的一般理化性状；掌握常见化学肥料的定性识别方法。为准确施用化肥提供依据。

二、材料用品

(一)试剂及配制

1. 2.5%氯化钡溶液

将 2.5 g 氯化钡($BaCl_2$,分析纯)溶于蒸馏水中,稀释至 100 mL,摇匀,贮于试剂瓶中。

2. 1%硝酸银溶液

将 1 g 硝酸银($AgNO_3$,分析纯)溶于 100 mL 蒸馏水中,贮于棕色瓶中。

3. 稀盐酸溶液

取浓盐酸(分析纯)42 mL,放入约 400 mL 蒸馏水中,再加水至 500 mL,即配成约 1 mol/L 的盐酸溶液,贮于瓶中。

4. 稀硝酸溶液

取浓硝酸(分析纯)31 mL,放入 400 mL 蒸馏水中,再加水至 500 mL,即配成约 1 mol/L 的硝酸溶液,贮于瓶中。

5. 10%氢氧化钠溶液

称 10 g 氢氧化钠(化学纯)溶于 100 mL 蒸馏水中,冷却后装入塑料瓶中贮存。

(二)用具材料

酒精灯、木炭、铁片、火炉、纸条、试管、石蕊试纸、蒸馏水、烧杯。

三、内容方法

1. 外表识别

看肥料的颜色和结晶状态、吸湿性、气味。氮肥和钾肥一般为白色,属于这类肥料的有碳铵、硝铵、硫铵、尿素、氯化钾、硫酸钾、硝酸钾等。磷肥一般是非结晶体而呈粉末状、灰白色或灰黑色,属于这类肥料的有过磷酸钙、钙镁磷肥、磷矿粉等。

2. 气味识别

将装肥料的瓶塞逐个打开,嗅其气味,在室温下有刺激性氨臭味的是碳酸氢铵;取样品同石灰或其他碱性物质混合,如闻有氨臭味,则可确定为铵态氮肥或含铵态的复合肥料或混合肥料。

3. 溶解性识别

(1)全部溶解于水的是硫酸铵、硝酸铵、碳酸铵、氯化钾、氯化铵、尿素、硫酸钾、磷酸二氢钾、硝酸钾等。

(2)大部分溶解于水的是磷酸铵、硝酸磷肥。

(3)部分溶解于水的是过磷酸钙、重过磷酸钙。

(4)不溶解或基本不溶解于水的是钙镁磷肥和磷矿粉。用 pH 试纸测试操作,酸性的为过磷酸钙,碱性的为钙镁磷肥。

4. 灼烧检验识别

取少量化肥放在铁片上,置于酒精灯上灼烧。

(1)氮肥。逐渐熔化并出现沸腾状,冒白烟,可闻到氨味,有残烬是硫铵;迅速熔解冒白烟,有氨味是尿素;不易熔化,但白烟浓,又有氨味和盐酸味是氯铵;边熔化边燃烧,冒白烟有氨味是硝铵。

(2)磷肥。有焦臭味、变黑、冒烟的为骨粉;无焦臭味、比重大、褐色、有金属光泽的为磷矿粉。

(3)钾肥。无变化但有爆裂声、没有氨味是硫酸钾或氯化钾;燃烧出现带紫色火焰是硝酸钾。

(4)氮肥和钾肥复混肥的识别。分别将剩余的肥料制成饱和溶液,将滤纸条浸透饱和溶液并稍微晾干,然后点燃纸条,观察燃烧性和火焰的颜色。

易燃,火焰明亮的是含 NO_3^- 的肥料;无氨臭味、火焰颜色为黄色的是硝酸钠;火焰颜色为紫色的是硝酸钾。

纸条燃烧不旺或易熄灭的肥料,在其水溶液中各加入数滴 10%氢氧化钠溶液,无氨臭味的是尿素。

5. 化学检验识别

(1)氮肥。有氨味产生的肥料中,取其水溶液约 5 mL,放入小试管中,滴加数滴 2.5%氯化钡溶液,产生白色沉淀,并不溶于稀盐酸溶液的是硫酸铵。加入 1%硝酸银溶液产生白色沉淀,并不溶于稀硝酸溶液的是氯化铵。

(2)钾肥。在小试管中各加入 5 mL 待测肥料的水溶液,并分别加数滴 2.5%的氯化钡溶液,观察其反应。有白色沉淀生成者,再加入约 1 mol/L 的盐酸溶液 1～2 mL,摇动,沉淀仍不消失的肥料是硫酸钾;不产生沉淀者,再加入 1%硝酸银溶液数滴,产生白色沉淀者,加入 1 mol/L 的硝酸溶液数滴,并不溶于硝酸的是氯化钾。

四、任务要求

将鉴定结果记入表 2-27。

表 2-27 鉴定项目及结论

编号	形态识别	溶解性识别	灼烧检验识别	化学检验识别	化肥名称
1					
2					
3					
4					

【任务拓展】

新型肥料的应用

新型肥料的主要作用是能够直接或间接地为作物提供必需的营养成分;调节土壤酸碱度、改良土壤结构、改善土壤理化性质和生物学性质;调节或改善作物的生长机制;改善肥料品质和性质或能提高肥料的利用率。

1.控(缓)释肥料

缓释肥料是指采用物理、化学和生物化学方法制造的能使肥料中养分(主要是氮和钾)在土壤中缓慢释放,使其对作物的有效性明显延长的肥料。缓释期和缓释量无定量规定。

控释肥料是指采用聚合物包膜,可定量控制肥料中养分释放数量和释放期,使养分供应与作物各生育期需肥规律吻合的包膜复合肥和包膜尿素。

2.长效钾肥

长效钾肥是由钾长石、石灰石、黏土矿物等组分组成,并经粉碎、混合、加热、制成直径约 3 mm 的颗粒。它以天然矿物为原料,生产成本低廉,生产程序简单,对环境无污染,较化使肥效持久,并可改良土壤,优化土质,使粮食获得高产、稳产。如美国生产的偏磷酸钾(0-60-40)、聚磷酸钾(0-57-37)等长效钾肥。

3.新型水溶肥料

水溶性肥料,作为一种新型肥料,是一种可以完全溶于水的多元复合肥料。它能迅速地溶解于水中,更容易被作物吸收,其吸收利用率相对较高,更为关键的是它可以应用于喷、滴灌等设施农业,实现水肥一体化,达到省水、省肥、省工的效能。是我国目前大量推广应用的一类新型肥料。

4.新型复混肥料

新型复混肥料是在无机复混肥料的基础上,添加有机物、微生物、稀土等填充物而制成的一类复混肥料。

(1)有机—无机复混肥料。是指来源于标明养分的有机和无机物质的产品,由有机和无机肥料混合或化合制成。

(2)复混专用肥。复混专用肥是指采用平衡施肥技术原理,根据植物的需肥规律和不同地区的土壤肥力,借助现代化复混肥生产设备和工艺,将植物所需养分经造粒等工艺流程而制成的一类新型肥料。以肥料形态划分,包括固体专用肥和液体专用肥。固体专用肥根据其制造工艺分混合(配成)专用肥和掺和(混成)专用肥(BB肥)。

(3)微生物复混肥。微生物复混肥是指两种或两种以上的微生物,或一种微生物与其他营养物质复配而成的肥料。微生物复混肥包括两类。一类是菌与菌复合微生物肥料,可以是同一微生物菌种的复合,也可以是不同微生物菌种的复合;另一类是菌与各种营养元素或添加物、增效剂的复合微生物肥料,采用的复合方式有:菌与大量元素复合、菌与微量元素复合、菌与稀土元素复合、菌与植物生长激素复合等。

(4)稀土复混肥。稀土复混肥是将稀土制成固体或液体的调理剂,以每吨复混肥加入0.3%硝酸稀土的量配入生产复混肥的原理而生产的复混肥料。施用稀土复混肥不仅可以起到叶面喷施稀土的作用,还可以对土壤中一些酶的活性有影响,对植物的根有一定的促进作用。施用方法同一般复混肥料。

【任务评价】

任务评价表

任务名称:

学生姓名	评价内容、评价标准		自评 30%	组评 30%	教师 40%	得分
专业知识	40分					
任务完成情况	40分					
职业素养	20分					
评语总分	总分: 教师: 年 月 日					

【任务目标】

1.植物必需的17种营养元素是__________、__________、__________、__________、__________、__________、__________、__________、__________、__________、__________、__________、__________、__________、__________、__________、__________。

2.植物吸收养分的方式有__________和__________。

3.常见的氮肥种类有__________、__________、酰胺态氮肥、__________。

4.常见的磷肥按照溶解性不同,可分为__________、__________、__________。

5.常见的钾肥种类有__________、__________、__________、__________。

6.以微量元素为主要成分的肥料称为__________,简称微肥。微肥常用的方法有__________、__________、__________、__________、__________。

7.复(混)合肥料指成分中同时含有__________、__________、__________三要素或其中任何两种养分的化学肥料。

8.有机肥根据来源、特性,可分为__________、__________、__________、__________、__________。

模块三
农作物生产基础

项目一　农作物种植制度布局

项目二　农作物种子与繁育

项目三　农作物生产技术

项目四　农作物植物保护技术及其调控技术

项目五　农作物收获与储藏技术

项目一　农作物种植制度布局

【项目描述】

作物种植制度是一个地区或生产单位的作物构成、配置、熟制和种植方式的总称。它涉及作物的布局合理性，土壤耕作、复种、连作、轮作、间混套作的科学化等内容。

本项目分为农作物的布局、土壤耕作技术、复种技术、间混套作技术和轮作与连作技术 5 个工作任务。

通过本项目学习作物合理布局的方式；掌握科学的种植方式及耕作方法，使土地资源、劳动力资源等有效利用，取得农作物生产的最佳经济效益；培养认真严谨、善于思考、沟通协作等能胜任岗位工作的职业素质。

任务 1　农作物的布局

【任务目标】

1. 了解农作物布局的影响因素，熟悉农作物布局的设计原则和步骤。

2. 能够对不同的作物生产进行布局。

【任务准备】

一、资料准备

各种作物生产田、拖拉机、配套农机具、皮尺、卷尺、任务评价表等与本任务相关的教学资料。

二、知识准备

农作物种植制度是一个地区或生产单位的作物构成、配置、熟制和种植方式的总称。内容包括作物布局和种植方式。

作物的布局是种植制度的基础,包括作物的结构、熟制和配置,它决定作物种植的种类、比例、一个地区或田间内的安排、一年中种植的次数(复种)和先后顺序等。作物的种植方式包括轮作、连作、间作、套作、混作等。

(一)作物布局意义

作物布局是指一个地区或生产单位作物的组成与配置的总称,合理科学的作物布局可以发挥以下作用。

(1)使种植业综合平衡发展。作物布局是种植制度的重要内容,是种植制度的基础。

(2)影响到畜牧业、林业、渔业以及农村工商业的发展。种植业的产量高低、品种多少直接影响到其他行业的健康发展与否、市场价格波动大小等。

(二)影响作物布局的自然生态因素

影响作物布局的自然生态因素包括光、热、水、土壤、地貌等。

1.光照

影响作物的光合作用,主要是光质、光强、光照时间3方面。

2.温度

影响温度的因素有纬度、高度、季节、天气等。

3.水分

影响因素有年降水量及季节分布、地下水的深度、灌溉程度、蒸发量、湿润程度等。

4.土壤

涉及土层厚度、土壤质地、土壤的酸碱度、土壤盐碱度等。

5.地貌

包括海拔高度、地形情况等。

(三)作物布局的原则

1.人们的需求原则

人的需要包括自给性需要(食品、燃料、饲料)和社会需要(国家需要、市场需要)。

2.维护生态平衡原则

要以作物生态适应性为依据,因地制宜,趋利避害,发挥优势。

3.有利于可持续发展原则

合理利用和保护资源,做到用地养地结合。

4.有利于增加农民经济效益原则

通过种植业的布局发展,提高农民的农业收入。

(四)作物布局设计的步骤

作物布局设计的步骤主要包括以下内容:

1.明确对产品的需求

需求包括自给性和商品性需求两部分。

2.查清环境条件状况

环境条件包括自然条件、社会经济条件、科学技术条件等。

3.分析作物生态适应性

生态适应性是指农作物的生物学特性及其对生态条件的需求与当地实际外界环境相适应程度。

4.划分作物种植适宜地和种植适宜区

从光、热、水、土等自然生态角度区分作物的生态最适宜区、适宜区、次适宜区和不适宜区。

5.确定作物组成和配置

在单一的各个作物适宜区与适生地选择的基础上,确定各种作物之间的比例数量关系。

6.做好可行性鉴定

将作物结构与配置的初步方案进行各个方面(需要、生态、收入、肥力、市场、对林牧、工商业影响等)的可行性鉴定。

【任务实施】

作物布局的设计

一、目的要求

作物布局是耕作制度设计中的一个重要环节,是组织管理农业生产的一项重要措施,它关系到能否因地制宜、充分合理地利用当地农业资源,达到农业生产的高产、稳产、高效、低成本的问题。

二、内容方法

1.明确对产品的需求

需求包括自给性和商品性需求两部分。

2.查清环境条件状况

环境条件包括自然条件、社会经济条件、科学技术条件等。

3.分析作物生态适应性

生态适应性是指农作物的生物学特性及其对生态条件的需求与当地实际外界环境相适应程度。

4.划分作物种植适宜地和种植适宜区

从光、热、水、土等自然生态角度区分作物的生态最适宜区、适宜区、次适宜区和不适宜区。

5.确定作物组成和配置

在单一的各个作物适宜区与适生地选择的基础上,确定各种作物之间的比例数量关系。

6.做好可行性鉴定

将作物结构与配置的初步方案进行各个方面(需要、生态、收入、肥力、市场、对林牧、工商业影响等)的可行性鉴定。

三、任务要求

(1)调查了解当地小麦的产量、肥料的投入量。

(2)调查了解当地玉米的产量、肥料的投入量。

(3)调查了解当地谷子的产量、肥料的投入量。

(4)调查了解当地甘薯的产量、肥料的投入量。

(5)100 亩小麦收获后,想种植玉米、甘薯、谷子,如何设计种植,效益最好。

【任务拓展】

我国的作物布局

我国的作物结构,素以粮食为主,经济作物为辅,饲料很少。最主要的作物是水稻、小麦、玉米、薯类、大豆。

1.粮食作物布局

粮食作物是我国种植业的主体。大体上,秦岭淮河以南、青藏高原以东的广大南方地区，以稻谷为主，兼有麦类（小麦、大麦、裸大麦）、甘薯、玉米、豆类等；华北以冬小麦、玉米为主，兼有谷子、高粱、甘薯、大豆等；东北以玉米、高粱、谷子春小麦为主；西北以春小麦、玉米、杂粮为主；青藏高原则以青稞、豌豆、春麦为主。

2. 经济作物布局

经济作物的特点是地区性强，技术性强，经济收益多，商品率高。故布局上较为集中，专业性强。大体上，我国棉花主要集中于黄淮海平原和长江中下游的江汉平原和江苏；油菜集中于长江流域；花生主产地是山东、广东；芝麻集中于河南、湖北、安徽；向日葵分布在东北、内蒙古；胡麻产于西北和辽宁；甘蔗集中在华南；甜菜主要为东北和内蒙古；桑蚕主要产地是杭嘉湖平原、四川盆地、珠江三角洲；烟草主要是河南、山东、云南、贵州；茶叶主要分布于长江流域；热带亚热带作物中，面积最大的是油茶，主要分布于长江以南丘陵地带；其次是橡胶，集中于海南和云南的西双版纳。

3. 果品蔬菜布局

果品蔬菜是人民生活的必需食品，随着经济的发展与生活的改善，优质的果品蔬菜将有较大的发展。全国的果品大致以北纬30°的长江中下游河段与秦岭为界，其北主要是温带水果，生产苹果、梨、葡萄、桃、杏、核桃、板栗、枣、柿等，生产地为黄淮河地区（山东、河南、河北）和辽宁；其南为亚热带常绿果树带，主产柑橘、香蕉、菠萝、龙眼、荔枝、杨梅、枇杷等，生产地为华南与长江流域。

蔬菜除西北较少外，各地均有分布，城郊附近较为集中。蔬菜作物大体上可分为喜温、喜冷凉和耐寒三大类。喜温的多为茄科与葫芦科：番茄、黄瓜、生姜、茄子、西瓜、甜瓜、南瓜、豇豆、四季豆等；喜冷凉的有：白菜、甘蓝、萝卜、胡萝卜、莴苣、花椰菜、苤蓝、马铃薯、蚕豆、豌豆等；耐寒性较强的有萝卜、蒜、韭、百合、菠菜、芹菜、洋葱、不结球的白菜等。

4. 饲料绿肥作物布局

我国素以种植业为主，畜牧业产值所占比重较小，畜牧业所需饲料适宜农副产品为主（玉米、甘薯、糠、麸、饼、秸秆），专种的饲料作物极少。目前主要的饲料绿肥作物是：

（1）紫云英。豆科，喜温冷湿润，不耐严寒与干旱。主要分布于长江流域，是我国面积最大的饲料绿肥作物。适口性好，粗蛋白含量丰富。过去多数直接翻压作绿肥用，今后应提倡过腹还田。

（2）苜蓿。多年生，喜温耐寒，需水耐旱，根深3～10 cm，抗寒能力强。广泛分布于欧洲、美洲、亚洲各地，在我国主要分布于西北、华北，是优良牧草，有利于地力增长和保持水土。

(3)豆科饲料绿肥作物。金花菜耐寒性比紫云英差,但抗旱稍好,分布于长江流域;各种三叶草、如红三叶、白三叶、杂三叶、绛三叶、埃及三叶草、地三叶等,喜温暖湿润,夏不过热,冬不过冷,在长江以南与西南有广阔发展前途。普通苕子、毛苕子,适于在北方春播,毛苕子在黄河以南可越冬。草木樨属耐旱耐寒,适口性稍差。沙打旺很耐旱,在北方高寒地区尚能过冬,是沙土上的优良牧草,但适口性差。

(4)禾本科栽培饲草。适应性强,营养丰富,适口性好,耐践踏、刈割和放牧。主要有:猫尾草、鸭茅、多年生黑麦草、无芒雀麦、羊草、披碱草、苏丹草、象草等。

(5)根茎类瓜类。胡萝卜、饲用甜菜、萝卜、芜菁、甘蓝、南瓜、甘薯、马铃薯均为良好的多汁饲料。

(6)水生饲料作物。水浮莲、水葫芦、水花生、绿萍是我国主要水生作物,分布于温暖的南方较多。绿萍既是优良饲料,又可与蓝萍共生固氮。

(7)青刈青贮饲料。最有前途的是玉米、高粱、大豆、燕麦、大麦、油菜、向日葵、绿豆、小豆、饲用大豆、苜蓿、甘薯等。它比干秸秆营养丰富,含多种维生素或氨基酸,适口性也好,尤适于养牛业。

【任务评价】

任务评价表

任务名称:

学生姓名	评价内容、评价标准		自评 30%	组评 30%	教师 40%	得分
专业知识	40 分					
任务完成情况	40 分					
职业素养	20 分					
评语总分	总分: 教师: 年 月 日					

【任务巩固】

1. 农作物种植制度的内容包括__________和__________。

2. 作物的种植方式包括轮作、__________、__________、套作、__________。

3. 影响作物布局的因素有__________、__________、__________、地貌。

4.作物布局的首要原则是__________。

5.春大豆播种时要求土壤的温度在__________℃以上。

6.作物布局的设计要明确对产品的需求,包括__________需求和__________需求。

7.__________适应性是指农作物的生物学特性及其对生态条件的需求与当地实际外界环境相适应程度。

8.影响作物布局的环境条件包括__________、__________、__________。

任务2 土壤耕作技术

【任务目标】

1.了解土壤耕作的作用,熟悉土壤耕作的方法和措施。

2.能够对农田土壤进行翻耕、深松、旋耕、耙地、中耕等耕作措施。

【任务准备】

一、资料准备

各种作物生产田、拖拉机、配套农机具、皮尺、卷尺、任务评价表等与本任务相关的教学资料。

二、知识准备

土壤耕作是指通过农机具的机械力量作用于土壤,调整土壤耕作层和地面状况,调节土壤中水分、空气、温度和养分的关系,为作物播种、出苗和生长发育提供适宜的土壤环境的农业技术措施。

通过项目的学习,掌握土壤耕作的作用和意义,土壤耕作的方法与措施,现代免耕与少耕技术的优点与不足,便于在生产中加以应用。

(一)土壤耕作的作用

适宜的土壤耕作可以对土壤环境进行调节和管理,解决作物和土壤之间的矛盾,利于作物正常生长发育,是稳产高产和持续增产的需要。

1.松碎土壤,改善土壤结构

使作物根层的土壤适度松碎,并形成良好的团粒结构,以便吸收和保持适量的水分和空气，促进种子发芽和根系生长。

2. 翻转耕层土壤

通过翻转，将作物的残茬以及肥料、农药等混合在土壤内，利于播种出苗。

3. 混拌土壤

混合土壤可以使土肥融为一体，改善土壤养分状况。

4. 平整地面

通过平整地面，减少土壤表面积，从而减少土壤水分的蒸发。

5. 压实土壤

将过于疏松的土壤压实到疏密适度，以保持土壤水分并有利于根系发育。

6. 开沟起垄，挖坑堆土，打埂做畦

通过开沟起垄，挖坑堆土，打埂做畦等，利于种植、灌溉、排水或减少土壤侵蚀。

7. 消灭杂草和害虫

将杂草覆盖于土中，或使蛰居的害虫暴露于地表面，可以消灭杂草和害虫。

(二)土壤耕作方法和措施

土壤的耕作措施分为两类，基本耕作和表土耕作。基本耕作的作用最大，包括翻耕、深松、旋耕等；表土耕作包括耙地、中耕等。

1. 基本耕作

(1)翻耕。可以使耕层土壤上下颠倒，调节土壤结构。主要工具是铧式犁(图 3-1)，一般深度 20～25 cm。

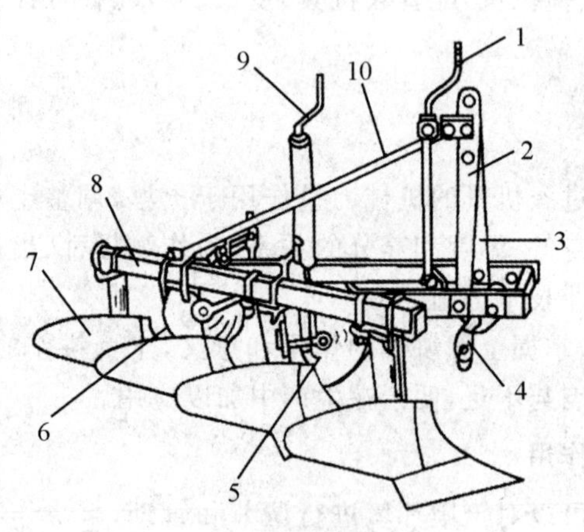

图 3-1 铧式犁

1. 耕宽调节手柄 2. 右支杆 3. 左支杆 4. 悬挂轴 5. 限深轮
6. 圆犁刀 7. 犁体 8. 犁架 9. 耕深调节手柄 10. 中央拉杆

(2)松耕。利用松土铲(图 3-2)将耕层的土壤不乱土层进行疏松,一般深度为 30 cm。

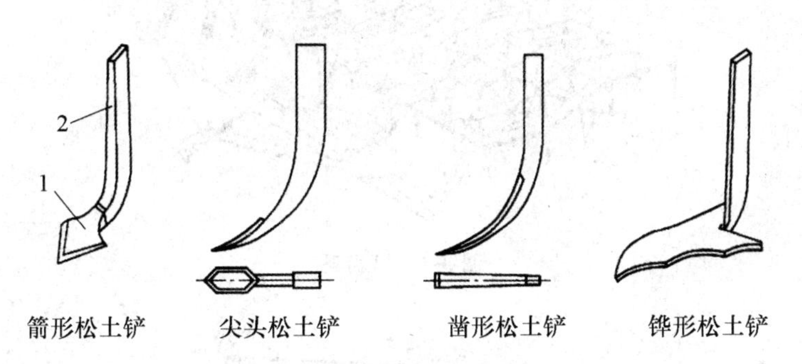

图 3-2　松土铲

1.铲头　2.铲柄

(3)旋耕。利用旋耕机(图 3-3)的刀片转动,把土、残茬、杂草等切碎,旋耕后地表平整松软,一般深度 10～15 cm。

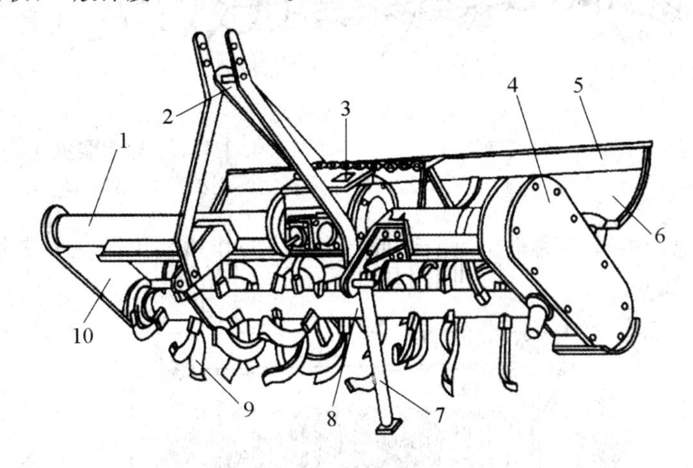

图 3-3　旋耕机

1.主梁　2.悬挂架　3.齿轮箱　4.侧边传动箱　5.平土托板
6.挡土罩　7.撑杆　8.刀轴　9.旋耕刀　10.支臂

深翻、松耕、旋耕各有利弊,在种植体系中,结合起来,起到良好的效果。

2.表土耕作

(1)耙地。可以疏松表土,平整地面,耙碎坷垃,消灭杂草,使表土踏实。常用工具有钉齿耙(图 3-4)、圆盘耙(图 3-5)等,一般深度为 5 cm。

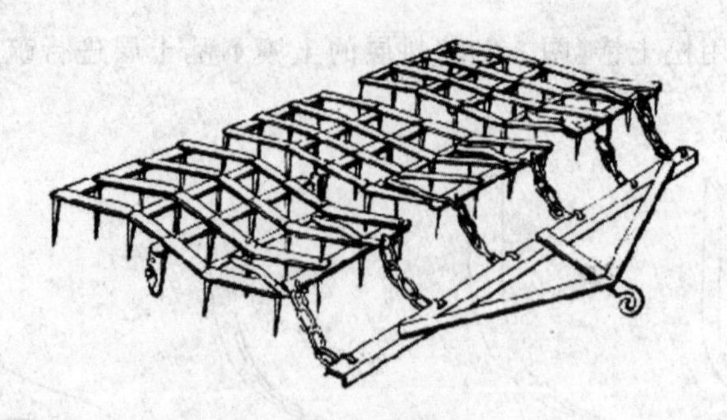

图 3-4 钉齿耙

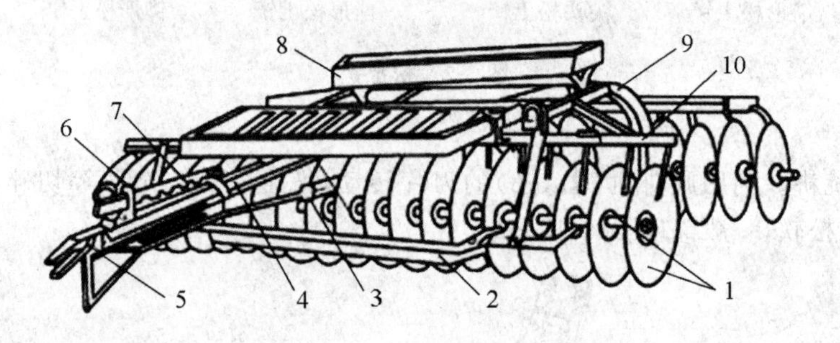

图 3-5 圆盘耙

1.耙组 2.前列拉杆 3.后列拉杆 4.主梁 5.牵引装置
6.卡子 7.角度调节器 8.加重箱 9.耙架 10.刮土器

(2)耢地。可以起到平土、碎土、紧土、保墒的作用。工具主要是耢(图 3-6)，一般深度为 3 cm。

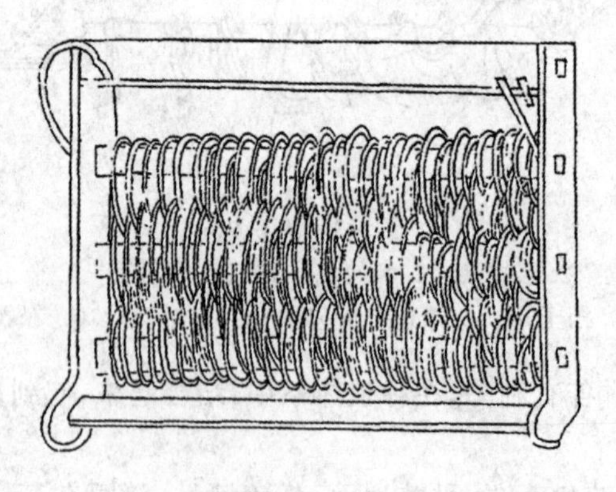

图 3-6 耢

(3)旋耕。圆盘旋耕机进行耕作也是一种表土耕作。优点是一次完成耕、耙、平、压等作业；缺点是使土壤耕层上移变浅。

(4)镇压。可以使上层土壤变紧，轧碎土坷垃，一般深度 3～4 cm。工具有镇压器、石磙子、碌轴(图 3-7)等。

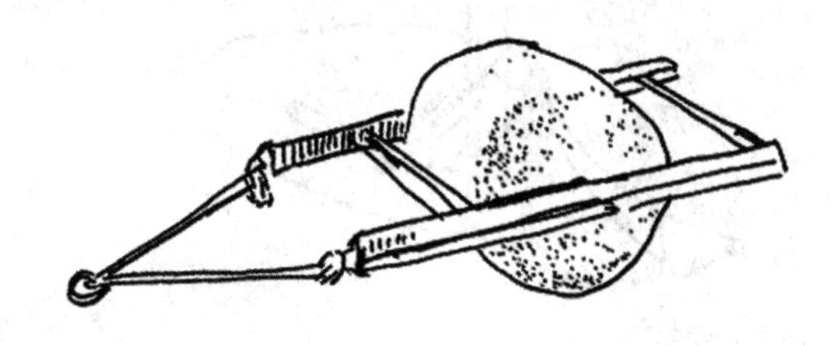

图 3-7 碌轴

(5)中耕。作物生长过程中的表土耕作措施，能疏松土壤，保持土壤水分，减少地表蒸发等。工具有耘锄(图 3-8)、锄头等，深度根据作物不同生长时期根系情况确定，掌握行间深，株间浅的原则，一般 3～10 cm。

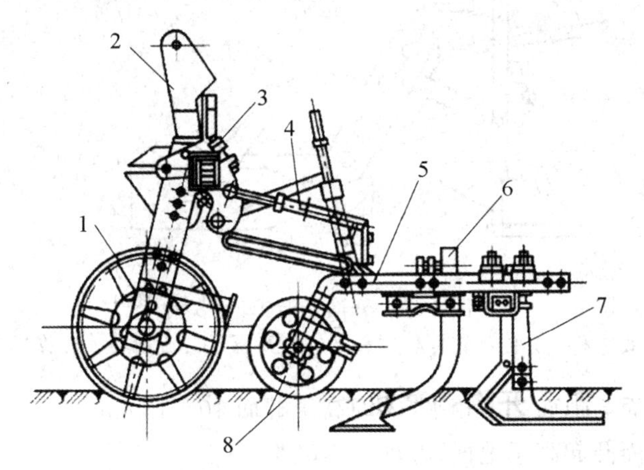

图 3-8 播种中耕通用机

1.地轮 2.悬挂架 3.机架 4.四杆仿形机构

5.纵梁 6.双翼铲 7.单翼铲 8.仿形轮

(6)培土。可以固定植株，抗倒伏，掩埋杂草、便于排灌、扩大根系范围等(图 3-9)。

3.做畦

土壤在经过耕翻、耙、耢之后，为了便于灌溉、排水、密植以及管理，需要做畦(图 3-10)。做畦的形式，根据当地气候条件、土壤条件、地下水位的高低确定。常见的有平畦、高畦、低畦和垄等。

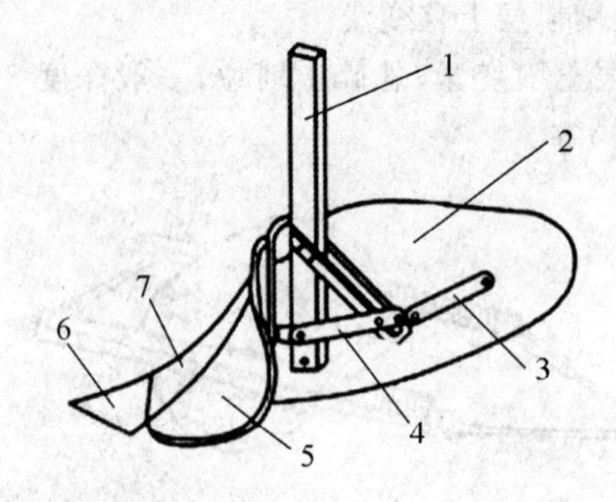

图 3-9 曲面形培土铲

1.铲柄 2.右培土壁 3.右调节臂 4.左调节臂 5.左培土壁 6.铲尖 7.铲胸

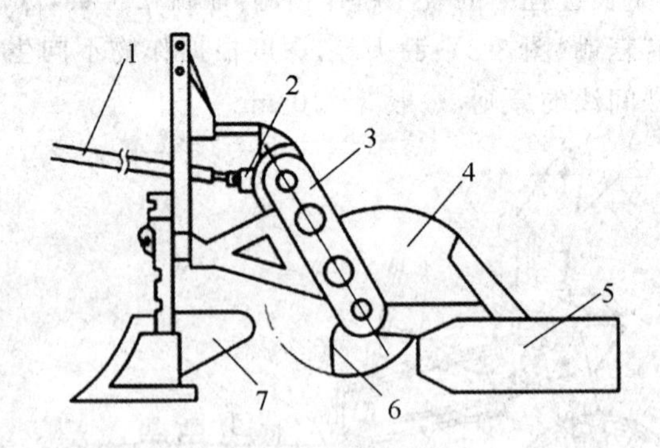

图 3-10 开沟作畦机

1.传动轴 2.减速箱 3.传动箱 4.罩盖 5.整形器 6.旋耕器 7.铧式开沟犁

(1)平畦。畦面与地面基本相平,畦埂高于畦面 10～15 cm。

(2)高畦。畦面凸起高于地面,畦梗变为畦沟。

(3)低畦。畦面凹下低于地面。

(4)垄。垄就是较窄的高畦,一般单行种植。

【任务实施】

土壤耕作设计

一、目的要求

运用所学知识,根据掌握资料,练习土壤耕作的拟定方法。

二、方法

(1)了解各种作物轮作的播种期和收获期,作物栽培技术。

(2)了解土壤宜耕期长短,水利设施及灌溉制度,施肥种类、施用方法。

(3)了解气候条件,特别是气温,降水蒸发量、土壤封冻及解冻期。

(4)基本耕作与播前耕作措施的配合,保墒及防止水土流失。

三、制定内容

(1)围绕作物轮作制度安排,相互配合,为作物创造适宜的土壤环境条件。

(2)深耕在整个轮作周期中原则上是三年安排一次,可据情况适当安排深翻、深松、深耕、浅耕以及免耕。

(3)土壤耕作措施与其他措施之间要密切配合,如灌水、施肥等。

(4)应注意提高劳动生产率、降低成本,尽量减少作业层次或采用联合作业,在保证作业质量的前提下,注意经济效果。

四、任务要求

(1)了解玉米小麦套种的时间及收获耕作情况。

(2)了解棉花播种及耕作情况。

(3)了解大豆播种及耕作情况。

(4)了解水稻播种及耕作情况。

【任务拓展】

免耕与少耕技术

1. 免耕技术

免耕又称零耕(直接播种),是指作物播种前不用犁、耙等整理土地,直接在茬地上播种,播后不使用农具进行土壤管理的耕作方法。免耕有如下优点。

(1)保护土壤,减少水蚀、风蚀。由于不进行耕翻,残茬、秸秆、草等覆盖较好,水蚀、风蚀明显减轻。

(2)保持土壤水分。由于残茬、秸秆、草等的覆盖作用,减少了土壤水分的蒸发,保持了土壤中的水分。

(3)增加表土有机质。由于地上有机物的覆盖,使得表土的有机质含量增加。

(4)节省能源和资金。免耕节省机械投资、减少燃油消耗。

(5)播种面积扩大。实行免耕,可在地上直接播种,扩大了播种面积。

2.少耕技术

少耕是指在常规耕作基础上尽量减少土壤耕作次数或在全田间隔耕种,减少耕种面积的耕作方法,介于常规耕作和免耕之间。少耕有如下优点。

(1)减少耕作次数。减少耕作次数,而减少土壤水分蒸发和水土流失,利于蓄水保墒。

(2)减少机具对土壤结构的破坏作用。耕作次数减少,机具对土壤结构的破坏作用减少,土壤水稳性含量增加。

(3)抑制部分杂草的生长。间隔耕种未耕的田块,地上覆盖利于抑制部分杂草的生长。

(4)省时省力。耕作次数减少,省去许多劳力和时间。

【任务评价】

任务评价表

任务名称:

学生姓名	评价内容、评价标准		自评 30%	组评 30%	教师 40%	得分
专业知识	40分					
任务完成情况	40分					
职业素养	20分					
评语总分	总分: 教师: 年 月 日					

【任务巩固】

1.土壤的耕作措施包括______耕作和______耕作。

2.土壤的基本耕作包括______、______和旋耕等。

3.表土耕作包括______、______等。

4.土壤的铧式犁翻耕深度一般是______。

5.旋耕机的旋耕深度一般是______。

6.培土的作用有______、抗倒伏、______便于排灌、扩大根系等。

7. 常见的做畦方式有__________、__________、__________和垄。

8. 平畦的畦埂高度一般是__________。

任务3　复种技术

【任务目标】

1. 了解复种的概念和复种的条件，熟悉作物复种的方式。

2. 掌握合理复种的实施步骤。

【任务准备】

一、资料准备

各种作物生产田、拖拉机、配套农机具、皮尺、卷尺、任务评价表等与本任务相关的教学资料。

二、知识准备

在同一块田地上一年内连续种植二季或二季以上作物的种植方式成为复种。复种能充分利用土地，发挥土地潜力，提高了单位面积产量。

通过项目的学习，了解复种有关方式，掌握复种对自然条件和生产条件的要求，掌握复种意义及对技术的要求，应用到生产实践中。

（一）复种概念

1. 复种方式

常见的复种方式有平播和套作两种，平播是在上茬作物收获后直接播种下茬作物，套作是在上茬作物收获前，将下茬作物套种在其株间或行间。

(1)两年三熟。如：春玉米→冬小麦—夏大豆(夏甘薯)，棉花→小麦/玉米。

(2)一年两熟。如：小麦—玉米；小麦—大豆；小麦/棉花。

(3)一年三熟。如：小麦(油菜)—早稻—晚稻；小麦/玉米—水稻。

注：符号“→”表示年间作物接茬种植，“—”表示年内接茬种植，“/”表示套种，“//”表示间作。

2. 复种指数

复种程度的高低，通常用复种指数来表示，即全年作物收获总面积占耕地面积的百分比。

公式如下：

$$\text{复数指数}=\frac{\text{全年作物收获总面积}}{\text{耕地面积}}\times 100\%$$

一年一熟的复种指数为100％，一年两熟的复种指数为200％，一年三熟的复种指数为300％，两年三熟的复种指数为150％。

(二)复种的条件

复种方式要与自然条件、生产条件与技术水平相适应。影响复种的自然条件有热量和降水量，生产条件有劳畜力、机械、水利设施、肥料等。

1.热量

热量条件决定了一个地区能否复种或复种程度的高低。用以下方法来确定。

(1)年平均气温法 。年均温度8℃以下为一年一熟区，8～12℃为两年三熟区，12～16℃为一年两熟区，16～18℃以上为一年三熟区。

(2)积温法。大于10℃积温低于3 000℃为一年一熟，3 000～5 000℃可以一年两熟，5 000℃以上可以一年三熟。

(3)生长期法。以无霜期表示，一般140～150 d为一年一熟区，150～250 d为一年两熟区，250 d以上为一年三熟区。

2.水分

年降水量小于600 mm为一熟区，600～800 mm为一熟、两熟区，800～1 000 mm为两熟区，大于1 000 mm可以实现多种作物的一年两熟或三熟。

3.肥料

复种指数提高后，就要多施肥料，才能保证土壤养分平衡和高产多收。

4.劳力、畜力和机械条件

提高复种指数，必然增大劳力、畜力和机械机具投入。

5.技术条件

技术条件包括栽培品种、耕作技术、复种、间套技术等满足复种的要求。

(三)复种的作用

(1)有利于增加作物的播种面积，提高耕地生产力。

(2)有利于优化种植业结构，缓解不同作物争地的矛盾。

(3)合理的复种有利于耕地的用养结合，促进农业的可持续发展。

(4)复种具有稳产，提高经济效益的作用。

【任务实施】

黄瓜与豇豆复种技术

一、目的要求

学习不同复种方式，掌握资源利用率及效益评价原则，科学进行复种安排，获得最佳经济效益。

二、材料用品

黄瓜、豇豆、地膜、吊绳。

三、内容方法

(1)在9月上中旬黄瓜定植，加强管理，通过吊绳调节茎蔓高度。一般地上茎蔓高度保持在18片功能叶即可，随着高度增加，及时下落茎蔓。黄瓜品种可以选择津优3号、津绿3号等。黄瓜的大行距65 cm，小行距45 cm，株距60 cm。定植后覆盖地膜。

(2)在1月中下旬，在黄瓜植株之间，挖穴，种植豇豆。选用产量高、品质优、结荚早、嫩荚生长速度快、商品性好的品种。每亩种植4 000穴，大小行距栽植，穴距30 cm，每穴2～3株。

(3)在4月上旬，结合豇豆和黄瓜的长势以及市场行情，适时去掉黄瓜。

(4)豇豆生长期间，加强肥水管理，及时吊蔓。

(5)豇豆采收时，注意保护同一花序中其他尚未成熟的花朵或幼果。

四、任务要求

(1)豇豆套种后，注意观察黄瓜和豇豆的生长情况。

(2)黄瓜去掉后，豇豆的生长情况

(3)黄瓜和豇豆的共生期长短。

【任务拓展】

复种技术作物的搭配

1. 作物组合与品种搭配

(1)充分利用休闲季节增种一季作物。

(2)利用生育期短的作物代替生育期长的作物。

(3)开发短期填闲作物,如绿肥、蔬菜等。

(4)搭配早熟品种。

2.其他辅助配套技术

(1)育苗移栽 。育苗移栽可以克服复种后生长季节不足的问题。

(2)运用套作技术。在前茬作物收获前于其行间、株间或预留行间,直接套播或套栽后茬作物。

(3)促进早熟的技术。在作物生育中后期喷乙烯利,可提早成熟。

(4)地膜覆盖技术。采用地膜覆盖可提高地温,保持土壤湿度,可适当提前播种。

【任务评价】

任务评价表

任务名称:

学生姓名	评价内容、评价标准		自评 30%	组评 30%	教师 40%	得分
专业知识	40 分					
任务完成情况	40 分					
职业素养	20 分					
评语总分	总分: 教师: 年 月 日					

【任务巩固】

1.在同一块田地上接连种植二季或二季以上作物的种植方式为________。

2.常见的复种方式有________、________、________。

3.复种的方式要与自然条件、________、________相适应。

4.年降水量在________的为一熟区。

5.无霜期在 140～150 d 的为一年________熟区。

6.地膜覆盖可以________、________适当提前播种。

任务4　间混套作技术

【任务目标】

1.了解间、混、套作的特点与意义,熟悉作物间、混、套作的方式。

2.能够对不同作物的间、混、套作进行合理布局。

【任务准备】

一、资料准备

各种作物生产田、拖拉机、配套农机具、皮尺、卷尺、任务评价表等与本任务相关的教学资料。

二、知识准备

间、混、套作是在我国农业实践中发展起来的种植模式。它充分利用了作物之间的互补性,提高了土地生产力及劳动效率,同时增加产量,提高经济效益,在农业生产中发挥了积极作用。

通过项目的学习,了解间混套作有关概念,掌握间、混、套作的各自不同特点,以及间、混、套作在农业生产中重要意义,推广间、混、套作的栽培技术。

(一)间、混、套作的概念

1.单作

在同一块田地上种植一种作物的种植方式(图3-11)。如单种棉花、水稻等。

2.间作

在同一田地上,同一生长期内,分行或分带相间种植两种或两种以上作物的种植方式(图3-11),用符号“//”表示。如2行玉米//4行大豆,4行棉花//4行甘薯等。

3.混作

指在同一块田地上,同期混合种植两种或两种以上作物的种植方式(图3-11),用符号“×”表示。如小麦×豌豆,芝麻×绿豆等,一种撒播,一种行栽。

4.套作

在前季作物生长后期的株行间,播种或移栽后季作物的种植方式(图3-11),

用符号"/"表示。如小麦/玉米等。

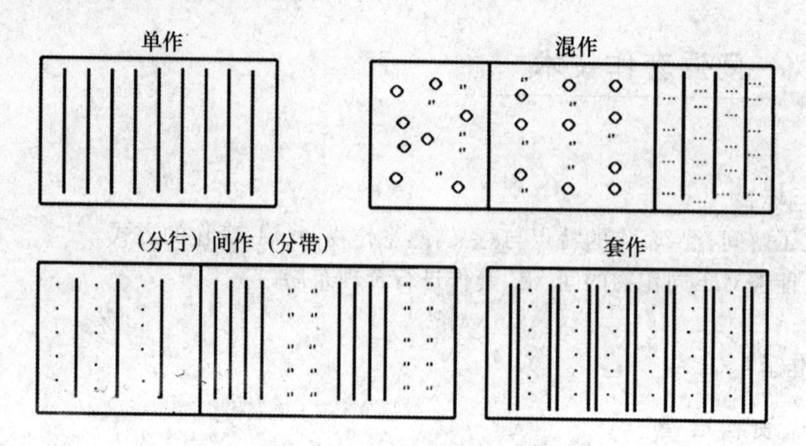

图 3-11 作物种植方式示意图

(二)间混套作的特点

1. 单作特点

作物单一、管理方便、便于机械化、劳动生产率高。

2. 间作特点

(1)间作在田间上构成复合群体,个体之间既有种内关系,又有种间关系。

(2)间作的作物播种期、收获期相同或不相同,至少有一种作物的共处期超过其全生育期的一半。

(3)间作是利用空间的集约化种植方式。

3. 混作特点

作物分布不规则;行内或隔行种植、撒播;不便管理;作物间比较接近。

4. 套作特点

前后茬作物共生期较短,低于1/3;不便于机械化操作;土地利用率高;年单产增产潜力大;复种指数提高。

(三)间混套作的意义

1. 增加产量

合理的间、混、套作比单作具有增产高产的优越性。

2. 提高效益

合理的间、混、套作能够发挥作物之间的有利关系,较少的经济投入换取较多的产品输出。

3. 稳产保收

不同作物抗御自然灾害能力不同，合理的间、混、套作能够利用群体内作物的不同特性，增强抗逆能力。

4. 缓解作物争地的矛盾

间、混、套作用得当，安排得好，在一定程度上可以调节粮食作物与棉、油、烟、菜、药、绿肥、饲料等作物以及果林之间的矛盾，促进多种作物全面发展，推动农业生产向更深层次发展。

【任务实施】

大蒜间作小麦套种玉米技术

一、目的要求

通过间作套种有效利用空间和时间，提高单位面积的产量，从而提高经济效益。

二、材料用品

大蒜、小麦、玉米。

三、内容方法

(1)在 9 月下旬，玉米收获后耕地做畦，畦面宽 2 m，畦埂宽 70 cm。

(2)在畦面内播种小麦 8 行，在畦埂上种植 3 行大蒜。

每亩种植大蒜 15 000 株。条件许可的可以地膜覆盖大蒜。

(3)在 6 月中旬前后，大蒜收获后，在畦埂上套种 2 行玉米。

(4)玉米、小麦共生期间，加强管理，防治病虫害发生。

(5)小麦收获时，注意保护玉米不要受到伤害。小麦收获后，玉米生长加快，注意水肥管理，病虫害防治。

(6)玉米收获后继续耕作种植。

四、任务要求

(1)记录大蒜与小麦间作的共生期。

(2)记录玉米与小麦套种的共生期。

(3)小麦收获后，玉米的生长时间。

(4)考虑还有哪些作物可以间混套作。

【任务拓展】

间混套作栽培作物的搭配

如何选择好搭配作物，配置好田间结构，协调群体矛盾，是间混套作技术的主要内容。

1.作物及其品种选配

(1)株型选择上要做到高矮、胖瘦搭配的原则。

(2)在作物生育期的选择上坚持早晚搭配的原则。

(3)在作物根系选择上坚持深浅搭配原则。

(4)在作物对光热资源适应性选择上坚持阴阳搭配；如水稻、玉米、棉花喜光，相比大豆、马铃薯、豌豆、荞麦、蔬菜较耐阴，喜光作物设计为上位作物，耐阴作物设计为下位作物。

(5)水肥适应性选择上坚持适度差异原则。作物对水分最大需求时期的错位可演化为互补作用，喜水与抗旱作物搭配；养分需求种类和时期不同是形成互补的基本要求；

(6)根系分泌物方面选择“互利而无害”的作物搭配。一种作物通过向环境释放化学物质，而不对另一种作物产生直接或间接地有害作用。如马铃薯与菜豆、小麦与豌豆一起种植可相互刺激生长。

(7)作物选择应坚持提高经济效益原则。

2.田间结构的配置

田间结构是指作物群体在田间的组合、空间分布及其相互关系，包括垂直结构和水平结构。水平结构包括密度、行数、株距、间距、幅宽、带宽。

(1)种植密度要适宜。提高种植密度，增加叶面积指数和照光叶面积指数是间、套作增产的中心环节。高位作物，密度要大，低位不耐阴作物，密度略低或相同。

(2)幅宽。幅宽是指间套作中每种作物两个边行相距的宽度。幅宽过窄，对高秆作物有利，对低秆作物不利；幅宽过宽，高秆作物增产不显著。

(3)行数和行株距。幅宽确定之后，就可以调整作物行数和行株距。高位作物不可多于边行优势产生行数的两倍；矮位作物行数不可少于边际效应所能影响行数的两倍。如棉花和甘薯：棉花边行优势为4行，则棉花种植行数$<$8行，甘薯边行劣势为3行，则甘薯种植行数不少于6行。

(4)间距。间距是相邻两作物边行的距离。间距过大，减少作物行数，浪费土地；间距过小，则加剧作物间矛盾。因此，间套作空间是配置的关键。

①矮位作物耐阴程度。耐阴强，间距可小些，反之间距大些。

②共生期长短。共生期长，间距可大些，反之可小些。

③上位作物高度。高的间距可大，反之可小。

④上位作物透光性。高大叶疏、透光好，可间距小些，反之可大些。

⑤一般间距处理。不过分影响矮位作物的生长发育，按照两种作物正常行距之平均数确定。如：玉米行距 60 cm，大豆行距 40 cm，两者间作时的间距(60+40)/2=50(cm)。

(5)带宽。是指间套作的各种作物顺序种植一遍所占地面的宽度。它包括各个作物的幅宽和间距。一般根据作物品种特性，土壤肥力以及农机具来进行调整。

3.栽培管理

(1)适时播种，保证全苗。套作时不能过早或过晚。间作时考虑适宜播种期，减少竞争，并尽量使各作物的各生长阶段都能处在适宜的时期。混作时，要考虑播种期和收获期的一致性。

(2)加强水肥管理。间混作时增加了密度，容易水肥不足，应加强追肥和灌水。套作共处期间要做到早间苗，早补苗，早中耕除草，早追肥，早治病虫害，前作物收获后，加大水肥供应。

(3)防治病虫要及时。间混套作可以减少一些病虫害，也可以增添或加重某些病虫害，要对症下药，及时防治。

(4)早熟早收。间混套作中，低层作物自然条件差，生长缓慢，迟熟晚发，要做到早熟的及早收获。

【任务评价】

任务评价表

任务名称：

学生姓名	评价内容、评价标准		自评 30%	组评 30%	教师 40%	得分
专业知识	40 分					
任务完成情况	40 分					
职业素养	20 分					
评语总分	总分：　　教师：　　年　月　日					

【任务巩固】

1.在同一田块上种植同一种作物的方式为＿＿＿＿＿。

2.玉米在小麦收获前种植在小麦的畦埂上为＿＿＿＿＿种植方式。

3.在同一田块上分行或分带种植两种或以上作物的种植方式为＿＿＿＿＿。

4.在同一田块上，同期混合种植两种或以上作物的种植方式为＿＿＿＿＿。

5.单作的特点是＿＿＿＿＿、管理方便、便于＿＿＿＿＿、劳动生产率高。

6.田间结构是作物群体在田间的组合、分布及其相互关系，包括＿＿＿＿＿结构和＿＿＿＿＿结构。

任务5　轮作与连作技术

【任务目标】

1.了解轮作与连作的特点及轮作的意义，熟悉作物轮作的方式。

2.在生产上能够避免作物连作而正确使用轮作技术。

【任务准备】

一、资料准备

各种作物生产田、拖拉机、配套农机具、皮尺、卷尺、任务评价表等与本任务相关的教学资料。

二、知识准备

轮作和连作都是农业生产中推广的种植模式，不同的区域有它自己的气候特点、资源特点，正确认识轮作与连作的积极作用，克服某些弊端，提高作物产量，提高经济效益。

通过项目的学习，了解轮作、连作的概念，掌握轮作的作用、连作存在的必要性、存在的问题及解决方法等。

(一)轮作的作用及意义

农业生产对耕地的利用是连续的，因此在作物种植上，如何安排种植顺序是非常重要的问题。

1.轮作换茬

(1)轮作。在同一田地上有顺序地轮换种植不同作物的种植方式。轮作具有周期性和顺序性两个特征。

如:大豆→小麦→玉米的三年轮作。

(2)换茬。一种作物收获后种上另一种作物称为换茬,也称为倒茬。生产中,将轮作中的前作物称为前茬,后作物称为后茬。

如:大豆→小麦→玉米 属于不同作物之间的轮作。

油菜→水稻→绿肥→水稻→小麦/棉花→蚕豆/棉花,属于由不同的复种方式组成的轮作。

(3)轮作的方式。轮作方式有三种:单作轮作、复种轮作、水旱轮作。

①单作轮作。如:小麦→大豆→玉米→小麦(一年一熟,三年一轮)。

②复种轮作。如:春玉米→小麦—花生→春玉米(两年三熟,两年一轮)。

小麦—水稻→小麦—水稻→蚕豆—水稻(一年两熟,三年一轮)。

小麦—水稻→大麦—棉花→小麦—水稻(一年两熟,两年一轮)。

③水旱轮作。如:大麦—水稻—水稻→马铃薯/玉米—水稻→大麦—水稻—水稻(一年三熟,两年一轮)。

玉米—玉米→水稻—水稻→玉米—玉米(一年两熟,两年一轮)。

2.轮作换茬作用

(1)减轻农作物的病虫草害。作物的病原菌一般都有一定的寄主,害虫也有一定的专食性或寡食性,有些杂草也有其相应的伴生者或寄生者,轮作可以减少寄主、害虫缺食、伴生主缺乏。如土传病害中的小麦全蚀病,棉花枯黄萎病,甘薯黑斑病,轮作可防治。虫害中的蛴螬,轮作可减少。麦稻轮作,旱田时小麦抑制稻田稗草的生长,水田时,麦田中的野燕麦等旱生杂草在淹水条件下很快丧失生活力。

(2)调节土壤养分和水分供应。各种作物的生物学特性不同,从土壤中吸收养分的种类、数量、时期和吸收率也不相同。如禾谷类作物吸收氮多、磷多、硅多;豆科吸收氮多、磷多;油料作物吸收磷多;块根块茎类吸收氮多,钾多。不同作物需水数量、时期和吸收能力不同。如:水稻、玉米、棉花等作物需水多;谷子、甘薯耐旱能力强,需水少。

(3)改善土壤的理化性状。作物的轮作可以在一定程度上调整和改善土壤的物理性状和化学性质。

①作物的秸秆、残茬、根系和落叶是补充土壤有机质和养分的重要来源。如:豆科、油菜、棉花,落叶多,氮多;禾谷类作物秸秆量大,有机碳含量多。

②轮作换茬具有改善耕层理化性质的作用。密植作物的根系细密，数量较多，分布均匀，土壤疏松、结构良好；深根系作物和多年生豆科牧草的根系对下层土壤有明显的疏松作用。

(4)合理利用农业资源。轮作中前后作物搭配，茬口衔接紧密，利于充分利用土地、自然降水和光、热等自然资源，利于合理使用机具、肥料、农药、灌溉。能错开农忙季节，减少化肥、农药的使用量。

(二)连作

1.连作概念

是指在同一田地上，连年种植相同作物或相同复种方式的种植方式，又称为连茬或重茬。

(1)单作连作。单一作物连续种植。

如：小麦→小麦→小麦；玉米→玉米→玉米(一年一熟，连作)。

(2)复种连作。两种以上作物长期交替或套作种植。如：小麦—水稻→小麦—水稻(一年两熟，连作)。小麦/棉花→小麦/棉花(一年两熟，连作)。小麦/玉米—水稻→小麦/玉米—水稻(一年三熟，连作)。

2.不同作物对连作的反应

(1)忌连作作物。连作会导致减产严重，甚至绝收。主要原因是一些特殊病害和根系分泌有害物质。如：亚麻、甜菜(连作根结线虫严重)、红麻、西瓜(根系分泌物有毒)等。一般间隔5～6年才能种植为好。

(2)不耐连作作物。连作后出现生长阻滞，植株矮小，发育不正常，减产严重。一般间隔3～4年才能种植。

①豆科作物。如豌豆、大豆、蚕豆、菜豆等。

②麻类作物。如黄麻、大麻等。

③菊科作物。如向日葵等。

④茄科作物。如马铃薯、辣椒、烟草等。

(3)耐连作作物。经过长期的生产实践证明，有些作物比较耐连作，连作后对长势、产量等影响不大。如：水稻，由于通气组织发达，对土壤通气性要求较低，在水旱交替的土壤中可长期连作，受害不明显。棉花，根系发达，养分吸收范围大，吸收土壤中养分均匀，在没有黄萎、枯萎感染的情况下，充分施用腐熟的有机肥和化肥，可长期连作。麦类、玉米在生长期间消耗土壤有机质和氮素营养较多在施足肥料没有障碍性病害的情况下，可以长期连作。

3.连作在生产中必要性

(1)社会需要决定连作。如小麦、玉米、棉花等,是人类生活所必不可少的,需求量大,不实行连作难以满足社会对这些农产品的需求。

(2)资源利用决定连作。某些地区,气候条件、土壤等比较适合某种作物的种植。

(3)经济效益决定连作。某些单位适合某种作物种植的机械化程度高,后续设备投资少,成本降低,效益增加。

(4)新技术应用决定连作。某些新技术(农药、化肥等)的应用,克服了某些连作问题。

(5)不同作物对连作反应不同决定连作。生产中,不同的作物对连作的反应不同,有的作物较耐连作,如玉米、小麦、水稻等。

4.连作的危害

(1)土壤中某些元素缺乏。连作导致作物对某些元素吸收量大,另外元素吸收少,出现元素不平衡。

(2)易引起土传病害。长期连作,导致土传病害加重,难以防治。

(3)有毒物质的积累。植物残体和根系分泌物中的有毒物质在土壤中积累,导致自身中毒。

(4)土壤板结。连作导致土壤物理性状变差,微生物种群发生变化,土壤出现板结。

(5)产量降低。在元素缺乏、病害加重的轮作地块,产量降低、品质下降明显。

【任务实施】

黄瓜与小麦轮作技术

一、目的要求

通过轮作可以调节土壤结构,改善作物生长环境,避免由于单一作物连作所产生的土壤病害。

二、材料用品

黄瓜、小麦。

三、内容方法

(1)在6月中旬,小麦收获后,进行土壤整理。

(2)将提前育好的黄瓜苗定植在田间,注意浇透底水。

(3)黄瓜生长期间,加强黄瓜的肥水管理,注意防治病虫害。

(4)国庆节前后,随着温度降低,黄瓜生长受到影响,根据情况,及时将黄瓜拉秧,耕翻土壤,做畦。

(5)播种小麦。

四、任务要求

(1)观察记录小麦的收获时间。

(2)黄瓜苗需要提前多长时间进行育苗合适?

(3)小麦根茬对黄瓜生长有什么影响?

【任务拓展】

连作危害的调控

连作带来的障碍,即便是采用最先进的现代化手段也难以完全消除,但是可以采取一些技术措施有效地减轻连作障碍,使连作年限延长,耐连作程度低的转变为耐连作程度高的,不耐连作的作物也变成可耐某种程度的连作。

1.化学技术

一些因病虫草害及土壤微生物区系变化等生物因素造成的连作障碍,可以采用现代植保技术予以缓解,如杀虫剂、杀菌剂。

2.品种更换

同一种作物不同品种生物学特性有所不同,抗病虫品种比感病虫品种连作受害轻。选用高产抗病虫的不同品种进行有计划的轮换种植,便可有效地避免某些病虫害的发生与蔓延。

3.合理施肥

连作多年后,土壤养分会发生不平衡,可以根据作物的需要养分特点,通过及时施足量化肥和有机肥的办法对土壤养分加以有效调控,使作物正常生长发育。

4.精耕细作,加强田间管理

及时防除田间杂草,及时铲趟,定期耕翻,保持良好的耕层结构,充分发挥土壤潜在肥力。任何有利于控制病虫蔓延和杂草滋生的各种农业技术措施都可缓解连作的危害。

【任务评价】

任务评价表

任务名称：

学生姓名	评价内容、评价标准		自评30%	组评30%	教师40%	得分
专业知识	40分					
任务完成情况	40分					
职业素养	20分					
评语总分	总分： 教师： 年 月 日					

【任务巩固】

1. 作物的种植方式包括连作、__________、__________、__________等。

2. 土壤的基本耕作包括翻耕、__________、__________。

3. 作物生长过程中的表土耕作措施称为__________，它可以疏松土壤，保持土壤水分。

4. 做畦的方式有平畦、__________、__________、垄。

5. 同一田块上，同一生长期内分行或分带种植两种以上作物的种植方式为__________。

6. 常见的复种方式有__________、__________。

7. 轮作有__________、__________两个特征。

8. 在常规耕作的基础上，尽量减少耕作次数称之为__________。

9. __________可以平整地面，耙碎土块，消灭杂草。

10. 可以固定植株，抗倒伏，掩埋杂草的劳作称之为__________。

项目二　农作物种子与繁育

【项目描述】

品种是一种重要的农业生产资料，良种指优良的品种，是指在一定地区和栽培条件下能符合生产发展要求并具有较高经济价值的品种，优良品种必须具有高产、稳产、优质等优点，深受群众欢迎，生产上广泛种植。

本项目分为作物良种的生产、农作物育种技术和农作物种子质量检验 3 个工作任务。

通过本项目学习了解种子的类型及品种的特征；掌握在生产上怎样选用优良的品种，提高和改进种子的品质；培养认真严谨、善于思考、沟通协作等能胜任岗位工作的职业素质。

任务 1　作物良种的生产

【任务目标】

1. 了解种子休眠及萌发的过程，熟悉种子萌发所需要的环境条件。
2. 掌握种子休眠的解除措施，掌握种子萌发的环境调控方式。

【任务准备】

一、资料准备

扦样器、分样器、样品瓶、天平、散装各种作物种子、镊子、放大镜、发芽箱、培养皿、任务评价表等与本任务相关的教学资料。

二、知识准备

(一)品种

1.种子概念

种子在植物学上是由胚珠发育而成的繁殖器官。在作物生产上,可直接用来作为播种材料的植物器官都称为种子。目前世界各国所栽培的作物中,种子类型繁多,大体上可分为下述四类。

(1)真种子。真种子即植物学上所指的种子,它们都是由胚珠发育而成,如豆类、棉花、油菜及十字花科的各种蔬菜、柑橘、茶、桑以及松柏等。

(2)果实。某些作物的干果,成熟后不开裂,可直接用果实作为播种材料,如禾谷作物的颖果、苎麻的瘦果等。这两类果实的内部均含一粒种子,在外形上和真种子类似,所以又称为籽实,意为类似种子的果实。

(3)营养器官。许多根茎类作物具有自然无性繁殖器官,如甘薯和山药的块根,马铃薯和菊芋的块茎,芋和慈姑的球茎,葱、蒜、洋葱的鳞茎等。还有如甘蔗和木薯用地上茎繁殖等。

(4)人工种子。经人工培养的植物活组织幼体,外面包上带有营养物质的人工种皮,便可用来作种子使用。

2.品种概念

品种是人类在一定的生态条件和经济条件下,根据需要所选育的某种作物的群体。这种群体具有相对稳定的遗传特性,在生物学、形态学及经济性状上有相对一致性,而与统一作物的其他群体在特征、特性上有所区别。这种群体在相应地区和耕作条件下种植,在产量、品质和适应性等方面都符合生产发展的需要。

3.品种的特征

(1)品种的稳定性。任何作物品种,在遗传上应该相对稳定,否则由于环境变化,品种不能保持稳定,优良形状不能代代相传,就无法在生产上应用和满足农业生产的需要。

(2)品种具有地区性。任何一个作物品种都是在一定的生态条件下形成的,所以,其生长发育也要求种植地区有适宜的自然条件、耕作制度和生产水平。当条件不适宜时,品种的特定形状便不能发育形成,从而失去其生产价值。

(3)品种特征特性的一致性。同一品种的群体在形态特征、生物学特性和经济性状上应该基本一致,这样才便于栽种、管理、收获,便于产品的加工和利用。许多作物品种的株高、抗逆性和成熟期等的一致性对产量和机械收获等影响很大。

(4)品种利用的时间性。任何品种在生产上被利用的年限都是有限的。过去的优良品种现在不一定优良,现在的优良品种将来也会被逐步淘汰。因此,不存在永恒不变的优良品种,只有不断培育出适合当时的新品种,替换生产上那些不再优良的老品种,才能使优良的品种在农业生产上发挥作用。

(二)良种在农业生产中的作用

良种是指在一定地区和栽培条件下能符合生产发展要求,并具有较高经济价值的品种。选用良种应包括两个方面,一是选用优良品种,二是选用优质种子。良种在生产中的作用主要表现在以下几个方面。

1. 提高产量

良种一般丰产潜力较大,在相同的地区和栽培条件下,能够显著提高产量。我国人口的增长和耕地的减少都要求所种作物有较高的产量。目前,除一些栽培面积小的作物外,我国各地都普遍推广增产显著的良种,尤其是矮秆品种和抗病品种的育成增产效果极为明显。

2. 改进品质

优质是人们对优良品种的又一要求。随着国民经济的发展和人民生活水平的提高,人们要求粮食作物提高蛋白质和赖氨酸含量,油料作物提高含油量,纤维作物在丰产的基础上,要求品质优良以满足工业发展的需要。用途不同,对品质又有不同要求。

3. 增强抗逆性

良种对经常发生的病虫害和环境胁迫如干旱、涝渍、高温、寒害、土壤盐碱等具有较强的抗逆性,在生产中可减轻或避免产量的损失和品质的变劣。

4. 适应性广

良种适应多种栽培水平和栽培地区,适应肥力范围也较宽。此外,随着农业机械化的发展,要求品种还要适应农业机械操作。如稻、麦品种要求茎秆坚韧,易脱粒而不易落粒;棉花品种要求吐絮集中,苞叶能自然脱落,棉瓣易于离壳等。

5. 改进耕作制度,提高复种指数

新中国成立前,我国南方很多地区只栽培一季稻。随着早、晚稻品种以及早熟丰产油菜、小麦品种的育成和推进,现在南方各地双季稻、三熟制的面积大幅度提高,促进了粮食和油料作物生产的发展。

【任务实施】

种子的萌发

一、目的要求

掌握种子萌发需要的条件，科学调节，为种子发芽做好准备。

二、材料用品

玉米种子、大豆种子、高粱种子、小麦种子、菠菜种子、茄子种子、大葱种子、花生种子。

三、内容方法

1.检查种子是否完整无损

机械损伤和被昆虫咬坏了胚的种子不能萌发。

2.选择饱满的种子

正常种子在子叶或胚乳中储存有足够种子萌发所需的营养物质，干瘪的种子往往因缺乏充足的营养而不能萌发。

3.种子已经结束了休眠

这是种子萌发的前提和根本。

4.种子浸泡

休眠的种子含水量一般只占干重的5%～10%。种子必须吸收足够的水分才能开始萌发。不同种子萌发时吸水量不同。含蛋白质较多的种子如豆科的大豆、花生等吸水较多；而禾谷类种子如小麦、水稻等以含淀粉为主，吸水较少。

一般种子要吸收其本身重量的25%～50%或更多的水分才能萌发，例如水稻为40%，小麦为50%、棉花为52%，大豆为120%，豌豆为186%。

5.提高适宜的温度

种子萌发所要求的温度受其他环境条件（如水分）影响而有差异，一般都有最低、最适和最高三个基点温度。如小麦萌发的三个基点温度分别为：0～5℃，25～31℃，31～37℃；水稻的三基点则分别为10～13℃，25～35℃，38～40℃。

6.足够的氧气

种子吸水后呼吸作用增强，需氧量加大。一般作物种子要求空气中含氧量在10%以上才能正常萌发。因此，土壤水分过多或土面板结，土壤空隙减少，透气性差，会降低土壤空气的氧含量，影响种子萌发。如大豆、花生等的种子萌发时需氧较多。空气含氧量在5%以下时大多数种子不能萌发。

四、任务要求

(1)观察记录不同种子吸水情况。

(2)观察记录种子的饱满度对萌发的影响。

(3)哪种作物的种子吸水最多?

(4)种子吸水后有哪些变化?

【任务拓展】

作物品种类型的了解

根据作物繁殖方式、商品种子的生产方法、遗传基础、育种特点和利用形式等,可将作物品种分为以下四种类型。

1.自交系品种或纯系品种

自交系品种又称为纯系品种,是指生产上利用的遗传基础相同、基因型纯合的植株群体,是由杂合或突变基因型经多代连续自交选择育成的同质纯合群体。严格来讲,它们是来自一个优良纯合基因型的后代,是基因型高度纯合与优良性状相结合的群体。

2.杂交种品种

杂交种品种是指在严格筛选强优势组合和控制授粉条件下产生的各类杂交组合的 F_1 代植株群体。由于其个体基因型高度杂合,而群体具有不同程度的同质性,所以表现出较强的杂种优势和生产力。杂交种品种不能稳定遗传,F_2 代将发生基因分离,杂合度下降,性状整齐度降低,导致产量下降,所以生产上一般不利用 F_2 代。

3.群体品种

群体品种的遗传基础比较复杂,群体内个体间植株基因型有一定程度的杂合性和异质性。根据作物种类和组成方式不同,群体品种可分为自花授粉作物的杂交合成群体、自花授粉作物的多系品系、异花授粉作物的自由授粉品种和异花授粉作物的综合品种。

4.无性系品种

由一个无性系经过营养繁殖而成,其基因型由母体决定,表现型与母体相同。如多数薯类作物属于无性系品种。由专性无融合生殖产生的种子繁殖的后代,也属于无性系品种。

【任务评价】

任务评价表

任务名称：

学生姓名	评价内容、评价标准		自评 30%	组评 30%	教师 40%	得分
专业知识	40 分					
任务完成情况	40 分					
职业素养	20 分					
评语总分	总分： 教师： 年 月 日					

【任务巩固】

1. 在生产上用作播种的植物器官，就称为__________。
2. 在植物学上所指的种子，就是__________。
3. 有些植物的果实可以作为播种材料，这种果实称为__________。
4. __________是指在一定区域和栽培条件下生产并广泛种植的品种。

任务 2　农作物育种技术

【任务目标】

1. 了解作物育种的目标性状，掌握作物育种的方法及技术。
2. 学会作物种子的选择育种、杂交育种、诱变育种和生物育种方法。

【任务准备】

一、资料准备

各种作物生产田、剪刀、镊子、标牌、大头针、硫酸纸袋、任务评价表等与本任务相关的教学资料。

二、知识准备

作物育种,就是改良作物的遗传特性,以培育高产优质品种的技术,又称作物品种改良。

(一)作物育种目标及原则

1.育种目标概念

指在一定的自然、栽培和经济条件下,对计划选育某种作物的新品种提出应具备的优良特征特性。育种目标是育种工作的第一步,就是对品种的要求和任务设计,所选育的品种应该具有哪些优良的特征特性。只有明确了育种目标,才能有目的地搜集育种材料,确定品种改良的对象和方法,有计划地选配亲本,确定选择的标准,选择适当的鉴定和培育条件。

2.育种目标的一般原则

(1)根据当前国民经济发展的需要。不同的社会发展阶段,经济发展水平不同,育种目标侧重点不同。

①当代社会需要。在提高产量基础上,改善作物的品质。

②未来社会需要。在增强作物抗性、稳定产量、产品多样性方面发展。如在抗病、抗虫、抗逆性方面,要注意关注环保、可持续发展,减少化肥施用,减少污染,节约资源。

(2)根据当地的自然环境和栽培条件。

①生态条件。每个特定品种对环境条件的适应范围是有限的,育种目标应该随生态条件的改变而变化。要考虑到地域差异、气候特点、土壤差异等。如南方多雨,西部干旱,北部无霜期较短问题。

②不同作物品种。不同作物对环境条件的要求不同。如大豆品种一般只能适应两个纬度;玉米的适应范围较广;棉花无限营养生长习性,适应性广。

③耕作制度。不同种植形式(间种、套种、复种)需要不同的品种特性。如:苏南三熟制时期,需要玉米、早熟水稻和油菜等品种。不同种植形式(间种、套种、复种)需要不同的品种特性。

(3)育种的目标性状要明确、具体。育种目标性状很多,不同作物育种目标又是千差万别,凡能通过育种可得到改进性状都可以列为育种的目标性状。如高产、稳产、早熟、优质和适应农业机械化等,这是作物育种的主要目标。

①产量。高产性考虑单位面积株(穴)数、每株穗数、每穗粒数和粒重;稳产性考虑抗病虫性、抗倒性、抗逆性等,根系发达与抗倒伏、对干旱和盐碱等不良环境的抗耐性有关。

②品质。商品品质、营养品质、卫生品质。

③抗病虫性。有针对性的病害、虫害。

④抗倒伏。考虑株高、茎秆强度、根系、茎叶相对位置、叶型等。

对诸多需要改良的性状不可能面面俱到、十全十美。应该在众多的错综复杂的性状中，分清主次，在现有品种和材料的基础上，抓住需要解决的主要问题，突出地改良一两个限制产量、品质或其他主要性状的因素，提出具体的切实可行的解决方案。

(二)引种

作为育种途径之一，虽然不能创造新品种，但却是解决生产上迫切需要新品种的最迅速最有效的途径。

1. 引种概念

广义的引种泛指从外地区和国外引进新植物、新作物、新品种以及为育种和有关理论研究所需要的各种遗传资源材料。从生产的需要出发，引种是指从外地区或国外引进作物新品种，通过适应性试验和示范，直接在被引进的地区或国家推广种植。

2. 引种的一般规律

(1)气候相似的地区之间引种。同一品种种植在不同的地区，其生育期不一样，地区之间在影响作物生长的主要气候因素上，相似到足以保证作物品种相互引种成功时，引种才有成功的可能性。

(2)不同纬度、海拔间引种。纬度不同，温度、光照时间、光照强度差异较大，引种时注意把握(表 3-1)。

①温度。一般在北半球，高纬度地区温度低于低纬度地区，高海拔地区温度低于平原地区。

②光照。在北半球，从春分到秋分，高纬度地区日照时数长于低纬度地区；从秋分到春分，高纬度地区的日照时数短于低纬度地区。

表 3-1　纬度与作物引种的关系

类别	方向	
	由南方引种至北方	由北方引种至南方
短日高温作物	延迟成熟	提早成熟，株穗粒变小
长日低温作物	生育期缩短	生育期延长，营养器官加大

(3)其他自然和生产条件。考虑到对耕作制度的影响以及对病虫害的抗性等。

(三)育种方法

1.选择育种

(1)选择育种。

①选择。就是选优去劣,是各项育种途径中必不可少的重要手段。

②选择育种。又简称选种,是利用现有品种或栽培类型在繁殖过程中自然产生的变异,通过选择纯化及比较鉴定获得新品种的一种育种途径。

(2)选择育种的重要性。

①选择育种是一种古老和传统的育种方法。

②选择育种方法简单,省去了人工创造变异的过程。

③选择育种是当地生态条件下形成的,对当地条件有很好的适应性。

④选择育种是各项育种途径中必不可少的重要手段。

(3)选择的方法。选择包括自然选择和人工选择两种方法。

①自然选择是自然环境条件对生物的选择作用。

②人工选择是通过一定的程序,将符合人类一定目标的植株选出,使遗传性渐趋稳定,形成新品种。人工选择使群体向着对人类有利的方向发展。

(4)选择的目的。选择就是使群体内的一部分个体能产生后代,其余的个体产生较少的后代或不产生后代。

(5)选择的方法。

①根据选择次数分。根据选择次数分为一次选择和多次选择。一次选择和多次选择是指在一个选种计划中包括对几个世代进行选择。一次选择的作用常常仅限于对现有变异类型的筛选,而多次选择则能起到定向积累变异的作用。

②根据选择株数分。根据选择株数方法分为混合选择和单株选择,混合选择和单株选择是两种最基本的选择方法。

a.混合选择法

是根据植株表现的性状,从原始群体中选择符合选种目标的优良单株、单果混合留种,下一代混播于混选区内,与标准品种或原始品种进行比较鉴定。根据选择的次数又可分为一次混合选择法和多次混合选择法。

b.单株选择法

是从原始群体中选出优良单株分别编号,单株采种,下一代每个单株的后代分株系播种,在选种试验圃内,每一株系种一小区,通常每隔5个或10个株系设一对照区。根据表现,淘汰不良株系。

③根据选择的方式分。根据选择的方式分直接选择和间接选择。

a.直接选择法

是指对需要改进的性状本身进行直接的选择。对质量性状的选择效果往往较高，在育种过程中经常采用。但当目标性状是数量性状并且遗传力较低时，如产量等经济性状，直接选择效果往往较差。

b. 间接选择法

是通过选择相关性状而达到提高选择效果而改良目标性状的选择方法。由于作物的各性状之间存在着不同程度的相关性，通过对与经济性状密切相关而遗传力又较高的性状进行选择，从而达到目标性状的选择效果。

2. 杂交育种

杂交育种是通过遗传性不同的生物体(亲本)进行杂交创造新变异、获得杂种，继而对杂种加以培育选择，创造新品种的方法。

杂交育种是国内外应用最广泛而且是很有成效的育种方法之一，也是人工创造变异和利用变异的重要的育种方法。杂交可分为有性杂交、无性杂交和体细胞杂交。有性杂交根据其亲本亲缘关系远近又分为品种间杂交和远缘杂交。

(1)品种间杂交。品种间杂交是指同一植物种内不同品种间进行的杂交。杂交育种成败的关键是亲本的选配是否得当。

①亲本选配原则。

a. 优点多、主要性状突出，缺点少、又较易克服，而且彼此主要优缺点能够互补的品种作亲本。

b. 地理上和生态型比较远缘的品种作亲本。

c. 当地推广品种作为亲本之一。

d. 根据性状的遗传规律和亲本一般配合力选配亲本。

②杂交方式。根据杂交亲本个数以及进行杂交的次数可分为单交、复交和回交等方式。

a. 单交

由两个亲本进行一次的杂交，称为单交。这种方式是育种中最常用和最基本的杂交方式。由于两亲本相互杂交所得 F_1 不完全相同，所以两个亲本的配对杂交又有正交(甲×乙)和反交(乙×甲)的组合方式。

b. 回交

将两个亲本杂交后产生的第一代 F_1 或第二代 F_2 再与双亲中的一个亲本进行的杂交，称为回交。回交可以进行一次或多次，直至回交亲本的优良性状加强并固定在杂种后代时为止。

c. 复交

采用两个以上的亲本进行多次杂交，称为复合杂交(简称复交)。采用复交的目的是要把多个亲本的优良性状综合到一个更完善的新品种里去。

③杂交技术。首先要了解作物的花器构造、开花习性、授粉方式、花粉寿命、胚

珠受精持续时间等有关问题，认识该作物不同品种类型在当地气候条件下的具体表现。要把握以下原则。

a.调节开花期

杂交亲本的开花期必须相遇，才能进行杂交。如果双亲在正常播种期播种时花期不遇，则需要用调节花期的方法使花期相遇。如采用分期播种方法。将早开花亲本晚播，晚开花亲本早播，或将母本适时播种，父本分期播种，调整花期。

b.控制授粉

母本须防止自花授粉和天然异交。在母本雌蕊成熟之前人工去雄和进行隔离，以避免与非计划内的品种杂交。如人工夹除雄蕊法，隔离一般是在去雄和杂交后套以纸袋以隔绝外来花粉。

c.授粉后加强管理

授粉杂交后的花或穗拴纸牌标记，标明杂交组合名称和授粉日期。杂交植株要加强管理和保护，剪去过多的枝叶。杂交种子成熟时，立即连同纸牌及时收获，妥善保存，以备来年播种。

(2)杂种优势。

①概念。两个遗传性不同的亲本杂交产生的杂交第一代(F_1)，其生长势、生活力、抗逆性、产量和品质等都比双亲优越，这种现象叫杂种优势。

②杂种优势的表现。

a.生长势强

表现在根系发达，分蘖力强，茎秆粗，叶面积系数大。

b.产量高

比普通推广良种增产20%～40%。

c.抗逆性强，适应性范围广

表现为抗倒、耐肥、耐瘠、耐旱、耐盐碱。

3.诱变育种

(1)概念。是人为的利用物理和化学等因素诱发作物产生遗传变异，在短时间内获得有利用价值的突变体，根据育种目标要求，对突变体进行选择和鉴定，直接或间接地培育成生产上有利用价值的新品种的育种途径。

(2)诱变育种特点。

①提高突变率，扩大“变异谱”、创造新类型；

②适于改良品种的某些单一性状；

③育种程序简单，年限短；

④打破性状连锁，促进基因重新组合，提高重组率；

⑤可改变作物育性，常与其他育种方法结合使用。

4. 生物育种

利用现代生物技术，通过细胞工程和基因工程，构建具有预期性能的新物质或新品系。如：脱毒马铃薯的组织培养繁殖，名贵花卉的组织培养繁殖；转基因大豆、转基因黄金大米等。

【任务实施】

作物引种观察

一、目的要求

南北不同区域的日照长短不同，对作物生长影响不同，把握引种需要注意的问题，做到科学引种。

二、材料准备

菊花、向日葵、牵牛花、冬小麦、菠菜、油菜。

三、内容方法

(1)根据季节适时种植引种的不同植物种子。
(2)观察记录当地的日照时间，以及不同作物的生长表现。
(3)对比查看不同作物在引种地的日照长短，生长发育情况。
(4)观察记录引种后，在当地不同植物的长势。

四、任务要求

(1)哪种作物的开花时间提前了？为什么？
(2)哪种作物延迟开花或不开花？为什么？
(3)分析作物长势发生变化的原因。

【任务拓展】

防止品种混杂退化的措施

在防止品种混杂退化的工作中应坚持“防杂重于除杂，保纯重于提纯”。一个新品种从开始推广就要同时做好防杂保纯工作，如果两种混杂退化后再进行提纯复壮，就要花费更多的时间，而且效果也很差。在两种繁育技术方面主要应抓住以下几个环节。

1.把好“四关”,防止机械混杂

机械混杂是目前造成混杂退化的主要原因之一。要防止机械混杂,就要把好种子处理关、布局播种关、收脱晒藏关、去杂去劣关。

2.采取隔离措施,防治生物学混杂

目前较有效的隔离措施是采取空间隔离或时间隔离。

(1)空间隔离。包括利用距离、地形、障碍物等条件防治串粉。

(2)时间隔离。把良种繁育田的播种期适当提前或推迟,使良种繁育田花期与大田花期不相遇,从而防止串粉。

3.严格去杂去劣、加强选择

去杂指出去不具备本品种典型性状的植株、穗、粒等;去劣指去除感染病虫害、生长不良的植株、穗、粒等。人工选择时,选留的个体要多,以免发生随机漂移。同时,选株的目标不宜强调优中选优,片面选择单一性状,而应注意原品种的典型性。

4.采取良好的栽培技术

良种繁育田的栽培技术应适应品种遗传性的要求,让其主要形状得到充分发育,使种性不断巩固和发展。

【任务评价】

任务评价表

任务名称:

学生姓名	评价内容、评价标准		自评 30%	组评 30%	教师 40%	得分
专业知识	40分					
任务完成情况	40分					
职业素养	20分					
评语总分	总分: 教师: 年 月 日					

【任务巩固】

1.育种目标首先考虑的原则是______。

2.______虽然不能创造新品种,但却是育种的重要途径之一。

3.育种的方法有______、______、______等。

4.根据杂交亲本的个数以及进行杂交的次数，可分为＿＿＿＿＿＿、＿＿＿＿＿＿、回交。

5.杂种优势明显，一般比普通种子增产＿＿＿＿＿＿以上。

6.利用现代生物技术进行的育种称为＿＿＿＿＿＿。

任务3　农作物种子质量检验

【任务目标】

1.了解种子质量检验的内容和意义，掌握种子质量检验的原则、扦样原则、程序。

2.能够进行水稻、小麦、玉米等作物的田间检验。

【任务准备】

一、资料准备

各种作物生产田、剪刀、镊子、标牌、卷尺、放大镜、任务评价表等与本任务相关的教学资料。

二、知识准备

种子质量好坏是决定和影响农业生产的关键所在，而种子质量的好坏必须通过种植检验后才能得出正确结论，这就要求我们掌握种子检验的有关内容。

（一）种子质量

种子质量是由种子不同特性综合而成的一种种子品质。通常包括品种质量和播种质量两个方面的内容。

种子质量优劣不仅影响农作物的产量，而且影响农作物的品质。只有优良的种子配合适宜的栽培技术，才能发挥良种的优势，获得高产、稳产和优质的农产品。

1.种子检验

（1）概念。种子检验是指采用科学的技术和方法，按照一定标准，运用一定的仪器设备，对种子质量进行分析测定，判断其优劣，评定其种用价值的过程。

（2）检验内容。种子质量的主要检验内容有纯度、饱满度、发芽率、发芽势、生活力。

①纯度。是指样品中属于本品种子的质量百分数。

②饱满度。是指种子充实饱满程度，可用千粒重表示。种子饱满说明种子内贮藏的物质丰富，有利于种子发芽和幼苗生长。

③发芽率。发芽率指供试种子发芽数占供试种子总数的百分比。

④发芽势。在规定的时间内正常发芽的种子数占供试种子数的百分率。

⑤生活力。是指种子发芽的潜在能力或种胚具有的生命力，也指一批种子中具有生活力的种子数占种子总数的百分率。

2.种子检验意义

(1)保证种子质量，提高作物产量。通过检验，了解种子质量优劣，除劣播优，才能确保苗全苗壮，优质高产。

(2)促进种子质量提高。种子检验可以对种子做出正确评判，对质量欠佳种子进行处理，改善提高种子质量。

(3)保证种子贮藏运输安全。检验后便于掌握种子的水分、病虫害情况，对症下药采取措施进行贮藏运输。

(4)防止病虫害杂草的传播。检验后发现有检疫性病、虫、草害，即可进行合理化处理，防止蔓延。

(5)保护农业生产安全。检验限制不合格种子销售，防止伪劣种子流通，防止农业生产大面积受害。

(6)促进种子标准化。健全种子检验体系，加强监控体系，才能顺利进行种子质量标准化。

(二)扦样

1.扦样

(1)概念。扦样指从一批大量的种子中扦取适当数量有代表性供分析检验用的样品种子。扦样正确与否、有无代表性直接影响到检验结果的正确性。

(2)原则。

①种子批要均匀一致。这是扦样有代表性的前提。对于种子质量不均匀或存在异质性的种子，应拒绝扦样。

②按照方案采取合适扦样器扦取样品。为了扦取有代表性的样品，必须遵守扦样频率、扦样点分布、扦样点种子量相等方案。

③保证样品的可溯性和原始性。样品必须有封缄标示，能追溯到种子批，且包装、运输、贮藏保持原有特性。

④随机抽取的原则。分样时，要符合检验规程中随机抽取原则和程序。

⑤合格扦样员扦样。扦样要由经过专门培训的扦样人员担任。

2.扦样的方法

(1)扦样前的准备工作。

①准备扦样器具。

a.扦样器。

单管扦样器:扦取袋装中小粒种子;

双管扦样器:扦取袋装大粒种子;

长柄短筒圆锥形器:扦取散装种子。

b.样品筒。

c.标签等。

②了解情况。

a.了解种子批来源、产地、品种、繁育次数、田间纯度、种子堆放情况、有无检疫性病虫、杂草种子等。

b.了解仓库管理如入库前处理、入库后是否熏仓、倒仓、受冻、受潮等。

c.了解仓库环境与库房建设、虫、鼠等。

③划分种子批。

a.种子批大小。

b.是否便于扦样。

c.封口和标示是否完整。

d.种子批均匀程度。

(2)扦取初次样品的方法。

初次样品:在一批种子内每个扦样点上用扦样器或徒手扦取的少量种子。根据种子批大小、堆放形式,确定扦样点数和扦样点部位。

根据扦样点数和送验样品数量,计算每点扦取样品的数量。每个初次样品单独放置。

①袋装种子扦样法。根据种子批的总袋数,确定应扦袋数,若种子为小包装,可将小包装折合成100 kg为“一袋”,以折合后的袋数确定应扦袋数。

②散装种子扦样法。根据种子批次,散装种子数量确定扦样点数,样点分布:水平、垂直分布均有点。扦样时,按照扦样点的位置和层次逐点逐层进行,先扦上层,次扦中层,后扦下层。

③虫害检验。在害虫易发生处多扦样。

a.袋装种子。害虫在近麻袋处最多。

b.散装种子。夏季害聚集在种子堆表面下20 cm处。冬季害虫多聚集在种子堆中、下层。春、秋季害虫多聚集在种子堆表面。

【任务实施】

种子质量检验

一、目的要求

掌握种子质量检测的内容和方法，在实际中进行灵活应用。

二、材料用品

玉米种子、小麦种子、黄瓜种子、辣椒、南瓜种子、天平、穴盘。

三、内容方法

(1)观察相同作物种子的不同情况。
(2)分别称量种子的千粒重。
(3)观察种子的杂质含量多少。
(4)将种子浸泡，播种，观察发芽势和发芽率。

四、任务要求

将检验结果记入表 3-2。

表 3-2 种子质量检验记录表

作物	种子质量检验内容				
	千粒重	颜色	大小	发芽率	发芽势
玉米					
小麦					
南瓜					
黄瓜					
辣椒					

【任务拓展】

种子田间检验

1. 田间取样

(1)了解情况。检验人员必须熟悉和掌握被检品种的特征特性及在当地的表现情况，通过面谈与检查，全面了解种子田背景、种子的来源、世代、上代纯度、种子批号、种植面积、前茬作物及栽培管理情况等，确认品种的真实性，观察种子田与所描述的品种特征特性是否一致。

(2)划区设点。同一品种、同一来源、同一繁殖世代、耕作制度和栽培管理相同而又连在一起的地块可划分一个检验区。一个检验区的最大面积为 33.3 hm^2。大于 33.3 hm^2 以上的地块，可根据种子田各方面条件的均匀程度，分设检验区，或选 3～5 块田，代表田的面积不少于供检面积的 5%。

(3)取样方法。取样点要均匀设置，常用的方法如下。

①对角线取样。取样点分布在一条或两条对角线上等距离设点，适用于面积较大的正方形或长方形地块。

②梅花形取样。在田块的中心和四角共设 5 点，适用于较小的正方形或长方形地块。

③棋盘式取样。在田间的纵横方向，每隔一定距离设一取样点，适用于不规则地块。

④大垄(畦)取样。垄(畦)作地块，先数总垄数，再按比例每隔一定的垄(畦)设一点，各垄(畦)的点要错开不在一条直线上。

2.检验与计算

通常是边设点边检验，直接在田间进行分析鉴定，在熟悉供检品种特征特性的基础上逐株观察鉴定，最好有标准样品作对照。检验员应沿着样区的行进行缓慢检查行走，应避免在阳光强烈或不良的天气下进行检查，在大雨中检查更无意义。每点分析结果按本品种、异品种、异作物、杂草和感染病虫株(穗)数分别记载。

检验完毕，将各点检验结果汇总，计算品种纯度及各项成分的百分率。

$$品种纯度=\frac{本品种株(穗)数}{供检本作物总株(穗)数}\times 100\%$$

$$异品种率=\frac{异品种株(穗)数}{供检本作物总株(穗)数}\times 100\%$$

$$异作物率=\frac{异作物株(穗)数}{供检本作物总株(穗)数+异作物株(穗)数}\times 100\%$$

$$杂草率=\frac{杂草株(穗)数}{供检本作物总株(穗)数+杂草株(穗)数}\times 100\%$$

$$病株感染率=\frac{感染病虫株(穗)数}{供检本物物总株(穗)数}\times 100\%$$

【任务评价】

任务评价表

任务名称：

学生姓名	评价内容、评价标准		自评 30%	组评 30%	教师 40%	得分
专业知识	40 分					
任务完成情况	40 分					
职业素养	20 分					
评语总分	总分： 教师： 年 月 日					

【任务巩固】

1.________是由种子不同特性综合而成的一种种子品质。

2.种子质量检验的内容有________、________、________、________、________。

3.种子的饱满度用________表示。

4.在规定的时间内发芽种子占供试种子的百分率称为________。

5.________是从一批种子中取出适当数量有代表性供分析的种子。

6.扦样首要遵守的原则是________。

项目三　农作物生产技术

【项目描述】

作物生产是以绿色植物生产为基础的，所以绿色植物生长发育的特点以及各种生长因素的依赖性质决定了作物生产的特点。在作物生产的每一个周期内，各个环节之间相互联系，相互制约。前者是后者的基础，后者是前者的延续。在一块土地上，上一茬作物与下一茬作物，上一年生产与下一年生产，上一个生产周期与下一个生产周期，都是紧密相连和制约的。因此，除合理安排本季作物的灌溉、施肥、耕作外，还要合理安排茬口，使上茬为下茬的生长准备适宜的条件，使当年生产有利于下一年生产。

本项目分为土壤培肥改良和整地技术、播种技术、科学施肥技术、灌溉与排水技术和其他生产技术 5 个工作任务。

通过本项目学习合理的整地技术、播种技术、施肥技术、灌溉技术等田间农事操作过程；掌握提高作物产量和改善品质的生产技术，并最终获得稳产、高产；培养认真严谨、善于思考、沟通协作等能胜任岗位工作的职业素质。

任务 1　土壤培肥、改良和整地技术

【任务目标】

1. 了解作物生产中科学施肥技术和土壤培肥及改良技术，熟悉作物生产中播种技术及要点。

2. 能够对农田土壤进行合理的培肥并能对不良的土壤进行合理的改良，掌握农田土壤合理耕作的方法。

【任务准备】

一、资料准备

各种作物生产田、拖拉机、配套农机具、任务评价表等与本任务相关的教学资料。

二、知识准备

(一)土壤培肥

高产土壤具备的基本特征是:土地平整;排水灌溉条件良好,适合机械化作业;有良好的土体结构,上虚下实;有机质和速效养分含量高;土壤水分特性好,渗水快,保水能力强;土性温暖,稳温性强;土壤微生物多,活性强;适耕期长,耕性好。一般的土壤需通过培肥,才能达到高产土壤条件。土壤培肥的途径与措施有下述几个方面。

1. 增厚活土层

合理深耕和增加客土可以增厚活土层。通过深耕可以破除板结的土层,使土层比较疏松。客土可以改变土壤的质地组成,改善土壤的松紧度和孔隙状况。客土还可加厚活土层,改善土壤的水、肥、气、热状况;提高土壤的通透性;增加土壤团粒结构,有利于透水、蓄水和通气,减少径流,促进微生物活动和养分状况的改善;促进作物根系的伸展,使 10 cm 以下土层中根系增多,充分利用土壤深层水分和养分;还可减少杂草和病虫害的危害。

2. 合理施肥,增施有机肥

合理施肥特别是施用大量有机肥可以改善土壤的各种性状,不断培肥和熟化土壤。提高土壤肥力。有机肥如各种厩肥、堆肥、绿肥和经沤制的秸秆等,本身有疏松多孔的特点,在土壤中又能转化为腐殖质,促进团粒结构的形成,使土壤容重变小,孔隙度和大孔隙增加,土壤疏松,耕性改善。有机肥本身吸水力强,持水性好。施入土壤后,可增加土壤的吸水和透水性,一般可使土壤含水量增加 2%~4%。有机质分解形成的腐殖质是组成无机复合胶体的物质基础,土壤胶体增多,可以提高土壤保蓄养分的能力。

3. 合理轮作,用养结合

合理地进行不同作物的轮作对培肥土壤十分有利。早在《齐民要术》中就提到"谷田必须岁易"。用地作物和养地作物合理轮换种植或间套种植,可调节和增加土壤养分,培肥土壤。合理轮作可以改善土壤物理性状。如水旱轮作可使土壤干湿交替,结构改善,土质变松,耕性变好;不同作物的轮作还可消灭杂草,减少病害。

(二)土壤改良

土壤改良是通过农业措施,促进土壤向良性发展,防止土壤退化和恶化,有利于农业的持续发展。

1.盐碱地改良

盐土、碱土及各种盐化、碱化土壤统称为盐碱土。由于盐碱土的土壤结构、耕性和通透性差,对作物生长发育会造成不利影响。在盐碱地种植作物,常表现种子发芽率降低,幼苗生长不良,缺苗断垄严重,开花成熟延迟。盐碱土还会影响作物对养分的吸收,造成营养失调。盐分过多还可影响土壤微生物的活动,降低土壤肥力。

盐碱地的形成是由于土壤中的各种简单的无机盐类,随水分运动,在一定条件下重新集聚在土壤中,形成局部的盐碱土。

(1)盐碱土的治理原则。改良盐碱土的基本原则是解决土壤地下水问题,调节控制土壤水的运动是防止土壤盐碱化的关键。任何使地下水水位升高的因素都可使盐碱程度加重。改良盐碱土,必须排除过多的盐碱,提高土壤肥力,把除盐和土壤培肥结合起来,把水利措施和生物措施结合起来,采用综合措施,因地制宜,对症下药。

(2)改良盐碱土的主要措施。

①明沟排水,降低地下水位。排水是改良盐碱土的关键措施,其作用是加速排除由洗盐、灌溉和降雨所淋下的盐分;控制地下水深度,防止盐分在地表积累。

②灌水洗盐。将水灌入地里,使盐分溶解于水,自上而下地把土壤中可溶性盐随水排走,达到洗盐效果。

③放淤改碱。该项措施是把带有大量淤泥的河水,通过有控制的渠系灌入盐碱地,再减小水的流速使淤泥沉淀下来,淤积在地面。利用淤泥盐分少,养分含量高的特点,改土效果较好。另外,大量的放水还有一定的洗盐效果。

④种稻改碱。在有灌溉条件的地区合理种植水稻是一项利用和改良结合的有效方法。

⑤增施有机肥,种植绿肥。有机肥可消除盐碱土所具有的瘦、死、板等不良性状,提高土壤肥力。增强作物的抗盐能力。绿肥的茎叶繁茂,根系发达,耕翻后可增加有机质,改变土壤物理性状,提高降雨的淋盐效果。

⑥植树造林,建立护田林带。树林能显著降低地下水位,减少盐分的积累。

⑦化学改良。对碳酸和碳酸氢钠较多的盐碱土,可采用施用石膏或其他化学改良剂来降低盐碱程度。

⑧秸秆还田。

2.红壤改良

红壤是各种红色、黄色酸性土壤的统称。红壤多分布在我国南方高温多雨地区,其形成过程是富铝化与生物富集化相互作用的结果,由于该地区的硅酸盐类矿物遭到分解、淋溶,而铁、铝氧化物在土体内大量聚积,使整个土体成酸性反应。红壤低产的原因主要是瘦、酸、黏和易受干旱等。红壤改良的主要措施如下。

(1)搞好水土保持。红壤地区雨量大,水土流失严重,有机质和养分损失较多。水土保持可减弱地表径流,积蓄雨水,提高土壤养分含量。

(2)增施有机肥。红壤有机质含量低。缺乏稳固性团粒结构,磷、钾、钙、镁等元素相对较低。增施有机肥可补充土壤的有机质和养分,改善土壤结构,提高肥力。在红壤上施用磷肥或钾肥增产幅度为10%～100%。另外,腐殖酸肥具有改良土壤和增产的效果。

(3)施用石灰。石灰可降低铝离子的含量,消除酸性和大量铝离子对作物的毒害;增加土壤中钙的浓度,改良土壤结构,减少磷素的固定。

(4)水旱轮作。红壤改早作后,能改善土壤的理化性质,据统计,种旱作两年后改种水稻7年,平均产量为连续9年旱作的3.5倍。旱地改水田后要合理轮作,加大豆科作物的比重,不断提高土壤肥力。

(三)整地

农田整地是作物生产的重要组成部分,也是作物生产的基础环节。它是通过农具的机械作用调节土壤理化特性和肥力因素的措施。其主要作用是,为作物生长发育提供适宜的土壤表面和良好的耕层结构;掩埋前作物残茬和表面的肥料,为作物的播种提供良好的苗床;防除、抑制杂草和病虫害;熟化土壤和保蓄水分。

以相应的农具对土壤起特定作用的单项耕作作业称为土壤耕作措施,按其对土壤作用的性质和范围,可分为两类:基本耕作措施和表土耕作措施。基本耕作措施对土壤各种性状作用大,影响深,而且消耗动力较多,包括翻耕、深松土、旋耕。表土耕作措施是在基本耕作基础上采取的措施,影响土壤表层结构,包括耙地、镇耱地、镇压、中耕等。土壤耕作的实施必须依据土壤、气候和其他生产条件而定,方能发挥它的功能。

土壤耕作分为基本耕作和表土耕作。前者的耕作深度是整个土壤耕层,能改变整个耕层的性质,后者是在基本耕作的基础上,对土壤表面进行较浅作业的措施。

1.基本耕作措施

(1)翻耕。用有壁犁进行耕地,可翻转土层。翻耕对土壤具有3方面的作用:翻土、松土和碎土。翻耕的方式由于犁的结构和犁壁形式不同分为3种:半翻垡、全翻垡和分层翻垡。

(2)深松耕。用无壁犁、凿形犁、深松铲等对土壤进行全面或局部松土为深松耕,与翻耕相比较,深松耕的特点是只松土不翻土,土层上下不乱,松土深厚,松土深度可达 30～50 cm,能打破犁底层和不透水黏质层,对接纳雨水、防止水土流失、提高土壤透水性及改良盐碱土有良好效果。

(3)旋耕。利用犁刀片的旋转,把土切碎,同时使残茬、杂草和肥料随土翻转并混拌。旋耕后地表平整松软,一次作业能达到耕松、搅拌、平整的效果,节省劳力。旋耕的碎土能力很强,北方多用于麦茬地、水浇地或盐碱地的浅耕,南方多用于水稻田插秧前的整地和水稻田的秋耕种麦。

2. 表土耕作措施

表土耕作是用农机具改善 0～10 cm 土层状况的措施。多数表土耕作在翻耕后进行,因此也称为辅助耕作。目的是配合翻耕等基本耕作,为作物创造良好的播种出苗和生长条件。

(1)耙地。耙地有疏松表土、耙碎土块、破除板结、透气保墒、平整地面、混合肥料、耙碎根茬、清除杂草以及覆盖种子等作用。耙地使用的工具有钉齿耙和圆盘耙等,耙地的深度一般为 3～10 cm。不同地区不同条件下耙地的作用不同,使用工具也不同。耕地后耙地,可平整地表,破碎土块,消灭坷垃。

(2)耱地。耱地也叫作盖地、擦地、耢地,是旱地和水地生产中常用的一项表土耕作。耱地主要有平土、碎土和轻微压土的作用,在干旱地区还能减少地面蒸发,起到保墒的作用。耱地使用的工具多用耐摩擦的荆条、柳条等树枝编织而成或用木板,现用的农机具大部分都带有耐磨的铁皮耱地机具。

(3)镇压。镇压即以重力作用于土壤,其作用为破碎土块,压紧耕层,平整地面和提墒。镇压使用的工具有 V 形镇压器、网型镇压器、圆筒型镇压器。传统的镇压工具有石磙子、石砘子等。镇压作用的土壤深度一般为 3～4 cm,如用重型镇压器可达 9～10 cm。

(4)中耕。中耕也叫作耪地、锄地,是在作物生育期间进行的一项表土耕作。中耕有松土、保墒、除草和调节土温的作用。中耕的工具有中耕机、耘锄以及人工操作的手锄和手铲。中耕的次数应依作物种类和生长状况、田间杂草的多少、土质、灌溉条件的有无而定。一般作物生育期长、封行迟、田间杂草多、土质黏重、盐碱较重或灌溉地,中耕需进行 3～4 次。

(5)起垄培土。起垄是某些作物或某些地区特需的一种表土耕作。如为块根块茎作物地下部分生长创造深厚的土层;在高纬度地区(即寒冷地区)有利于提高地温;在某些多雨或低洼地区,可以排水和提高地温;在水浇地上起垄有利于灌水,使灌水均匀,节约用水。

培土的主要作用是固定植株，抗风防倒，特别是对植株高大的作物及多风地区更为重要。另外，培土可扩大作物根系活动范围，增加根系对水分和养分的吸收；培土还有利于排水防涝，消灭杂草。

3. 少耕及免耕

过分的土壤耕作易破坏土壤结构，风蚀加重，水土流失，土壤理化性状恶化。因此，许多国家开始进行少耕和免耕的研究与推广。少耕与免耕的特点是不翻耕或减少翻耕，加之残茬物的覆盖，减少水蚀、风蚀和水分蒸发，保蓄土壤水分，增加土壤有机质。同时节省能耗，可适时播种。

(1)少耕。少耕是指在一定的生产周期内合理减少耕作次数或间隔减少耕作面积，可采用以深松代翻耕、以旋耕代翻耕、间隔带状耕种等。各国提出了多种类型的少耕法，我国的松土播种法就是采用凿形犁或其他松土器进行平切松土，然后播种。带状耕作法是把耕翻局限在行内，行间不耕地，作物残茬留在行间。

(2)免耕。免耕是指作物播种前不耕作，直接在留茬地上播种，播种后不中耕，用化学除草剂代替机械除草。国外的免耕法由 3 个环节组成：利用前作残茬或播种牧草作为覆盖物；采用联合作业的免耕播种机开沟、喷药、施肥、播种、覆土、镇压一次完成作业；采用农药防治病、虫、杂草。

【任务实施】

农田土壤耕作及质量检查

一、目的要求

了解土壤耕作类型及各自特点、作用；根据当地实际情况选择适宜的耕作方法；能够采用正确的方法对耕作结果进行检查，科学评价耕作品质的优劣。

二、材料用品

拖拉机、配套的农机具、测深尺、直尺。

三、内容方法

(一)农田土壤耕作

1. 平翻耕法

平翻耕法是土地始终保持平整的耕作方法，包括翻地、耙地和耢地等项目作业。

2. 垄作耕法

垄作耕法是创造人为小地势的土壤耕作方式。

3. 旋耕法

利用旋耕机一次完成耕、耙、平、压等作业。

(二)土壤耕作的质量检查

耕作质量检查一般包括耕后是否达到规定的耕深、耕后地面是否平整、土垡翻转情况、肥料及植物残体等是否覆盖好、有无漏耕或重耕、地头是否整齐等。

1. 耕深检查

可在犁耕过程中检查或耕后检查。每次检查耕深 2～3 次，每次要在相同地段上不同地点测量 5～6 个点，耕翻的平均深度与规定的深度相差不超过 1 cm。在犁耕过程中检查时，主要看沟壁是否直，用尺测量耕深是否符合规定的深度。

2. 地表平整性检查

首先横着耕地方向走一趟，检查沟、垄及翻垡情况，除开墒和收墒处的沟垄外，要注意察看每个相邻行程的接合情况，如接合处凸起，表明两行行程之间有重耕；如有低洼，表明有漏耕，若只有个别的地方有这些现象，说明是由于操作不当造成的。

3. 覆盖检查

检查残根、杂草是否覆盖平实，并要求覆盖有一定深度，最好被覆在 12 cm 以下或翻至沟底。

4. 地头检查

察看地头是否整齐，有无剩边、剩角。

四、任务要求

(1)根据当地作物类型和生产要求确定耕作方法。
(2)就某一块地的生产确定适宜的耕作时期。
(3)结合实际情况，进行土壤耕作。
(4)按照土壤耕作标准对耕作情况进行质量检查。

【任务拓展】

土壤耕作原则的确立

1. 根据土壤特性进行合理耕作

各类农业土壤，都各具自己的理化特性、生物特性和剖面构造。土壤耕作必须根据这些特性进行，才能创造出适宜作物生长的土壤环境。

2.与气候条件相适应

气候对土壤的影响既有有利的一面，也有不利的一面。土壤耕作能在一定程度上协调气候、土壤与作物之间的矛盾。影响土壤状况的气候条件主要有下述几个方面。

(1)降雨与蒸发。降雨是土壤水分的重要来源，而蒸发则促使土壤水分散失，因此降雨和蒸发决定了土壤的水分状况。我国北方地区降雨量少，年内分布不均匀，全年降雨量的一半以上分布在夏、秋季节，早春少雨干旱，土壤水分不足。所以抗旱保墒的土壤耕作措施，是我国北方重要的土壤耕作技术。

(2)干湿交替和冻融交替。干湿交替是根据土壤胶体湿胀干缩的特性，利用水分因素季节变化引起土壤水分的变化，使土壤变得松碎，促进团粒形成。

冻融交替是利用冬季低温，当土壤含水量充足的情况下水分结冰体积膨胀，促使土壤崩解，有助于团粒的形成和土壤松碎。干湿交替和冻融交替，对提高耕作质量有辅助作用，有利于降低作业成本。

(3)水蚀和风蚀。水蚀是由于降雨量过大或灌溉水量大而造成的耕地水土流失，在坡耕地上更为突出。为防止水土流失，坡地土壤耕作应以等高耕作为主，或少耕免耕，以减少地面径流，增加土壤储水。

大风不仅加速土壤水分的蒸发，造成土壤干旱，同时吹走表层土壤，尤其是沙性土壤风蚀更为严重。因此，有风蚀地区的土壤耕作。应创造紧密的表土层，减少耕作次数，保持良好的表土结构。常采取的措施有：地面留茬和覆盖，或耕作时开沟起垄，加大地表的粗糙度以降低地面风速，防止风蚀。

3.土壤耕作应与其他生产因子相结合

农业生产中的其他生产因子也要求相应的土壤耕作措施配合，才能发挥最大效益。如作物茬口特性不同，采取的土壤耕作措施不同。大豆茬为肥茬、软茬，其后可不进行翻耕而采用耙茬即可；高粱、谷子等是硬茬、瘦茬，所以要进行深耕松土，熟化土壤。又如施肥数量、时期和肥料种类不同，耕作方法和耕深也都不同。灌溉条件的有无所采取的土壤耕作措施也不相同。

【任务评价】

任务评价表

任务名称：

学生姓名	评价内容、评价标准		自评 30%	组评 30%	教师 40%	得分
专业知识	40 分					
任务完成情况	40 分					
职业素养	20 分					
评语总分	总分：　　　　教师：　　　　年　月　日					

【任务巩固】

1. 合理施肥特别是施用大量________可以改善土壤的各种性状，不断培肥和熟化土壤。

2. ________是通过农业措施，防止土壤退化和恶化，有利于农业的持续发展。

3. 土壤的耕作措施可分为________和________两类。

4. 土壤的基本耕作措施包括________、________、________。

5. 表土耕作措施包括________、________、________、________、________。

任务 2　播种技术

【任务目标】

1. 了解作物生产播种期的确定，掌握作物生产中的播种方法。

2. 能够确定不同作物的播种期及播种量，并对不同作物采取合适的方法进行播种。

【任务准备】

一、资料准备

各种作物生产田、拖拉机、播种机、配套农机具、卷尺、皮尺、任务评价表等与本任务相关的教学资料。

二、知识准备

播种是作物正常生长和产量形成的基础环节，播种质量的好坏直接影响到苗全、苗齐、苗匀、苗壮。密度的大小直接关系到作物的生长发育和群体发展，是调节群体与个体关系的关键，是作物高产的基础。

播种是按计划密度将种子播入一定深度的土壤中。并加以覆土、镇压(北方旱作农区)。播种技术包括种子的选择、种子处理、播种方法、播种期、播种深度等。

(一)选用优良品种及种子

采用良种是提高作物产量和品质最经济、最有效的措施之一。生产上必须根据当地的气候、土壤和生产条件选用相适应的优良品种。选好品种后，还应对其种子进行选择。选择的标准是：生活力强、粒大饱满、整齐度高、纯度净度高、健康。

1. 生活力强

种子的生活力用种子的发芽势和发芽率表示。发芽势是指在规定时间(一般3 d)内发芽种子占供试种子的百分数，它表示种子发芽出苗的整齐程度。发芽率是指正常发芽的种子占供试种子的百分数。大多数禾谷类作物(如麦类、水稻、谷子、玉米等)田间出苗率可达90%左右。棉花、高粱、大豆等作物种子易受土壤病菌的侵染，虽发芽率很高，但出苗率可能偏低。种子发芽率太低(60%～70%)时不能作种子用。

2. 粒大饱满

大粒饱满的种子含养料多，生活力强。播种以后出苗快，生根多而迅速，幼苗健壮，产量高。据报道，采用大粒种子比小粒种子增产5%～18%。种子的大小和饱满程度用千粒重(1 000粒种子的重量)表示。

3. 整齐度高

用整齐一致的种子播种。幼苗生长整齐健壮、植株发育均匀，一般产量较高。

4. 纯度净度高

用做种子时，品种纯度一般应在98%以上，净度应在96%以上。

5. 无病虫害种子

外部及内部没有感染病害，没有被害虫蛀蚀，也没有病虫潜伏其中。

(二)播种前种子处理

1. 清选

清除种子中的杂物和秕瘦粒,留整齐饱满的大粒种子播种,易实现壮苗经过清选的种子,一般要求纯度达98%以上,净度96 %以上,发芽率在95%以上,清选的方法有筛选、风选和密度选。

2. 晒种

播前晒种1~2 d,可促使种子后熟,打破休眠,提高种子发芽率。有资料表明,播种前晒种比不晒种发芽率提高5%左右,发芽势提高10%~20%。在水泥地上晒种要薄摊勤翻,防止暴晒,以免影响发芽率。

3. 种子消毒

许多病虫害是靠种子传播的,如水稻的稻瘟病、棉花的枯萎病和黄萎病等,种子消毒可预防这些病害的传播。常用的消毒方法有下述几种。

(1)石灰水浸种。1%的石灰水可有效地杀灭种子表面的病菌。浸种时间视温度而定,一般35℃浸种1d即可,20℃需要3 d,浸种后必须用清水洗净种子。浸种时还应注意防止种子吸水膨胀破坏石灰水膜,影响消毒效果。

(2)药剂浸种。药剂浸种可杀死种子内部的病原菌。具体应用时,不同作物、不同病害、不同地区应选用不同的药剂浸种。浸种的药剂有些有毒,操作时一定要注意安全,同时注意浸种时间和药剂浓度,以免产生药害。浸种时不能用铁质容器,以免影响药效。处理后的种子要马上播种。

(3)药剂拌种。药剂拌种可使种子表面附着药剂,杀灭种子内外和出苗初期的病菌及地下害虫。拌种用药剂较多,常用的杀菌剂有多菌灵、粉锈宁、克菌丹、甲基托布津、福美双、拌种双等,杀虫剂有呋喃丹、氧化乐果、辛硫磷乳油等。拌药后的种子可立即播种,也可储藏一段时间后播种。

4. 硫酸脱绒

脱绒主要应用于棉花种子。脱绒后的棉籽直接接触土壤,能加快种子吸水速度,提高出苗率,有利于机械播种。同时,也可利用脱绒过程中硫酸和高温的作用杀灭病菌。硫酸脱绒方法,先将棉籽倒入缸内,按每10 kg棉籽加入密度为1.8 g/cm^3、温度为110~120℃的粗硫酸1 000 mL,边倒边搅拌,10 min左右,待短绒全部溶解,种壳变黑变亮时,用清水反复冲洗干净,然后将棉籽摊开晾干,以备播种用。

5. 种子包衣

种子包衣是国内外普遍采用的种子处理技术。此法集农药拌种、浸种、施肥等措施为一体,将杀虫剂、杀菌剂、植物生长调节剂、抗旱剂、微肥等,加适当的助剂复配成种衣剂,对种子进行包衣。包衣剂的成分可根据作物、土壤病虫害情况而配置，能有效控制种传和土传病虫的危害，提供作物苗期生长的养分，促进种子发芽出苗。包衣种子由专门的工厂生产，并有一定的标准和商品化要求。种子包衣可以代替播种前种子处理全过程，起到节约成本和提高种子处理的效果。

6.浸种催芽

浸种催芽就是为种子发芽提供适宜的水分条件，使种子的发芽整齐一致，提高出苗率。浸种的时间和温度，随作物的种类和外界的温度条件而定，一般气温高，浸种时间短。在浸种过程中，水中的氧气会逐渐减少。CO_2 和有毒物质含量增加，影响种子的发芽。为此，要注意经常换水，保持水质清洁。

(三)播种期的确定

在一定的地区，每种作物都有它适宜的播种期。适期播种不但能保证种子萌发需要的生态条件，而且有利于作物一生的生长发育，及时成熟，并为后茬作物适时播种创造有利条件，达到全年增产。

1.播种期的划分

根据不同作物发芽出苗条件和种植制度，生产上一般把作物的播种期分为春播、夏播、秋播或冬播。

(1)春播。根据作物对温度的要求又可将春播分为早春播和晚春播两种情况。一些耐低温作物(如甜菜、马铃薯和亚麻等)，适合在较低的温度条件下发芽生长。谷子、棉花、大豆、花生、芝麻等发芽要求的温度较高(8～12℃以上)，幼苗耐寒能力差，过早播种易受晚霜危害。

(2)夏播。夏播即在夏收作物收获后及时播种。夏季地温较高，种子发芽出苗快，为充分利用生长季节，生产上要尽量早播。保证下茬作物及时成熟。夏播作物包括夏玉米、夏大豆、夏高粱、夏谷子、绿豆和甘薯等。

(3)秋播或冬播。适合秋播的作物有冬小麦、油菜、蚕豆和一些越冬的绿肥作物。这些作物要求适时播种，以利于安全越冬。如冬小麦播种过早，冬前拔节旺长，抗寒力下降，越冬死苗严重；播种过晚，幼苗生长弱，分蘖少，产量低；油菜播种过早，冬前抽薹，不利于越冬。

2.播种期的确定

在计划播种期内，具体播种期的确定应根据气候条件、品种特性、种植制度、病虫发生情况等综合考虑。

(1)气候条件。温度、日照、降水等气象要素及灾害性天气出现的时段都是确定播种期的依据。春季作物播种过早，易受低温或晚霜危害，且不易全苗。播种过迟，不能充分利用生长季节，产量不高。适期播种的主要指标是土壤温度是否满足作物发芽出苗对热量的要求。

(2)品种特性。作物品种类型不同,生育特性不同,安排播种期应有差异。一般晚熟品种宜早播,早熟品种宜晚播。春性强的冬小麦、油菜品种要适当晚播,早播易引起早拔节、抽薹,冻害严重,产量低;反之,冬性强的品种要适当早播,利于发挥品种特性,提高产量。

(3)种植制度。适宜播期还要考虑当地种植制度。一年多熟的地区,收种时间紧,季节性强。播种过早或过迟,不仅影响当季作物产量,对下茬作物播种也不利。育苗移栽可提早播种,以充分利用季节。间作套种的播期除要考虑上下作物接茬,还要考虑到共生期长短。

(4)病虫害。病害发生与气候条件有密切关系,有相对固定的发病高峰期。调节播种期,使作物的易发病期和病虫发生高峰期错开是综合防治病虫害的有效措施。小麦、油菜播种过早,蚜虫及病毒病危害严重;水稻早播可避开三代三化螟、稻飞虱和稻瘟病等病虫危害。

(四)播种深度

一般种子较大、子叶不出土、土壤质地较轻、土壤含水量较低时宜深播;反之,应浅播。在正常播种深度范围内,应提倡浅播。播种过深,出苗率降低,幼苗生长慢;播种过浅,发芽出苗所需水分不能保证。有些种子的发芽出苗需要光照,如烟草种子,播种时一定要浅播。

(五)播种方法

合理的播种方法能充分利用土地和空间,有利于作物生长发育,协调群体与个体的矛盾,提高作物产量,又便于田间管理,提高工作效率。生产上常用的播种方法有以下几种。

1.撒播

把种子均匀地撒播在地面,然后覆土,北方部分旱区要镇压。这种播种方法简单,适合于土质黏重、整地粗放、新垦地、绿肥作物或播种密度较大的育苗田,如水稻、蔬菜育秧。优点是省工、省时、操作简单,作物苗期对光、地力的利用率高。缺点是种子和植株在一定的面积内分布不匀,无行间相隔,不利于耕作、除草、防治病虫等田间作业。密度大时,群体难以控制,通风透光较差,易倒伏。

2.条播

在田间按作物生长所需行距和播种深度开沟。将种子均匀播于沟内,然后覆土,部分地区需镇压。优点是种子在田间分布比较均匀,播种深浅一致,便于机械化作业。可根据生产要求和不同作物的生长特点随意改变行距,如宽行条播,行距一般在 45~70 cm,适用于玉米、高粱、棉花等植株较大的作物。由于行距较宽,出苗后根据计划密度间苗，作物生长期间可根据需要进行中耕、除草、起垄培土等田间作业。密植作物植株较小，行距可变窄到 10～30 cm。

3.穴播

穴播又称为点播，是在宽行条播的基础上发展起来的播种方式，在行内按一定的距离，穴播数粒种子，出苗后按计划密度进行间苗。优点是能保证密度，种子入土深浅一致，出苗整齐，用种量少，便于集中施肥；缺点是费工。适用于蚕豆、玉米等大粒种子及丘陵山区肥水条件较差的地区。株行距的合理配置是提高单位面积产量的关键因素，适当加大行距，缩小株距，对于改善通风透光条件有很大的作用。

4.精细播种

随着现代农业和精细控制技术的发展，精细播种机或播种机器人，能按人们对株行距的要求。播种单粒种子，且为播下的每粒种子提供良好的发芽条件，省去了间苗环节，达到苗全、苗壮和节约种子的目的。精细播种的种子质量要有绝对保证，以免造成缺苗。精细播种和种子包衣结合是现代化作物生产的主要措施之一。

【任务实施】

大豆播种技术

一、目的要求

了解大豆播种前种子准备、肥料准备内容；能根据本地实际情况确定适宜的播种期、正确的播种量、播种方式、种肥种类及用量。

二、材料用品

大豆种子、肥料、播种机、种子包衣剂、杀虫剂、杀菌剂、皮尺、盆等。

三、内容方法

（一）播前准备

1.种子包衣

精选后的种子用种衣剂进行包衣处理。种子用量大时进行机械包衣，按药、种子比例分别调节好用量，按操作要求进行作业。种子用量小时可人工包衣，按比例分别称好药和种子，先把种子放到容器内，然后边加药边搅拌，使药剂均匀地包在种子表面。摊开阴干后播种。

2.微肥拌种

如果测土证明缺微量元素可用微肥拌种。

3.播种量计算

按公顷保苗数要求,根据种子净度、发芽率、百粒重及田间损失率计算播种量。

$$播种量(kg/hm^2)=\frac{公顷计划保苗数\times百粒重(g)}{发芽率(\%)\times净度(\%)\times10^5\times[1-田间损失率(\%)]}$$

在确定播种量的基础上进行播量调试。田间损失率一般按10%~15%计算。

4.种肥用量

种肥以磷为主,配合氮和钾。施氮量不宜过多,否则会抑制根瘤形成,引起幼苗徒长。根据土壤有机质、速效养分含量、品种特性、施肥经验及肥料性质,确定具体的施肥量。一般肥力土壤,每公顷用磷酸氢二铵100~150 kg,硫酸钾30~50 kg。

(二)播种

1.播种期的确定

当春季昼夜平均温度稳定通过8℃时,即可开始播种。

2.播种方式及公顷保苗数

(1)精量点播法。采用机械垄上单、双行等距精量点播,双行间距为10~12 cm。

(2)等距穴播法。行距65~70 cm,穴居18~20 cm,每穴3~4株。公顷保苗18万~21万株。

(3)窄行密植播种法。行距45~50 cm,密度大,公顷保苗35万~45万株。

3.播种深度

3~5 cm,播种后镇压。

四、任务要求

(1)播前准备。对给定面积的地块确定播种作物种类和品种,分别计算出所播作物的播种量和种肥用量。

(2)播种。确定适宜播种期后,进行播种。

(3)播种质量检查。播种后及时检查播种质量并进行评价。

【任务拓展】

播种密度的确定

单位面积的作物株数即密度,是作物生长发育、群体发展的基础。群体结构指群体的组成和方式，如作物种类、数量、排列方式等。群体结构代表群体的基本特性，是产生各种不同影响的主要根源，与产量、品质的关系十分密切。

1.确定合理密度的原则

合理密度的确定，要根据作物种类和品种类型、环境因素及生产条件、栽培技术水平、目标产量和经济效益等综合决定。

(1)作物种类和品种类型。不同作物对密度的反应差别很大，植株高大、分枝(分蘖)性强、单株生产潜力大的类型，种植密度要稀；反之，宜密。同一类型的作物，早熟品种的生育期短、个体生长量小、单株产量潜力低，应发挥群体的优势增产，种植密度应大些；晚熟品种宜稀。

(2)气候条件。有些作物对温度和光周期反应非常敏感，当温度和光照条件变化时，生育期变化很大。喜温短日照作物(如水稻、玉米等)，随种植地区向南推移，生育期缩短，提早成熟，宜密；反之，密度宜稀。长日照作物(如麦类、亚麻、马铃薯等)，随种植区向南推移，生育期变长，个体潜力变大，密度宜稀；反之，宜密。

(3)肥水条件及栽培水平。土壤肥沃、施肥水平高的地块，个体生长良好，密度宜稀；土壤贫瘠、肥源不足，施肥少的田块，个体发育差，生长不良，应适当增加密度。灌溉便利的地块；作物生长较好，密度宜稀；反之，无灌溉条件的地块。密度可适当增加，但是易旱地块密度不宜过大。

(4)种植方式及收获目的。同一作物不同种植方式，密度应有差异。撒播密度可适当高些；条播由于植株相对集中，密度太大，个体之间矛盾突出。条播时采用宽窄行播种方式，密度可适当提高；点播密度应适当低些。以茎、叶等营养体为收获目的的作物，种植密度宜大；以种子为收获目的，尤其是以加大种子繁殖为目的时，密度要稀。

(5)地势。地势高，山坡地，狭长地块或梯田，通风透光条件好，密度宜密，反之，密度宜稀。

(6)病、虫、草。病、虫、草等灾害危害严重的地块，为保证密度和群体，播种量应适当增加；反之，密度宜稀。

2.播种量的确定

(1)精确播种量。对密植作物(如麦类、水稻、谷子、油菜等)，首先要根据要求，确定一定的基本苗，再根据种子质量、粒重和田间出苗率等计算播种量。计算公式为

$$播种量=\frac{基本苗数\times 千粒重}{发芽率\times 出苗率\times 1\,000\times 1\,000}$$

种子的千粒重、发芽率等，播种前通过种子检验获得。出苗率可根据常年出苗率的经验数字或通过试验获得。

(2)均匀播种。生产上撒播一般是由有实践经验的农民，按播种量将种子撒在土壤表面。为保证适宜密度，可将地块分成小面积田块，按小田块将种子分开，以保证播量均匀。对于比较小的种子，可采用种子包衣加大种子体积，减少播量误差。机播时，调好播种机的出种量，控制播量。

(3)定苗。中耕作物无论是采用条播还是采用穴播，实际播种量往往要比计划密度多2～4倍，播种出苗后适时间苗、定苗，根据计划确定留苗密度。

【任务评价】

任务评价表

任务名称：

学生姓名	评价内容、评价标准		自评 30%	组评 30%	教师 40%	得分
专业知识	40分					
任务完成情况	40分					
职业素养	20分					
评语总分	总分：　　教师：　　年　月　日					

【任务巩固】

1. 播种技术包括＿＿＿＿、＿＿＿＿、＿＿＿＿、＿＿＿＿、＿＿＿＿。

2. 种子一般要求纯度达＿＿＿＿以上，净度＿＿＿＿以上，发芽率在＿＿＿＿以上。

3. ＿＿＿＿可促使种子后熟，打破休眠，提高种子发芽率。

4. 常用种子的消毒方法有＿＿＿＿、＿＿＿＿、＿＿＿＿。＿＿＿＿能有效控制种传和土传病虫的危害，提供作物苗期生长的养分。

5. 作物的播种期分为＿＿＿＿、＿＿＿＿、＿＿＿＿。

6. 生产上常用的播种方法有＿＿＿＿、＿＿＿＿、＿＿＿＿、＿＿＿＿。

任务3　科学施肥技术

【任务目标】

1.了解作物生产中施肥原则和作物营养特性，熟悉作物生产中常见肥料的种类。

2.能够进行土壤肥力的调控，掌握常见肥料的施用方法。

【任务准备】

一、资料准备

各种作物生产田、拖拉机、配套农机具、各种化学肥料及有机肥料、任务评价表等与本任务相关的教学资料。

二、知识准备

作物生产系统是一个开放生态系统，随着作物产品的不断输出，作物在形成产品器官的同时，连年从土壤中吸收大量矿质养分。原系统内的物质和能量不断减少，如不采取合理的措施，土壤肥力将逐年下降，作物生产的持续发展将难以维持。合理施肥是根据作物生长发育及产量形成的需求，由人工方法向作物生产系统补充物质及能量消耗，以不断提高作物产量和品质，提高农产品的商品价值，增强作物对不良环境的抵抗能力，改善土壤理化性状，培肥和改良土壤。因此，施肥是作物生产的一项基本措施。

(一)施肥的基本原则

肥料效果受多种因素的影响，合理施肥必须根据作物需肥特性、收获产品种类、土壤肥力、气候特点、肥料种类和特性确定施肥时间、数量、方法和各种肥料的配比，做到看天、看地、看苗施肥，瞻前顾后，综合考虑。

1.影响肥效的环境条件

(1)气候条件。气候因素对肥效的影响是综合的。

①温度。温度升高能促进肥料的分解，加快作物代谢过程。提高作物根系对养分的吸收。温度太低或超过适宜温度时，作物代谢受到影响，水分和养分吸收减少。作物吸收养分最适温度因作物而异，水稻最适温度在30℃左右，麦类在25℃

左右，棉花为 28～30℃，马铃薯为 20℃，玉米为 25～30℃，烟草为 22℃，在最适根际土温，吸收养料也最多。

②光照。光照强弱影响光合作用，进而影响根系活动，从而影响作物对养分的吸收。同时，光照不足作物蒸腾减弱，养分吸收也随之减少。

③水分。营养元素只有在溶解状态下才能在土壤中移动和被作物吸收，水分还关系到土壤微生物活动和有机物的矿化等。干旱使作物根系发育差，生长缓慢；土壤水分过多，则氧气供给不足，影响根系呼吸，养分容易淋失。两者均对作物养分吸收不利，使肥效下降。

(2)土壤条件。影响肥效的土壤条件主要有：

①土壤特性。土壤特性直接影响作物对营养物质的吸收，也影响肥料在土壤中的变化及施肥效果。

②土壤 pH。土壤 pH 既影响土壤中养分的有效性。又会影响作物根系对养分的吸收。磷的有效性与土壤 pH 有关，微量元素的有效性也受土壤 pH 的影响。大多数作物适宜于中性或弱酸性土壤，过酸过碱的土壤都不适宜作物生长，肥料利用率低。

③土壤养分。土壤养分含量、供肥、保肥性能对施肥效果影响很大。除黑土和栗钙土含氮较多外，其他多数土壤都不同程度缺氮；除东北黑土和四川紫色土含磷较高外，多数土壤缺磷；土壤钾含量相对较多，除黄壤和红壤显著缺钾外，只有局部地区土坡有缺钾现象。土壤保肥性能与土壤类型有关，沙土保肥性差，施肥应少量多次；黏土保肥性好，每次施肥量可适量增加，次数可相应减少。

2. 作物的营养特性

(1)作物养分吸收的选择性。不同作物或同一种作物的不同器官对营养元素的吸收具有选择性。一般说来，谷类作物需要较多的氮、磷营养；糖料作物和薯类作物需要较多的磷、钾营养；豆科作物因与根瘤菌共生，能利用空气中的氮素，不需大量施用氮肥。

(2)作物养分临界期。作物不同生育时期所需营养元素的种类、数量、比例都不相同。一般生长前期吸收营养的数量、强度均较低，但存在养分临界期。作物生长的旺盛期，生长量大，需养分多，是作物养分最大效率期。在作物养分临界期和养分最大效率期需及时补充作物所需养分，能取得施肥的最佳效果。

(3)影响肥效的因素。影响肥效的因素是多方面的，凡能影响作物生长发育和土壤肥力的因素都能影响肥效，施肥时应综合考虑。制订施肥计划时，还必须做到有机肥料与无机肥料配合施用，单纯施用化肥会导致土壤潜在肥力的下降，肥料效率降低，成本增加。大量的科学试验和生产实践表明，有机肥与无机肥配合使用，可培养地力，提高肥效，增加产量，降低成本；肥料配合使用的效果明显优于单一肥料的使用。为此，按作物对肥料的要求，将氮、磷、钾、微肥按一定比例混合施用，可以取得较高的肥料效益。

（二）肥料种类

肥料种类很多，按其来源可分为农家肥料和商品肥料；按其化学组成可分为有机肥料和无机肥料；按化学性质可分为酸性肥料、中性肥料和碱性肥料；按肥效快慢可分为速效性肥料和迟效性肥料；按其元素组成可分为单一肥料和复合肥料；按肥料形态可分为固体肥料、液态肥料和气态肥料。但一般分为有机肥料、无机肥料和微生物肥料三类。关于肥料的具体分类前面已作介绍。

（三）施肥技术

在作物生产中，如果施肥技术不当就达不到施肥的应有效果，肥料利用率下降，甚至造成肥害，污染农田。因而，国内外都比较重视肥料施用技术的改进和提高。随着科学技术的发展，特别是农业化学的发展，新的测定仪器和技术的出现，肥料品种和施肥新技术的开发。许多国家提高了施肥技术的现代化水平。

如今测土配方施肥技术得到了迅速发展，已成为一项常规的农业技术措施，提高了作物产量和肥料利用效率，获得明显的社会效益、经济效益和生态效益。

1. 推荐施肥技术

推荐施肥技术分为土壤测试和植物营养诊断两个相互关联，又有特色的技术系统，前者以土壤分析测试为主，后者以植株分析诊断为主进行推荐施肥。

（1）土壤普查。土壤调查和土壤农化图、土壤改良图的绘制，对于制定种植计划、合理施肥和改良土壤，充分发挥土壤潜力均有重要意义。美国、德国、日本等国在这方面都积累了一定的经验，并且在农业生产中发挥了积极的作用。

我国在全国范围内结合农业区划进行了土壤普查，对耕地进行了土壤理化性质和农化特性的测定，从而摸清各类土壤的底细，找出作物低产的土壤原因，如酸、碱、沙、瘦、毒等多种障碍因素。并提出改良土壤的措施，同时在普查的基础上各级还编写了土壤普查报告，为合理施肥和改良土壤提供了宝贵的资料和依据。

（2）土壤测试。土壤测试技术分为三类。

①北美、西欧国家采用的土壤养分丰缺指标法，其特点是用合适的提取剂提取土壤有效养分，根据农作物相对产量水平把土壤有效养分含量划分成不同等级，再按不同等级提出推荐施肥量。

②俄罗斯、东欧各国采用的养分平衡法，其特点是按照农作物产量需要的养分数量，用土壤养分含量和肥料进行平衡，再补充一部分肥料培肥地力。

③日本采用的土壤诊断法，根据农作物高产所需地力水平提出高产土壤养分吸收量，补施肥料，使地力不下降。

以上三种类型测土施肥技术只是大体的划分，每一类型还可细分出一些方法上不同的技术系统，各系统之间在方法上也有不少相互渗透的地方。在使用上应根据我国的国情，发展具有我国特色的测土施肥技术。

(3)营养诊断。土壤和植物营养诊断，近年来受到世界各国的重视。美国、日本、法国、德国等国进行了广泛而深入的研究，尤其是现代科学技术的发展和研究工具的现代化，大大促进了营养诊断技术的提高。近年来，随着科学种田和合理施肥的需要，我国各地也开展了大量的土壤和作物的营养诊断工作，对于消除土壤障碍因素，改善土壤营养条件以及合理施肥，都取得了良好效果。植物营养诊断包括作物生长诊断(形态诊断)和组织分析营养诊断。

①作物生长诊断。作物生长诊断是根据作物的生育状态、长势、长相、叶色进行诊断。缺素诊断和生育诊断是生长诊断的两种主要方法。

a. 缺素诊断

缺素诊断是通过作物表现出的植株症状判断作物是否缺乏某种元素。叶色诊断是缺素诊断的发展，主要应用于植株氮素营养状况的判别，在水稻、小麦等作物应用较多，通过专用的叶色卡与植株叶色进行比较确定是否需要使用氮肥。

b. 生育诊断

生育诊断是根据作物群体的长势、长相和生育进程，决定栽培管理的时机。如水稻、小麦等作物应用叶片与其他器官的同伸关系。以叶龄为形态指标，判断是否需要肥水管理措施。这种诊断手段可用于肥水管理措施时机的选择，用量的多少还需要结合经验或测土施肥来确定。

②组织分析营养诊断。组织分析营养诊断是对来自特定部位、特定生育阶段的植株样品，对其体内某一养分元素测定其含量，也可称为植物组织分析。植物组织分析的结果可用临界值法、标准值法、综合诊断施肥法(DRIS 法)确定是否需要施用该元素。此外，淀粉碘试法可以诊断水稻体内氮素的状况，决定水稻氮肥的施用。

2. 施肥量的确定

确定合理施肥量是一个比较复杂的问题。最可靠的方法是进行田间试验，结合测土和作物诊断综合决策。目前，我国施肥量估算方法较多，诸如目标产量施肥法、肥料效应函数法、土壤有效养分系数法、土壤肥力指标法、土壤有效养分临界值法等，应用较多是前两种。

(1)目标产量施肥法。根据作物的单产水平对养分的需要量、土壤养分的供给量、所施肥料的养分含量及其利用率等因素进行估测。一般可用下式计算。

$$肥料需要量=\frac{作物总吸收量(kg)-土壤养分供应量(kg)}{肥料中该养分含量(\%)\times肥料利用率(\%)}$$

作物的总吸收量＝目标产量×每千克产品养分需要量

生产每千克产品养分需要量可通过测定获得(表 3-3)。

表 3-3 不同作物形成 100 kg 经济产量所需养分的量 kg

作物	收获物	从土壤中吸收氮磷钾的数量		
		N	P_2O_5	K_2O
水稻	稻谷	2.1～2.4	1.25	3.13
冬小麦	籽粒	3.0	1.25	2.50
春小麦	籽粒	3.0	1.00	2.50
大麦	籽粒	2.7	0.90	2.20
荞麦	籽粒	3.3	1.60	4.30
玉米	籽粒	2.57	0.86	2.14
谷子	籽粒	2.5	1.25	1.75
高粱	籽粒	2.6	1.30	3.00
甘薯	块根	0.35	0.18	0.55
马铃薯	块茎	0.5	0.20	1.06
大豆	豆粒	7.2	1.80	4.00
豌豆	豆粒	3.1	0.86	2.86
花生	荚果	6.8	1.30	3.80
棉花	籽棉	5.0	1.80	4.00
油菜	菜籽	5.8	2.50	4.30
芝麻	籽粒	8.2	2.07	4.41
烟草	鲜叶	4.1	0.70	110
大麻	纤维	8.0	2.30	5.00
甜菜	块根	0.4	0.15	0.60

目前各种土壤测试方法还难以测出土壤对作物供应养分的绝对数量，土壤养分供应量参数不能直接采用土壤养分测试值，一般是由田间无肥区农作物产量推

算，从作物产量与吸肥量关系中求得土壤养分利用系数。肥料的当季利用率受肥料种类、作物、土壤、栽培技术等因素影响，需要根据本地区的试验数据提出。

(2)肥料效应函数法。通过田间试验，配置出一元、二元或多元肥料效应回归方程，描述施肥量与产量的关系，利用回归方程式计算出代表性地块不同目标值最大相应施肥量。

大量研究结果表明，肥料的增产效应一般呈二次曲线趋势。当土壤养分含量严重不足，作物某种营养元素缺乏时。起初增施该养分的目标值(产量、产值、品质等)为递增，但超过一定的限度后，增施单位剂量养分的目标增量便开始递减，当其递减为零时，作物生产目标值达到最大值。此时，再增加肥料量则导致产量及效益的降低。借助于导数或其他数学方法求最大值的原理，得到不同优化目标(产量、产值、品质等)的最佳施肥量。

(3)应用系统工程确定最佳施肥模型。近年来，国内外在拟订作物施肥方案时，采用系统工程方法确定各种肥料的合理比例、最佳施肥量和施肥时期。应用系统工程的方法，可使决定作物产量和肥料效果的各种因素之间复杂的相互关系系统化，计算机推动了该项工作的不断发展。

建模前需收集各种原始资料，包括土壤类型、前作的特点、土壤有效养分的含量、现有有机肥料量、气候条件、上年随产量取走的养分量、作物产量和质量以及利润等。为了编制施肥建议，应用这种方法并根据各种作物的特殊需要，算出各种作物氮、磷、钾、钙、镁的最佳用量(基本模型)和对微量元素的需要量(补充模型)。在计算中要考虑有机肥料的使用、土壤质地、土壤有效养分的供应状况、气候和天气的特点、前作以及经济因素(计划利润、肥料成本和增产量)等。最后提出关于最佳施肥方法、施肥时期和肥料品种的建议。

3.施肥方法

作物的整个生育期可分若干个阶段。不同生长发育阶段对土壤和养分条件有不同的要求，同时各生长发育阶段所处的气候条件不同，土壤水分、热量和养分条件也随之发生变化，因此，作物施肥一般不是一次就能满足作物整个生育期的需要。目前国内外主要施肥方式有基肥、种肥和追肥。

(1)基肥的施用。作物播种(定植)前结合土壤耕作施用的肥料称为基肥。作基肥施用的肥料主要是有机肥，如厩肥、堆肥和绿肥等，一般基肥的施用量大，是夺取作物丰产的重要物质基础。基肥施用方式可分为结合深耕施用(撒施法)和集中施用(条施法、穴施法)。

①结合深耕施用。结合深耕施用是在土壤耕翻前将有机肥或化肥均匀撒施。耕翻入土，使土肥相融，供作物整个生育期用。

②集中施用。集中施用是在肥料不足时，为了提高肥效而采用的一种方法，将少量肥料集中施在作物播种行内或成穴堆放，对磷钾肥来说，与有机肥混合集中施用，可减少与土壤的接触面，防止土壤固定，提高肥料利用率。

为提高基肥的肥效，应做到：结合深耕施用，使肥料分布于根层，对磷、钾等移动性小的肥料效果较好；肥料较少时，集中施用，采用开沟或穴施的方法较好；多种肥料混合施用，将有机与无机、速效与缓效、常量与微量等混合施用，保证作物对各种养分的需求。

(2)种肥的施用。作物播种(定植)时施于种子附近或与种子混播的肥料称为种肥。种肥的目的是为培育壮苗创造良好的条件，促进作物壮苗早发。特别是在肥量不足、施肥水平较低且有机肥腐熟程度较差的情况下，增产效果较好。

种肥施用要注意肥料的种类和性质，不能过量。有些肥料要避免与种子直接接触，以防止烧种、烧苗；其次是肥料酸碱度要适中，对种子发芽无毒害作用。一般来说，种子和种肥分别施入最为安全，但必须集中施在种子附近，保证幼苗早发所需的速效养分。

(3)追肥的施用。作物生长期间施用的肥料称为追肥，其作用是补充作物生育过程中对养分的需要。追肥以速效性肥料为主，应分期施入。如水稻追肥，有分蘖肥、穗肥、粒肥等；棉花追肥有苗肥、蕾肥、花铃肥等。追肥能提供作物不同生育时期所需的养分，减少肥料损失，提高肥料利用率。追肥的主要方法有深施覆土、撒施结合灌水、灌溉施肥及根外追肥等。

①深施覆土。深施覆土适合中耕作物，如玉米等。

②撒施灌水。撒施灌水适合密植作物，如小麦等。

③根外追肥。根外追肥是把化学肥料配成一定浓度的溶液，借助于喷洒器械将肥料溶液喷洒在作物叶面。一般是在作物生长后期，根系吸收能力变差或因病虫害致使根受损、吸收能力下降时，以叶面施肥代替土壤施肥，但叶面施肥一次不能施用大量肥料，浓度也不能太高，尿素溶液浓度一般为1%～2%，过磷酸钙或磷酸二氢钾为2%～3%，叶面施肥只能作为一种辅助性追肥措施，喷施在生理活性旺盛的新叶上较喷施在老叶上的效果好；喷施时以叶片上下表面湿润均匀，不成水滴下落为宜。为加强肥料附着力，提高液体肥料的利用率，可加入黏附剂。为节省施肥、喷药的用工，可结合治病虫进行叶面施肥，并选择在晴天露水初干时进行。

作物合理施肥应以有机肥为主，化肥为辅；因土、因作物、因肥分期追施；以深施为主，做好分层施肥；各种肥料配合施用，肥料间能否配合施用可参考相应说明。

【任务实施】

水稻施肥技术

一、目的要求

掌握水稻的施肥时期、施肥方法;能够根据作物制定出一套施肥方案。

二、材料用品

氮肥、磷肥、钾肥、叶面肥、背负式喷雾器或喷雾机械、追肥机械。

三、内容方法

1.基肥施用

结合耕翻整地将有机肥施入耕层内或结合耙地、旋耕施入,每公顷用量15~30 t。

2.追肥

(1)分蘖肥。作用是促进有效分蘖发生,于水稻缓过苗后马上施用。分蘖肥一般应占总氮肥量的20%~30%。

(2)穗肥。在抽穗前15 d左右施用较为适宜,目的是在抽穗前12 d左右的减数分裂期见到肥效。抽穗前15 d左右是水稻倒数第二叶已展开、剑叶露尖的时候,施肥量为氮肥总量的10%~15%和剩余的钾肥。在水稻长势过旺、封行过早或发生病害时施钾不施氮。

(3)粒肥。施肥时期应在齐穗期,占氮肥总量的5%~10%。贪青晚熟地块不追氮肥。

3.直播稻施肥技术

直播稻施肥种类与用量与插秧稻类似,但各次比例有所不同,基肥中氮肥占总量的40%~60%;分蘖肥占氮肥总量的20%,在水稻4叶期施用;穗肥占氮肥总量的30%,在剑叶露尖时施用。

四、任务要求

(1)制定施肥方案:设计出水稻生产的基肥、种肥和追肥的施用方案,包括所使用肥料的种类、数量、使用时间、使用方法。

(2)施肥操作:结合实际,进行水稻作物的基肥、种肥和追肥施用。

【任务拓展】

认识合理施肥的基本原理

合理施肥是运用现代农业科技成果，根据植物需肥规律、土壤供肥规律及肥料效应，以有机肥为基础，产前提出各种肥料的适宜用量和比例以及相应的施肥方法的一项综合性科学施肥技术。

施肥的有效性除受环境影响外，还会受养分作用规律的影响，只有掌握和运用好养分作用的规律，才能达到经济合理施肥。

1. 养分归还学说

随着植物的每次收获必然要从土壤中带走一定量的养分，如果不及时合理地归还植物从土壤中带走的全部养分，土壤肥力会逐渐下降，要想恢复地力，必须归还从土壤中带走的养分，为了增加植物产量，应该向土壤中添加矿质元素。

2. 最少养分律

植物生长所需养分种类和数量有一定的比率，如果其中某种养分元素不足时，尽管其他养分元素充足，作物生长仍受此最少养分元素的限制，称为最少养分律(图 3-12)。增加最少养分元素的供应量，作物生长即获显著改善。施肥时应注意肥料的平衡，判断土壤中哪种养分元素最缺乏，并及时补充才能得到效果。

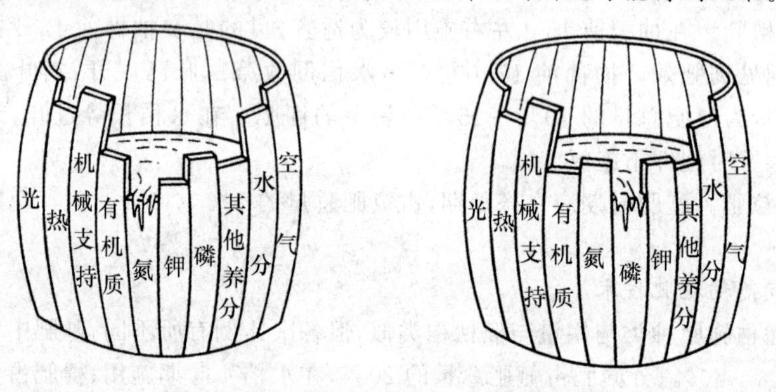

图 3-12 影响植物产量的限制因子示意图

3. 报酬递减律

报酬递减律就是在低产情况下，产量会随施肥量的增加而成比例增加，但当施肥量超过一定量后，单位施肥量的报酬会逐步下降。因此，施肥量要合适，超过限量，不但无益，反而有害。通过对报酬递减律的研究利用，我们可以选择最佳的施肥量，力争用最小的投入换取最大的收益。

4.因子综合作用律

植物获得高产是综合因素共同作用的结果,除养分外,还受到许多环境条件与生态因素的影响和制约。在这种因素中,其中必然有一个起主导作用的限制因子,产量也在一定程度上受该限制因子的制约。假若某一种因子和其他因子失去平衡,就会影响甚至阻碍植物生长,并最终表现在植物产量上。

【任务评价】

任务评价表

任务名称:

学生姓名	评价内容、评价标准		自评 30%	组评 30%	教师 40%	得分
专业知识	40分					
任务完成情况	40分					
职业素养	20分					
评语总分	总分: 教师: 年 月 日					

【任务巩固】

1.两种肥料配合施用对作物的效应要__________每种肥料单独施用时效应的总和,称为养分的协同作用;二者共同效应__________二者单施效应之和,称为养分的颉颃作用。

2.__________肥与__________肥配合使用,可培养地力,提高肥效,增加产量,降低成本。

3.__________技术得到了迅速发展,已成为一项常规的农业技术措施,可以提高作物产量和肥料利用效率。

4.植物营养诊断包括作物__________诊断(形态诊断)和__________诊断。

5.确定最佳的施肥量,需要通过__________,结合测土和作物诊断综合决策。

6.目前常用的施肥方法主要有__________、__________和__________。

任务4　灌溉与排水技术

【任务目标】

1.了解作物生长中的需水量和需水时期，熟悉作物生产中的灌溉方法和排水技术。

2.针对不同作物的生产采取合适的灌溉方法，掌握地面灌溉、喷灌、微灌和地下灌溉技术要点。

【任务准备】

一、资料准备

各种作物生产田、水泵、喷灌设备、微灌设备、任务评价表等与本任务相关的教学资料。

二、知识准备

适宜的土壤水分是农作物正常生长的必要条件之一。灌溉与排水是人工调节和控制农田土壤水分状况的两种主要措施，目的在于满足作物生长发育对适宜水分的要求，同时改善土壤空气、水分、热量状况，为作物生长发育和产量形成创造良好环境。由于全球水资源日趋紧缺，推行节水灌溉技术，提高水分利用效率，已成为农业持续发展的重要内容。

（一）作物需水量与需水临界期

1.农田水分的消耗

农田水分的消耗主要由3部分组成。

(1)作物根系吸水。这部分水分的绝大部分(99%以上)是通过植株蒸腾消耗，另有不到1%的水分留在植株体内，成为作物组织的组成部分。

(2)作物植株间土壤或田间的水分蒸发。又称为棵间蒸发。

(3)水分向根系吸水层以下土层的渗漏。蒸发耗水量、蒸腾耗水量与田间渗漏量之和统称为农田耗水量。旱作物通常不考虑渗漏水量，只将田间蒸发量和蒸腾量之和(田间腾发量)作为需水量，水稻的需水量除植株蒸腾量和棵间蒸发量之外还包括渗漏量。

2.作物田间需水量的变化

作物田间需水量的多少及变化,取决于气候条件(如日照、土温、空气湿度、风速、气压、降水等)、作物种类和品种、土壤性质以及栽培条件。这些因素对作物田间需水量的影响是相互联系、错综复杂的。不同作物的田间需水量不同,同一作物在不同地区、不同年份和栽培条件下也不同。一般情况是干旱年份比湿润年份多,干旱、半干旱地区比湿润地区多,耕作粗放的比耕作精细的多。

3.作物的需水临界期

同一作物不同生育阶段对水分的要求也是不同的,一般在作物生育前期,因植株幼小,需水量较少,且以棵间蒸发为主。至生育中期随着茎叶的迅速增长,生长旺盛,需水较多,且以作物蒸腾为主。生育后期,随着籽粒逐渐成熟,叶片逐渐衰亡,需水量又减少。在作物全生育期中对水分亏缺最敏感、需水最迫切以致对产量影响最大的时期称为需水临界期。不同作物需水临界期不同(表3-4)。概括起来,大多数作物的需水临界期均在生殖器官发育至开花期,或正当开花时期。

表3-4 主要作物需水临界期

作物	需水临界期	作物	需水临界期
水稻	稻穗形成期	黍类	抽花序至灌浆
麦类	孕穗至抽穗	豆类、花生	开花期
玉米	开花至乳熟	向日葵	葵盘形成至灌浆
棉花	开花结铃期	马铃薯	开花至块茎形成

(二)灌溉方法

灌溉方法是指灌溉水进入田间或作物根区土壤内转化为土壤有效水分的方法,亦即灌溉水湿润田间土壤的形式。良好的灌溉方法及与之相适应的灌水技术是实现灌溉制度的手段。根据灌溉水向田间输送与湿润土壤的方式不同,一般把灌水方法分为地面灌溉、喷灌、微灌和地下灌溉四大类。

1.地面灌溉

地面灌溉是使灌溉水通过田间渠沟或管道输入田间,水在田面流动或蓄存过程中,借重力作用和毛管作用下渗湿润土壤的灌水方法,又称重力灌水方法。这种灌溉方法所需设备少,投资省,技术简单,是我国目前应用最广泛、最主要的一种传统灌溉方法。

地面灌溉按其田间工程和湿润投入方式又可分为畦灌法、沟灌法、膜上灌法和淹灌法。

(1)畦灌法。畦灌法是将田块用畦埂分隔成为许多平整小畦,水从输水沟或毛渠进入畦田，以薄水层沿田面坡度流动，水在流动过程中逐渐渗入土壤的灌水方法。畦灌法适宜于密植条播或撒播作物。在进行各种作物的播前储水灌溉时，也常用畦灌法，以加大灌溉水向土壤中下渗的水量，使土壤储存更多的水分。为提高畦灌法的灌水均匀性，减少深层渗漏损失，可采用小畦灌、长畦分段灌和水平畦灌等节水灌溉技术。

(2)沟灌法。沟灌法是在作物行间开沟灌水，水在流动过程中借毛管作用和重力作用向沟的两侧和沟底浸润土壤的灌水方法。沟灌不破坏土壤结构，不导致田间板结，节省水量，适用于棉花、玉米、薯类等宽行距作物。沟灌法灌水技术主要是控制和掌握灌水沟间距、单沟流量和灌水时间。在缺水地区采用隔沟灌溉是一种有效的节水措施。

近年来国外推行的涌流灌溉法(又称为波涌灌溉或间歇灌溉)，是对地面沟、畦灌的发展。

(3)膜上灌法。膜上灌法是指在地膜覆盖基础上，将膜侧流改为膜上流，利用地膜输水，通过放苗孔和膜侧旁渗水给土壤的灌溉技术。膜上灌水便于控制灌水量。加快输水速度，减少土壤的深层渗漏和蒸发，增加土壤的热容量，提高地温且使地温稳定，为作物生长发育创造一个有利的生态环境。保水保肥，加速土壤中有效成分的分解和吸收，因而节水增产效益明显。

(4)淹灌法。淹灌法是先使灌溉水饱和土壤，然后在土壤表而建立并维持一定深度水层的地面灌水方法。淹灌需水量大，仅适用于水田，如水稻、水生蔬菜以及盐碱地冲洗改良等。近年来，我国北方水稻灌区，为节约用水，大面积推广湿润灌溉，在水稻整个生育期间不建立水层，根据生育阶段自然降水后的缺水情况进行补充灌溉。

2.喷灌

喷灌是利用一套专门的设备将灌溉水加压(或利用水的自然落差自压)，并通过管道系统输送压力水至喷洒装置(喷头)喷射到空中分散形成细小的水滴降落田间的一种灌溉方法。

(1)喷灌的类型。喷灌系统主要由水源、水泵、动力机、管道、喷头和附属设备等部分组成，按管道的可移动性，可分为固定式、移动式和半移动式3种。

(2)喷灌的优点。喷灌可根据作物的需要及时适量地灌水，具有省水、省工、节省沟渠占地、不破坏土壤结构、可调节田间小气候、对地形和土壤适应性强等优点，并能冲掉作物茎叶上的尘土，有利于植株的光合作用。

(3)喷灌的缺点。喷灌需要一定量的压力管道和动力机械设备，能源消耗大，投资费用高，而且存在如下局限性。

①受风的影响大，一般在3～4级风时应停止喷灌。

②直接蒸发损失大，尤其在旱季，水滴落地前可蒸发掉10%，因而宜在夜间喷灌。

③容易出现田间灌水不均匀、土壤底层湿润不足等情况。

为达到省水增产的目的，喷灌必须保证有较高的灌水质量，其基本技术要求是：喷灌强度要适中，喷洒要均匀，水滴雾化要好。

3. 微灌

微灌是通过一套专门设备，将灌溉水加低压或利用地形落差自压、过滤，并通过管道系统输水至末级管道上的特殊灌水器，使水或溶有肥料的水溶液以较小的流量均匀、适时、适量地湿润作物根系区附近土壤表面的灌溉方法。

微灌系统由水源、首部枢纽（包括水泵、动力机、控制阀、过滤设备、施肥施药装置、压力及流量测量仪表等）、输配水管网和灌水器4部分组成。依灌水器的出流方式不同可分为滴灌、地表下滴灌、微喷灌和涌泉灌4种类型。微灌使灌溉水的深层渗漏和地表蒸发减少到最低限度。省水、省工、省地，可水肥同步施用，适应性强。微灌的缺点是投资较大。灌水器孔径小容易被水中杂质堵塞，只湿润部分土壤，不利于根系深扎。

4. 地下灌溉

地下灌溉又称为渗灌，是利用地下管道将灌溉水输入田间埋于地下一定深度的渗水管道或人工鼠洞内。借助于毛细管作用湿润土壤的灌水方法，可分为地下水浸润灌溉和地下渗水暗管（或鼠洞）灌溉两种类型。

（1）地下水浸润灌溉。地下水浸润灌溉是利用沟渠及其调节建筑物，将地下水位升高，再借助毛细管作用向上层土壤补给水分，以达到灌溉目的。在不灌溉时开启节制闸门，使地下水位下降到一定的深度。以防作物受渍害。此法适用于土壤透水性强，地下水位较高，地下水及土中含盐量较低的地区。

（2）地下渗水暗管（鼠洞）灌溉。地下渗水暗管（鼠洞）灌溉是通过埋设于地下一定深度的渗水暗管或人工钻成土洞（鼠道）供水。适用于地下水位较深，灌溉水质好，土中透水性适中的地区。

地下灌溉主要优点是灌溉后不破坏地中土体结构，不产生土壤表面板结，减少地表蒸发，节地、节能。主要缺点是表土湿润差，不利于作物种子发芽和出苗，投资高，管理困难，易产生深层渗漏。

（三）排水技术

1. 农田积水的产生

农田排水的任务是排除农田中多余的水分（包括地面以上及根系层中的），防止作物涝害和渍害。

(1)涝害。涝害是因降雨过多在地面形成径流水层和低洼地汇集的地面积水而使得作物受害。

(2)渍害。渍害则是由于雨后平原坡度较小的地区和低洼地,在排除地面积水以后,地下水位过高,根系活动层土壤含水量过大,土层中水、肥、气、热关系失调而使作物生长受害。针对这两种情况的农田排水分别称为除涝排水和防渍排水。

2.排水的标准

农作物除涝排水标准是以农田的淹水深度和淹水历时不超过农作物正常生长允许的耐淹深度和耐淹历时为标准。防渍排水标准是指控制农作物不受渍害的农田地下水排降标,即地下水位应在旱作物耐渍时间内排降到农作物耐渍深度以下,以消除由于土壤水分过多或水稻田土壤通气不良所产生的渍害。

通常以农作物在不同生育阶段要求保持的一定的地下水适宜埋藏深度。也即土壤中水分和空气状况适宜于农作物根系生长的地下水深度作为设计排渍深度。作物的耐淹水深和耐淹历时、耐渍深度和耐渍时间因作物种类、品种、生育阶段而不同,一般应根据当地或邻近地区有关试验或调查资料分析确定。

3.农田排水方式

农田排水方式一般有水平排水、垂直排水两种。

(1)水平排水。水平排水主要指明沟排水和地下暗管排水。明沟排水就是建立一套完整的地面排水系统,把地上、地下和土壤中多余的水排除,控制适宜的地下水位和土壤水分。暗管排水是通过埋设地下暗管(沟)系统,排除土壤多余水分。

(2)垂直排水。垂直排水也叫作竖井排水,能在较大的范围内形成地下水位降落漏斗,从而起到降低地下水位的作用(表3-5)。

表3-5 几种主要农作物的排渍标准

农作物	生育阶段	设计排渍深度/m	耐渍深度/m	耐渍时间/d
棉花	开花、结铃	1.0～1.2	0.4～0.5	3～4
玉米	抽穗、灌浆	1.0～1.2	0.4～0.5	3～4
甘薯	—	0.9～1.1	0.5～0.6	7～8
小麦	生长前期、后期	0.8～1.0	0.5～0.6	3～4
大豆	开花	0.8～1.0	0.3～0.4	10～12
高粱	开花	0.8～1.0	0.3～0.4	12～15
水稻	晒田	0.4～0.6	—	—

【任务实施】

土壤含水量测定

一、目的要求

掌握烘干法测定土壤含水量的方法，能准确地测定土壤含水量，为及时进行灌溉、保墒或排水及总结作物丰产的水肥条件奠定基础。

二、材料用品

恒温烘箱、分析天平（感量 0.01 g、0.000 1 g）、干燥器、石棉网、铝盒、土铲、剖面刀、坩埚钳等。

三、内容方法

1. 称空重

用分析天平对洗净烘干的铝盒称重，即为铝盒重（W_1），并记下铝盒的盒盖和盒帮的号码。

2. 取样

取 10 g 左右的土样放入已称重的铝盒中，称重，记为铝盒加新鲜土样重（W_2）。

3. 烘干

将铝盒放入预先温度升至（105±2）℃的恒温烘箱内烘 6～8 h。稍冷却后，将铝盒盖盖上，并放入干燥器中进一步冷却至室温。

4. 冷却称重

待铝盒冷却至不烫手时，将铝盒盖盖在铝盒上，待其冷却至室温，称重，记为铝盒加干土重（W_3）。

四、任务要求

将数据记入表 3-6。

表 3-6　土壤含水量测定记录表

样品号	盒盖号	盒帮号	铝盒重（W_1）	盒加新鲜土重（W_2）	盒加干土重（W_3）	含水量/%	平均值
1							
2							
3							
4							

【任务拓展】

作物灌溉制度的确立

作物的灌溉制度是为了保证作物适时播种、移栽和正常生长发育，实现高产和节约用水而制定的适时、适量的灌水方案。其内容包括作物的灌水次数、灌水时间、灌水定额和灌溉定额。

1.灌溉定额

单位面积一次灌水量称为灌水定额，灌溉定额指播种前以及全生育期内单位面积的总灌水量。两者常以 m^3/hm^2 或 mm 表示。作物灌溉制度随作物种类、品种、自然条件及农业技术措施不同而异，通常根据群众丰产灌水经验、总结灌溉试验资料和按水分平衡原理等来分析制定。

按水分平衡原理确定灌溉定额，常采用如下计算公式。

$$M=E+W_2-P-W_1-K$$

式中：M 为灌溉定额（m^3/hm^2）；

E 为全生育期作物田间需水量（m^3/hm^2）；

W_2 为作物生长末期土壤计划湿润层的储水量（m^3/hm^2）；

P 为全生育期内有效降雨量（m^3/hm^2）；

W_1 为播种前土壤计划湿润层的原有储水量（m^3/hm^2）；

K 为作物全生育期内地下水利用量（m^3/hm^2）。

2.灌溉制度的类型

根据作物生产主要目标，灌溉制度可分为丰产灌溉制度和节水灌溉制度两种。

(1)丰产灌溉制度。丰产灌溉制度又称为充分灌溉制度，是指按作物的需水规律安排灌溉，使作物各生育时期的水分需要都得到最大限度的满足，从而保证作物良好的生长发育，并取得最大产量所制定的灌溉制度。

丰产灌溉制度的制定通常不考虑可利用水资源量的多少，它是以获得单位产量最高为主要目标。在水资源丰富、并有足够的输配水能力的地区，通常采用这种灌溉制度。

(2)节水灌溉制度。节水灌溉制度又称为非充分灌溉制度，是在水资源总量有限，无法使所有田块按照丰产灌溉制度进行灌溉的条件下发展起来的。节水灌溉制度的总灌溉水量要比丰产灌溉制度下的总灌水量明显减少。

由于总水量不足，在作物全生育期如何合理地分配有限的水量，以期获得较高的产量或效益，或者使缺水造成的减产损失最小，是节水灌溉制度要解决的主要问题。例如，在我国北方干旱地区，根据作物在不同生育阶段水分亏缺对产量的影响不同,将有限的水资源用于作物关键需水期进行灌溉,即所谓的灌“关键水”;在南方稻作区采用浅、湿、晒三结合的灌溉技术。

【任务评价】

任务评价表

任务名称:

学生姓名	评价内容、评价标准		自评 30%	组评 30%	教师 40%	得分
专业知识	40分					
任务完成情况	40分					
职业素养	20分					
评语总分	总分:　　教师:　　年　月　日					

【任务巩固】

1. 植物吸收的水分,绝大多数用于__________,只有很少的水分用于完成植物的自身生理生化反应。

2. 在作物全生育期中对水分亏缺最敏感、需水最迫切以致对产量影响最大的时期称为__________。

3. 生产上常用的灌溉方法有__________、__________、__________、__________四大类。

4. 地面灌溉又可分为__________、__________、__________和__________。

5. 农田排水方式一般有__________、__________两种。

任务5　其他生产技术

【任务目标】

1. 了解作物生产中地膜覆盖技术,熟悉作物生产中的人工控旺技术。

2.能够运用地膜覆盖技术进行农业生产，掌握作物生产中的化学控制技术。

【任务准备】

一、资料准备

各种作物生产田、地膜、拖拉机、配套农机具、各种植物生长调节剂、任务评价表等与本任务相关的教学资料。

二、知识准备

(一)地膜覆盖栽培技术

1.地膜覆盖

地膜覆盖栽培是利用聚乙烯塑料薄膜在作物播种前或播种后被盖在农田上，配合其他栽培措施，以改善农田生态环境，促进作物生长发育，提高产量和品质的一种保护性栽培技术。

(1)地膜覆盖的历史。我国自古就有粪、草覆盖、沙石覆盖等农田保护栽培历史。20世纪中叶，随着塑料工业的发展，尤其是农用塑料薄膜的出现，一些工业发达的国家利用塑料薄膜覆盖地面，进行蔬菜和其他作物的生产均获得良好效果。20世纪50年代末，我国也开始应用塑料薄膜覆盖的小拱棚进行水稻育秧试验，60年代初用小拱棚覆盖进行蔬菜的早熟和延后栽培。1978年从日本引进了包括地膜覆盖方法、专用地膜、覆盖机械等一整套地膜覆盖技术体系，经过试验示范和改进，在多种作物上迅速推广应用，成为我国农业生产的一项重大革新技术。目前，地膜覆盖已成为农业生产上的一项常规技术。

(2)地膜覆盖的特点。地膜覆盖春播作物从播种到收获，随着大气温度的升高和叶面积的增大，增温效应逐渐减小；地膜覆盖农田的地温变化，有随土层加深逐渐降低的明显趋势；不同气候条件下增温效应有明显差异，晴天增温多；覆盖度大，增温保温效果好；东西行向增温值比南北行向高；地膜覆盖中心地温比四周高，高垄覆膜比平作覆膜增温高。由于地膜覆盖的增温作用，使土壤有效积温增多，可加速作物生育进程，促进作物早熟。

2.地膜覆盖的效应与作用

农田地膜覆盖能使土壤充分获取并蓄积太阳能，抑制土壤水分蒸发，提高地温，从而改善土壤理化性状，优化农田生态环境。

(1)增温效应。普通透明地膜透光性好，透气性差，地膜覆盖后抑制土壤水分蒸发，阻碍膜内外近地面气层的热量交换，产生增温效应。一般早春地膜覆盖较露地土表日均温提高 2～5℃。我国农区辽阔，地膜覆盖土壤的增温效应不尽一致，除受地理位置影响外，还受覆盖方式及管理措施的制约。

(2)保墒效应。地膜覆盖因其物理的阻隔作用，切断了土壤水分与大气交换通道，抑制了土壤水分向大气的蒸发，使大部分水分在膜下循环，土壤水分较长时间储存于土壤中，具有保墒作用。同时，由于盖膜后土壤温度上下层差异加大，使较深层的土壤水分向上层运移积聚。具有提墒作用。因此，覆膜土壤耕层含水量较露地明显提高，且相对稳定。

(3)保土效应。地膜覆盖后可防止雨滴直接冲击土壤表面，又可抑制杂草，因而减少了中耕除草及人、畜、机械田间作业的碾压和践踏，同时地膜覆盖下的土壤，受增温和降温过程的影响，使水汽膨缩运动加剧，有利于土壤疏松，容重减少，孔隙度增加。也避免了因灌溉、降水等引起的土壤板结和淋溶，减少了土壤受风、水的侵蚀。膜下的土壤能长期保持疏松状态。

(4)对土壤养分的影响。地膜覆盖后，由于土壤水、热条件好，土壤微生物活动增强，有利于土壤有机质矿化。加速有机质分解，从而提高了土壤氮、磷、钾有效养分的供应水平。但由于地膜覆盖作物生长旺盛，消耗土壤养分多，往往会发生作物生育后期脱肥现象，所以地膜覆盖栽培必须增施有机肥，并注意后期施肥。

(5)对近地表环境的影响。地膜覆盖后，由于地膜的反光作用，使作物叶片不仅接受太阳直接辐射而且还接受地膜反射而来的短波辐射和长波辐射的作用，特别是中下部叶片光照条件得到改善，有利于提高群体光合作用。反光地膜(银色和银灰色)的反光作用比透明地膜更高。

3. 地膜覆盖栽培基本技术

(1)地膜的选择。当前生产上使用的地膜主要是聚乙烯地膜，其产品和功能多种多样。

①普通透明地膜。普通透明地膜具有透光增温性好，保水保肥，疏松土壤等多种效应，是使用量最大，应用最广泛的地膜种类，约占地膜用量的 90%。

②有色地膜。有色地膜的应用也已迅速发展起来，可以有针对性地优化栽培环境，克服不利的自然因素。应根据不同的生态条件、作物特性与覆盖栽培目的进行选用。特别是除草地膜有严格的选择性，不能错用。

③功能性特殊地膜。还有多功能可降解液态地膜，它是以褐煤、风化煤或泥炭对造纸黑液、海藻废液、酿酒废液或淀粉废液进行改性，通过木质素、纤维素和多糖在交联剂的作用下形成高分子，再与各种添加剂、硅肥、微量元素、农药和除草剂混合制取获得。

(2)整地作畦(起垄)。整地质量是地膜覆盖栽培的基础。结合整地彻底清除田间根茬、秸秆、废旧地膜及各种杂物，施足有机肥后耕翻碎土，使土壤疏松肥沃，土壤内无大坷垃，土面平整。为蓄热提高地温，地膜覆盖一般要求作高畦或高垄，畦(垄)高度因地区、土质、降水量、栽培作物种类及耕作习惯而异。北方干旱半干旱地区以10～15 cm为好，南方地下水位高的多雨地区，畦(垄)高度可达15～25 cm，以防雨涝。畦或垄的宽度，根据作物和薄膜宽度而定，一般70 cm地膜覆盖宽度为30～35 cm高垄；90～100 cm宽地膜，覆盖畦面宽55～65 cm。

(3)施足基肥。地膜覆盖地温高，土壤微生物活动旺盛，有机质分解快，作物生长前期耗肥多，为防止中后期脱肥早衰，在整地过程中应充分施入迟效性有机肥，基肥施入量要高于一般露地田30%～50%，注意氮、磷、钾肥的合理配比，在中等以上肥力地块，为防止氮肥过多引起作物前期徒长，可减少10%～20%氮肥用量。

(4)播种与覆盖。根据播种和覆盖工序的先后，有先播种后覆膜、先覆膜后打孔播种和播种与覆膜同时进行3种方式。

①先播种后覆膜。先播种后覆膜的优点是：能够保持播种时期的土壤水分，有利于出苗，播种时省工，有利于用条播机播种，缺点是放苗和围土较费工，放苗不及时容易烧苗。

②先覆膜后打孔播种。先覆膜后打孔播种的优点是不需要破膜引苗出土，不易高温烧苗，干旱地区降雨之后可适时覆膜保墒，待播期到时，再进行播种，缺点是人工打孔播种比较费工，如覆土不均或遇雨板结易造成缺苗。

③播种与覆膜同时进行。播种与覆膜同时进行主要是利用地膜覆盖机与播种联合作业。其优点是：提高作业效率，减少用工量，减轻劳动强度和降低作业成本；缺点是畦(垄)面上地膜松弛，畦(垄)间距不一致，膜边覆土过多，甚至影响采光面，覆膜时地膜易断裂等。应根据劳力、气候、土壤等条件灵活运用，育苗移栽可采用先覆膜后打孔定植的方法。

(5)田间管理。地膜覆盖栽培必须抓好如下田间管理环节。

①检查覆膜质量。覆膜后为防地膜被风吹破损，可在畦上每隔2～3 m压一小土堆，并经常检查，发现破损及时封堵。

②及时放苗出膜、疏苗定苗。当幼苗出土时，要及时打孔放苗，防止高温伤苗。按播种方式，条播条放，穴播穴放，用刀片或竹片在地膜上划十字形口或长条形口，引苗出膜。一般在幼苗具有3～4片真叶时可进行定苗。

③灌水追肥。地膜覆盖栽培，作物生育期中灌水要较常规栽培减少，一般前期要适当控水、保湿、蹲苗、促根下扎，防徒长，中后期蒸腾量大，耗水多，应适当增加灌水，结合追施速效性化肥，防早衰。

④加强病虫害防治。地膜覆盖栽培时，由于农田光、热、水条件改善和作物旺

盛生长，除个别病虫有所减轻外。大部分病虫危害均加重，应及时有效地防治。

(6)地膜回收。聚乙烯地膜在土壤中不溶解，土壤中残留的地膜碎片，对土壤翻耕、整地质量和后茬作物的根系生长及养分吸收都会产生不良影响，容易造成土壤污染，所以，作物收获时和收获后必须清除地膜碎片。

(二)人工控旺技术

作物生产需要协调作物与环境的关系、群体与个体的关系、作物体内各器官生长间的关系。在高产条件下。往往因肥水充足，群体过大，个体旺长，导致株间竞争激烈，群体与个体矛盾突出。同时个体内部矛盾也加大，主要表现在产品器官与营养器官、根与地上部分对同化物的竞争上。

非产品器官(主要是营养器官)的过旺生长，会消耗大量同化物，使得向产品器官的物质分配减少，从而导致经济产量下降。因此，必须对作物进行合理调控。除了密度、肥水和化学调控等技术措施外，许多人工控旺技术，也具有良好的调控效果，可因作物施用。

1.深中耕

在许多旱地作物生长前期，利用一定的器械在行间或株间人工深耕土壤，切断部分根系。减少根系对水分和养分的吸收，从而减缓茎叶生长，达到控制旺长的目的。例如，小麦在群体总茎数达到合理指标时，适当深耕断根，可抑制高位分蘖潜伏芽的萌发，促进小分蘖衰亡，使主茎和大蘖生长敦实苗壮，有利于壮秆防倒。小麦中耕深度一般 7 cm 左右。对于有旺长趋势的棉田，也常在蕾期进行深中耕控制棉株生长，中耕深度 13 cm 以上。

2.镇压

镇压的作用是多方面的，播种后镇压，可压实土壤，使种子与土壤紧密接触，并使土壤水分上移，增加地表墒情，有利于种子萌发和幼苗生长。但在作物苗期连续镇压或重度镇压可控制地上部旺长。

对早播、冬前苗期有徒长现象的麦田，采取连续镇压，可抑制主茎和大蘖徒长、缩小大小蘖差距，对生长过头的麦苗镇压还有利于越冬防冻。在小麦拔节初期，一般在基部节间开始伸长、未露出或刚露出地表时对壮苗、旺苗镇压，可使基部节间缩短、株高降低，并可促进分蘖两极分化，成穗整齐，壮秆防倒，但节间伸长后不宜镇压，以免损伤幼穗生长点。

3.晒田

晒田是水稻生产上重要的促控结合措施，一般在水稻对水分不太敏感的分蘖末期至幼穗分化初期，当田间茎蘖数达到预期的穗数时排水晒田。其主要作用是更新土壤环境，促进根系发育，抑制无效分蘖和地上部徒长，使基部节间短粗充实。

一般说来，长势猛、蘖数多的应早晒重晒，反之可轻晒或不晒，盐碱地一般不宜晒田。近年来，水肥管理上多采取平稳促进，避免大促大控，晒田也以早晒、轻晒、多次晒居多。

4.打(割)叶

在过早封行、群体郁闭的严重旺长田，采用手摘或刀割的方法去掉一部分叶片，减少叶片的消耗，改善田间通风透光条件，这样有利于生殖器官的生长发育。禾谷类作物(如小麦和水稻)出现过分旺长时，将上部叶片割去一部分，可控制徒长，有利于防倒。玉米在保留“棒三叶”的情况下可去除基部脚叶，并应在拔节前去除部分植株长出的分蘖。无限花序作物(如棉花、油菜、豆类等)出现茎叶旺长时，可采取人工摘去中基部的老叶，以缓解营养器官和生殖器官争夺养分的矛盾，改善植株的通风透光条件，有利于花蕾的发育。番茄、茄子、菜豆等蔬菜也常于生长后期将下部老叶摘去，以利通风，减少病虫害蔓延。

5.打顶(摘心)

无限花序作物在整个生育期间，只要顶芽不受损，均能不断分化出新的枝叶，摘去主茎顶尖，能消除顶端优势。抑制茎叶生长，使营养物质重新分配，减少无效果枝和叶片，提高铃(荚)数和铃(子)重。打顶一般适用于正常和旺长田块，长势差的田块可不打顶。

打顶时期，棉花、蚕豆宜在初花期，大豆宜在盛花期。棉花除打顶外，长势旺的棉田果枝顶端也应摘除(称为打边心)。烟草生产上也需进行现蕾打顶，即当花蕾长约 2 cm 时，将花梗连同附着的几片小叶摘去，打顶后结合多次抹枝(抹去腋芽)可减少营养物质消耗，提高烟叶产量和品质。玉米在抽雄始期，及时隔行去雄，能够增加果穗穗长和穗重，双穗率提高，植株相对变矮。田间通风透光得到改善，因而籽粒饱满，产量提高。

6.整枝

整枝主要指摘除无效枝、芽，人工塑造良好株型，减少物质消耗。这在许多作物上均有应用。对生长旺盛的棉田，常在现蕾后，将第一果枝以下的叶枝幼芽及时去掉。盛花后期打去空果枝、抹去赘芽，可改善田间通气透光条件，促使养分集中供应结铃果枝。有的向日葵品种有分枝的特性，分枝会造成养分分散，影响主茎花盘发育，应及时去掉。大豆、蚕豆等豆类作物摘除无效枝、芽，可减少落花落果，有利于增产。

7.提蔓与压蔓

甘薯在茎叶发生徒长时，由于茎蔓生长速度快而且数量多，要消耗大量养分，因而影响块根膨大，通过提蔓伤断蔓根，减少供应茎叶生长的水分和养分，可控制茎叶徒长,促进块根生长。蔓生蔬菜(如南瓜、冬瓜等)爬地生长,经压蔓后,可使植株排列整齐,受光良好,管理方便,促进果实发育,同时可促进发生不定根和增加养分吸收的效果。

(三)化学调控技术

作物化学调控技术是指运用植物生长调节剂促进或控制作物生化代谢、生理功能和生育过程的技术,目的是使作物朝着人们预期的方向和程度发生变化,从而提高作物产量和改善农产品品质。现在植物生长发育的化学调控技术日益为人们所重视。

1. 植物生长调节剂的种类和作用

植物激素是指植物体内合成的、在低浓度下能对植物生长发育产生显著调节作用的生理活性物质。迄今为止有充足证据并被公认为植物激素的有6类:生长素(IAA)、细胞分裂素(CTK)、赤霉素(GA)、脱落酸(ABA)、乙烯(ETH)、油菜素内酯(BR)。

植物生长调节剂泛指那些从外部施加给植物、低浓度即可影响植物内源激素合成、运输、代谢及作用,调节植物生长发育的人工合成或人工提取的化合物。植物生长调节剂与植物激素在化学结构上相似,也可能有很大不同,有些本身就是激素。这些物质施加给作物后主要是通过影响和改变作物内源激素系统从而起到调节作物生育的作用。

目前生产上应用的植物生长调节剂主要有以下几类。

(1)植物激素类似物。植物激素类似物指人工合成或提取的植物激素类物质,它们具有与植物激素类似的效应(表3-7)。

表3-7 植物激素类似物种类及生理作用

种类	人工合成类似物	作用
生长素类	吲哚化合物、萘乙化合物和苯酚化合物	促进细胞增大伸长,促进植物的生长。农业上用于促进插条生根,促进生长、开花、结果,防止器官脱落,疏花疏果,抑制发芽和防除杂草等
赤霉素类	赤霉酸	促进细胞分裂和伸长,刺激植物生长;打破休眠,促进萌发;促进坐果,诱导无子果实;促进开花
细胞分裂素类	激动素、6-苄基氨基嘌呤	促进细胞分裂和细胞增大;减缓叶绿素的分解,一直衰老,保鲜;诱导花芽分化;打破顶端优势,促进侧芽生长
乙烯类	乙烯利	促进果实成熟;促进谷类雌花分化;抑制生长,矮化植株;促进衰老与脱落

(2)植物生长延缓剂。植物生长延缓剂指那些抑制植物亚顶端区域的细胞分裂和伸长的化合物,主要生理作用是抑制植物体内赤霉素的生物合成,延缓植物的伸长生长。因此,可用赤霉素消除生长延缓剂所产生的作用。常用的植物生长延缓剂有矮壮素、多效唑、比久(B_9)、缩节胺等。

①矮壮素。矮壮素的化学名称为2-氯乙基三甲基氯化铵,简称CCC。矮壮素最明显的作用是抑制植物伸长生长,使植株矮化,茎秆变粗,叶色加深。生产上可用于防止小麦等作物倒伏,防止棉花徒长,减少蕾铃脱落,也可促进根系发育,增强作物抗旱、抗盐能力。

②多效唑。多效唑又称为PP333,其调节活性主要有:减弱作物生长的顶端优势;促进果树花芽分化;抑制作物节间伸长;提高作物抗逆性。水稻苗期施用,可控制徒长,增加分蘖,减轻栽后败苗。在小麦、水稻拔节期应用可防止倒伏。

③比久(B_9)。比久具有抑制新枝徒长,缩短节间长度的作用,因此可代替人工整枝。同时,有利于花芽分化,防止落花,提高坐果率。比久用于花生和马铃薯等,可抑制地上部的营养生长,提高产量。

④缩节胺。缩节胺的商品名为PIX,又称为DPC。它能抑制细胞伸长,延缓营养体生长,使植株矮化,株型紧凑,能增加叶绿素含量,提高叶片同化能力,调节同化物分配。已在棉花生产上普遍应用。

(3)植物生长抑制剂。这类生长调节剂也具有抑制植物生长,抑制顶端优势,增加侧枝和分蘖的功效。但与生长延缓剂不同的是,生长抑制剂主要作用于顶端分生组织区,且其作用不能被赤霉素所消除。它包括青鲜素、三碘苯甲酸和整形素等。

①青鲜素。青鲜素有对抗生长素的作用,能降低植物的光合作用和蒸腾作用,抑制芽的生长和茎的伸长。生产上常用于抑制马铃薯、洋葱和其他储藏器官的发芽,阻止烟草侧芽生长,并可抑制路旁杂草的丛生。

②三碘苯甲酸。三碘苯甲酸可以阻止生长素运输,抑制植株的顶端生长,使植株矮化,促进侧芽、分枝和花枝形成。

③整形素。整形素主要作用于新生部位,对植物形态建成有强烈影响。整形素在抑制顶端优势的同时,促进侧芽的发生,对茎的伸长有强烈抑制作用,使植株矮化或变为丛生状态。

(4)其他植物生长调节剂。近年来发现的茉莉酸、水杨酸、多胺等类物质,也能调节植物的生长发育,并已开始应用。

2.作物化学调控技术的应用

作物化学调控技术是以应用植物生长调节剂为手段,通过改变植物内源激素系统影响植物生长发育的技术。它与一般作物调控技术相比,主要优势在于它直接调控作物本身,从作物内部操纵作物生命活动,使作物生长发育能得到定向控制。这种控制主要表现在 3 个方面。

(1)增强作物优质、高产形状的表达,发挥良种的潜力。如增加有效分蘖、分枝,促进根系生长、矮化茎秆、延缓叶片衰老、增加叶绿素含量、提高光合作用、促进籽粒灌浆、提高结实率和粒重、促进早熟等。

(2)塑造合理的个体株型和群体结构,协调器官间生长关系。许多生长调节剂能对植物的伸长生长进行有效的控制,从而起到控上促下(控制地上部分生长,促进根系生长)、控纵促横(增粗茎)、控营养生长促生殖生长的作用。

(3)增强作物抗逆能力。化学调控直接改善植株的生理机能,提高作物对逆境的适应性。许多植物生长调节剂都能有效地增强作物的抗寒、抗旱、抗热、抗盐和抗病性。由于化学调控技术的特殊优势,正成为农作物安全高产、优质高效的重要技术而应用。

【任务实施】

地膜覆盖技术

一、目的要求

了解地膜覆盖目前的应用情况、理解地膜覆盖的原理及方法、熟练掌握地膜覆盖技术及主要注意事项,能正确地进行地膜覆盖操作。

二、材料用品

地膜、锹、镐、喷雾器、除草剂等。

三、内容方法

1. 正确选择地膜

根据国家标准,农用地膜厚度最低标准不得低于 0.008 mm,以保证一定的强度,便于农民在收获能够容易揭膜,提高回收率。

2. 地膜用量计算

地膜用量(kg)=0.91×覆盖田面积×地膜厚度×理论覆盖度

3. 覆膜准备

(1)施足底肥。以有机肥为主,化肥以复合肥、钙镁磷肥最好,耕犁时撒施。

(2)精细整地。精细整地是铺好膜的基础。

(3)保证底墒。在覆膜前一定要灌水,保证底墒,使苗齐、苗全、苗壮。

(4)喷除草剂。覆膜前喷除草剂,以免发生草荒。

(5)覆盖地膜方法。喷除草剂后立即覆膜,地膜要拉紧、铺正,并与垄面紧密接触,压紧封死。

目前地膜覆盖栽培已普遍使用覆盖机具,操作方便,效率高。

四、任务要求

(1)前期经常检查地膜,如地膜破洞、翘边等现象,要及时用土压实。

(2)生长后期或高温期应及时浇水,采用小水勤浇。

(3)膜下如果有杂草应及时剔除,以免产生草荒。

【任务拓展】

灾后应变栽培技术

1.霜冻后的应变技术

(1)改种其他作物。改种其他生育期短的作物或改种生育期稍长的下茬丰产品种,是一种补救措施。

(2)灾后要防止人为加重伤害。灾后不要用绳拉霜,不要扫霜,不要刈割,不要耧耙,以免作物加重机械伤害,不利于恢复生长,必须予以避免。

(3)霜后遮阳防日晒。霜冻发生后,日晒温度上升快,会加重伤害,并不利于恢复生长。因而对于部分作物发生霜冻后应采取遮阳措施,如覆盖遮阳网。

(4)灾后应加强管理。作物发生霜冻后已大伤元气,应大力加强栽培管理,促进其尽快恢复生长。加强水分管理;松土;追肥;分批收获。

2.雹灾后的应变技术

(1)补种获重播。当雹灾发生早,作物受灾不太严重时,应及时补种中晚熟品种;当雹灾发生早,作物受灾特别严重时,应及时重播中晚熟品种。

(2)改种。雹灾发生晚,灾情严重,劳动力不足的地区,应改种其他生育期短的作物或改种生育期稍长的下茬丰产品种。

(3)灾后要防止人为加重伤害。冰雹砸伤作物之后,要禁止刈割、耧耙残叶断茎,更不要放牧,否则会加重灾后作物的损伤,造成人为减产。

(4)灾后管理。通过对灾情的评估,如确认受雹灾作物有抢救的必要,则应加强栽培管理,促进农作物尽快恢复生长发育。实击中耕松土;及时浇灌;及时追肥;及时防治虫害;合理整枝;分批收获。

3.涝灾后的应变技术

(1)抢收。已经成熟的作物,应及时抢收。

(2)排水。先排高田,争取苗尖及早露出水面,减少受淹天数,降低损失。

(3)打捞漂浮物和洗苗、扶苗。随退水捞去浮物,可以减少作物压伤和叶片腐烂现象。

(4)补苗。苗期受涝后要进行检查,如发现缺株,要立即补齐。

(5)加强管理。对涝灾作物进行以上几项抢救措施后,还应大力加强栽培管理,以促进受灾作物尽快恢复生长。追肥;看天、看苗科学管水;防治病虫害。

【任务评价】

任务评价表

任务名称:

学生姓名	评价内容、评价标准		自评 30%	组评 30%	教师 40%	得分
专业知识	40 分					
任务完成情况	40 分					
职业素养	20 分					
评语总分	总分:　　　　教师:　　　　年　月　日					

【任务巩固】

1. ________是利用聚乙烯塑料薄膜在作物播种前或播种后被盖在农田上,提高产量和品质的一种保护性栽培技术。

2.农田地膜覆盖可以可以起到________效应、________效应、________效应。

3.农田地膜覆盖技术,根据播种和覆盖工序的先后,有________、________、________3种方式。

4.常采用的人工控旺技术有________、________、________、________、________、________、________。

项目四　农作物植物保护技术及其调控技术

【项目描述】

各种病、虫、杂草对农作物的危害，常使农作物的产量和质量降低，成为发展农业生产的一大障碍。植物保护就是研究病、虫、草等有害生物的生物学特性，发生与流行规律及其预防与防治措施的一门综合性的科学，其主要任务就是要控制病、虫、草等的危害，保证农作物高产、稳产、优质；同时保护生态环境，维护人类身体健康。

本项目分为农作物虫害及其防治、农作物病害及其防治和农作物草害及其防治 3 个工作任务。

通过本项目学习了解农作物病、虫、草害的形态特征及识别要点；掌握农作物病、虫、草害的预防与治疗所采取的方法，从而确保农作物的产量和品质；培养认真严谨、善于思考、沟通协作等能胜任岗位工作的职业素质。

任务 1　农作物虫害及其防治

【任务目标】

1. 了解虫害和害虫的概念及有关知识，熟悉害虫防治的方法及对应措施。
2. 掌握农作物害虫的防治方法。

【任务准备】

一、资料准备

各种作物生产田、昆虫标本、黑光灯、黄板、毒瓶、杀虫剂、喷雾器、显微镜、放大镜、解剖剪、镊子、昆虫形态挂图、任务评价表等与本任务相关的教学资料。

二、知识准备

作物在生长过程中不仅会遇到各种病害，同时会有各种害虫的发生，都会在一定程度上影响作物的正常生长发育，需要及时采取措施进行防治。

（一）害虫和虫害

1. 害虫

（1）概念。很多昆虫以农作物为食，它们种类多、分布广、繁殖快、数量大，除直接造成农作物及其产品的严重损失外，还是传播植物病害的媒介，对农业生产造成的危害严重。人们把这些对人类有害的昆虫称为害虫。

（2）害虫类别。

①常发性害虫。发生频率较高，对农业生产造成危害较大。如亚洲玉米螟、棉铃虫、菜青虫、温室白粉虱、美洲斑潜蝇等。

②偶发性害虫。在个别年份，因自然控制力的破坏或气候不正常，致使种群数量暴发，造成严重经济损失。如甘薯天蛾、大豆造桥虫等。

③潜在性害虫。由于耕作制度和管理措施比较到位，害虫一般不会发生大的暴发，但是不可忽视潜在的风险。如飞虱、蚜虫、红蜘蛛等害虫。

④迁移性害虫。这类害虫具有很强的迁移性，可以从一个地方迁移到另一个地方为害。如褐飞虱、黏虫、小地老虎、稻纵卷叶螟等。

2. 虫害

（1）虫害。是害虫种群数量达到一定程度后，因其取食或产卵等行为造成农作物经济损失的受害特性，即由各种作物害虫所导致的危害统称为作物虫害。

（2）发生条件。

①害虫或虫源。这是正常害虫的先决条件。因此要注意切断害虫传播途径，如检疫等。

②环境条件。有虫源不一定造成虫害，还要具备有利于害虫繁殖的环境条件才可以。

③寄主生物。适宜寄主植物的存在是害虫生存和种群发展的必要条件。

（二）害虫的防治

1. 植物检疫

（1）概念。植物检疫就是国家以法律手段，制定出一整套的法令规定，由专门机构执行，对应受检疫的植物和植物产品控制其传入和带出以及在国内的传播，是用以防止有害生物传播蔓延的一项根本性措施。

(2)植物检疫的主要任务。

①做好植物及植物产品的进出口或国内地区间调运的检疫检验工作,杜绝危险病、虫、杂草的传播与蔓延。

②查清检疫对象的主要分布及危害情况和适生条件,并根据实际情况划定疫区和保护区,同时对疫区采取有效的封锁与消灭措施。

③建立无病、虫的种子、苗木基地,供应无病、虫种苗。

2.农业防治

(1)概念。就是根据农业生态系统中害虫(益虫)、作物、环境条件三者之间的关系,结合农作物整个生产过程中一系列耕作栽培管理技术措施,有目的地改变害虫生活条件和环境条件,使之不利于害虫的发生发展,而有利于农作物的生长发育,或是直接对害虫虫源数量起到经常的抑制作用。

(2)农业防治法的特点。

①农业防治法的作用是多方面的,对于控制田间生物群落,控制主要害虫的种群数量,控制作物危险与害虫盛发期的相互关系等均有可能发挥作用。

②农业防治法在绝大多数情况下均结合必要的栽培管理技术措施进行,不需要为防治害虫增加额外的人力、物力的负担。

③农业防治法还可以避免因大量地长期施用化学农药所产生的害虫抗药性,环境污染以及杀伤有益昆虫的不良影响。

④农业防治法易推行,防治规模较大,相对稳定和持久,符合综合防治充分发挥自然因子控制作用的策略原则。

(3)农业防治具体措施。

①调整耕作制度。

a.科学布局。科学布局不仅有利于作物增产,也有利于抑制害虫发生。

b.合理轮作。能够抑制或消灭食性专一好的、能力小的害虫。

c.合理间套作。主要是通过影响害虫的食料条件、田间小气候以及天敌的作用而影响害虫的种群数量。

d.耕作改制。对害虫有显著影响。

②土壤深耕,适时灭茬。可以将土壤中害虫翻到表面晒死或冻死。

③科学播种。适时播种,合理密植减少害虫为害。

④合理施肥与灌溉。可以改善作物生长条件,提高作物抗虫害能力。

⑤加强田间管理。如清理枯枝、落叶、残茬、杂草等,对防治害虫有重要意义。

⑥抗虫品种选育。可以一定程度上减轻害虫的为害。

3. 生物防治

(1)概念。生物防治法是利用生物有机体或它的代谢产物来控制有害动植物种群,使其不能造成损失的方法。

(2)防治方法。

①利用天敌昆虫防治。如棉田应用瓢虫、草蛉、胡蜂等防治蚜虫、棉铃虫都取得一定的成效。

②利用病原微生物防治。如细菌中的苏云金杆菌、青虫菌等芽孢杆菌一类,可防治菜青虫、棉铃虫、玉米螟、稻纵卷叶螟、稻苞虫等一些害虫。

③利用其他有益动物防治。如蛙类捕食地面和稻田各种害虫;蝙蝠消灭大量夜间活动的害虫和蛾类等。

4. 物理防治

(1)概念。利用各种物理因子、人工或器械防治有害生物的方法。

(2)方法。

①机械捕杀。根据害虫的栖息或活动习性,人工或用简单器械捕杀。如人工捉杀棉铃虫、蝗虫等。

②诱杀。主要是利用害虫的某种趋性或其他特性如潜藏、产卵、越冬等对环境条件的要求,采取适当的方法诱集或诱杀。如利用害虫趋光性,使用日光灯、黑光灯、节能灯等进行诱杀。

③阻隔分离。掌握害虫的活动规律,设置适当的障碍物,阻止害虫侵入为害,或直接消灭。如果实套袋、树干刷白、防虫网等。

④温湿度的利用。不同种害虫对温湿度有一定的要求,有其适宜的区域范围,高于或低于温湿度范围数值,必然影响害虫的正常生理代谢,从而影响其生长发育、繁殖与为害,甚至于它的存活率。

5. 化学防治

(1)概念。化学防治法就是利用化学药剂来防治害虫,又称药剂防治。

(2)化学防治优点。

①收效快,防治效果显著。

②使用方便,受地区和季节性的限制较小。

③可以大面积使用,便于机械化。

④杀虫范围广,几乎所有害虫都可利用杀虫剂来防治。

⑤杀虫剂可以大规模工业化生产,品种合剂型多。

(3)化学防治缺点。

①长期广泛使用化学农药,易造成一些害虫对农药的抗药性。

②广谱型杀虫剂，在防治害虫的同时，杀害害虫的天敌，易出现一些主要害虫再猖獗和次要害虫上升为主要害虫。

③长期广泛大量使用化学农药，易污染大气、水域、土壤，对人畜健康造成威胁，甚至中毒死亡。

6.害虫综合防治

(1)概念。害虫综合防治是从农业生态的总体出发，根据有害生物和环境之间的相互关系，充分发挥自然控制因素的作用，因地制宜协调应用必要的措施，将有害生物控制在经济受害允许水平以下，以获得最佳的经济、生态和社会效益。

(2)害虫综合防治的特点。

①允许害虫在经济受害允许条件下继续存在。这样有利于维持生态的多样性和遗传的多样性，为天敌提供食物和中间寄主。

②以生态系统为管理单位。害虫在田间不是孤立存在的，它与生物因素和非生物因素共同构成一个复杂的、具有一定结构和功能的生态系统。

③充分利用自然控制因素。如温度、光照、水分等。

④防治措施之间相互协调。生物防治、农业防治一般不与自然控制因素发生矛盾，有时还有利于自然控制。

⑤经济效益、社会效益、生态效益全盘考虑。害虫防治的最终目的是获得更大效益。

【任务实施】

害虫生物学性状识别

一、目的要求

掌握害虫生物学性状，认识害虫的变态类型、主要特点和不同发育阶段的主要形态特征。

二、材料用品

蝗虫、蝽、叶蝉、三化螟、天蛾、菜粉蝶、黏虫、瓢虫等的卵或卵块；蝗虫、叶蝉、蝽的若虫；尺蛾、菜粉蝶、金龟甲、瓢虫、象甲、蝇类、麦叶蜂、寄生蜂类的成虫、幼虫及蛹；稻褐飞虱、小地老虎、独角仙等成虫的针插标本、浸渍标本和昆虫的生活史标本。

体视显微镜、解剖剪、挑针、镊子、昆虫生物学性状挂图、彩色照片及多媒体课件等。

三、内容方法

1. 观察菜粉蝶或黏虫与蝗虫或稻绿蝽的生活史标本，它们各属于何种变态类型？各虫态在形态特征方面有何主要区别？

2. 观察各种供试实验昆虫的卵粒或卵块形态，它们在排列及有无保护物等方面各有何主要特点？

3. 观察比较蝗虫、蝽等昆虫的若虫与成虫，在形态上有何主要区别？并注意翅的形态与大小。

4. 观察天蛾、三化螟、尺蠖、菜粉蝶、蝇类、瓢甲、金龟甲、象甲、寄生蜂、麦叶蜂等幼虫，它们在外部形态上与成虫的显著区别是什么？各属何种类型？

5. 观察菜粉蝶、金龟甲、瓢甲、蝇、寄生蜂等蛹的形态，它们各属于何种类型？各有何主要特点？

6. 观察独角仙、小地老虎成虫，它们的雌虫与雄虫在形态上有何主要区别？褐飞虱、棉蚜等成虫在形态上有何主要特点？

四、任务要求

将观察的结果记入表 3-8。

表 3-8　害虫生物学性状识别记录表

观察内容	识别类型或方式	代表昆虫
昆虫的变态类型		
昆虫的生殖方式		
幼虫的类型		
蛹的类型		
昆虫的习性		

【任务拓展】

昆虫的习性认识

1. 食性

食性即昆虫在自然情况下的取食习性，包括食物的种类、性质、来源和获取食物的方式等。

(1)根据食物的性质不同，可分为：

①植食性。以植物活体组织为食,植食性害虫大多为农业害虫,如小菜蛾、棉铃虫等。

②肉食性。以动物活体组织为食,多为天敌昆虫,根据取食和生活方式又可分为捕食性和寄生性两类,如草蛉、寄生蜂等。

③腐食性。以死的动植物组织、粪便或腐败物质为食,如果蝇、粪蜣螂等。

④杂食性。以各种动物和植物为食,如蟋蟀、芫菁等。

(2)根据昆虫取食的范围,可分为:

①单食性。是昆虫高等特化的食性,仅一种或极近缘的少数几种植物或动物为食,如豌豆象只取食豌豆。

②寡食性。可取食一科或近缘几个科的动植物,如菜粉蝶只取食十字花科植物。

③多食性。昆虫可取食多种亲缘关系疏远的动植物,如棉蚜可取食很多科的植物。

2.趋性

昆虫对外界刺激(光、温度、湿度和某些化学物质)所产生的趋向性或背向行为。

(1)趋光性。昆虫对光刺激所做出的定向反应。大多夜出性昆虫表现趋光性。如飞蛾扑火。

(2)趋化性。昆虫对某些化学物质的刺激所做出的定向反应。如棉铃虫对糖醋液的趋性。

(3)趋温性。昆虫感觉器官对温度的刺激所做出的定向反应。如体虱发烧时爬离人体。

3.假死性

假死性是昆虫受外界刺激产生的一种抑制性反应。如金龟子、象甲、叶甲等昆虫都具有假死性。

4.群集性

同种昆虫的大量个体高度密集的聚集在一起的习性称就是群集性。如黏虫、天幕毛虫的幼虫。

5.迁飞与扩散

迁飞是指某些昆虫在成虫期有成群的从一个发生地长距离迁到另一个发生地的特征,如黏虫、小地老虎等。有些昆虫在环境条件不适宜或营养条件恶化时,由一个发生地向另一个发生地迁移的特性就是扩散,如蚜虫等。

了解昆虫的这些习性规律,对准确预测预报虫情,捕杀害虫都有重要的指导意义。

【任务评价】

任务评价表

任务名称：

学生姓名	评价内容、评价标准		自评 30%	组评 30%	教师 40%	得分
专业知识	40 分					
任务完成情况	40 分					
职业素养	20 分					
评语总分	总分： 教师： 年 月 日					

【任务巩固】

1. 害虫的类别分为__________、__________、__________、__________。
2. 棉铃虫属于害虫类别中的__________害虫。
3. 小地老虎属于害虫类别中的__________害虫。
4. 害虫发生的条件有__________、__________、寄主生物。
5. 用化学农业防治害虫称为__________防治法。
6. 害虫物理防治方法有__________、__________、__________、__________等。

任务 2　农作物病害及其防治

【任务目标】

1. 了解作物病害病原的分类及其区别，熟悉不同作物病害的症状表现。
2. 掌握作物常见病害的诊断方法及其防治方法。

【任务准备】

一、资料准备

各种作物生产田、病害标本、病害挂图、显微镜、镊子、放大镜、杀菌剂、喷雾器、任务评价表等与本任务相关的教学资料。

二、知识准备

在作物的生长过程中,各种病害时有发生,不同的病害外在表现不同,防治方法不同,需要加以正确的诊断,采取合理的防治措施,减少农业生产的损失。

(一)病害

作物除了提供人类和动物食物外,也是微生物的食物来源。当植物受到不良环境条件或有害生物的侵袭而超出它的耐受能力时,生长发育或生理活动就会出现异常,表现异常的植物即是有病植物,或者说植物发生了病害。

作物因受到不良环境的胁迫或病原物的侵染,导致细胞和组织的功能失调,正常的生理活动和生长发育受到干扰,表现出组织和形态的变化,导致作物产品产量下降,品质变劣,这种现象称为作物病害。

(二)病害的分类

植物病害的分为侵染性病害和非侵染性病害两种。

1.非侵染性病害

由植物自身的生理缺陷或遗传性疾病,或生长环境中有不适宜的物理、化学等因素直接或间接引起的病害。

(1)物理因素。温度、湿度、光照等气象因素异常。

(2)化学因素。土壤养分失调、空气污染和农药等化学物质的毒害等。

非侵染性病害在植物不同个体之间不能互相传染,又称生理病害。

2.侵染性病害

是由生物因素的侵染引起的,主要是病原生物的侵染。病害能够在不同植物之间互相传染,又称传染性病害。

(三)病害的症状

植物发生病害,先是在受害部位发生一些外部观察不到的生理变化,随后细胞和组织内部发生变化,最后外部可以观察到病变。

植物病害症状是植物生病后的不正常表现。寄主植物本身的不正常表现称为病状,病原物在植物发病部位的特征性表现称为病症。

1.病状

植物病害的病状主要分为变色、坏死、腐烂、萎蔫、畸形五大类型。

(1)变色。植物生病后局部或全株失去正常的颜色称为变色,主要是叶绿素受到破坏。如植物植株或叶片退绿、黄化、花叶等。

(2)坏死。是指植物细胞和组织的死亡,通常是由于病原物杀死或毒害植物,或是寄主植物的保护性局部坏死造成的。如出现的晕环、环纹、疮痂、突起等。

(3)腐烂。病原物破坏植物组织,造成植物组织大面积的分解和破坏,称为腐烂。腐烂可分为干腐、湿腐、软腐三种。

(4)萎蔫。植物根部受害,导致水分吸收和运输困难,造成植物的整株或局部脱水而表现出的枝叶下垂现象。

(5)畸形。植物受害部位的细胞分裂和生长发生病变,使植物整株或局部的形态发生异常。畸形主要是有病原物分泌激素或干扰寄主激素代谢造成的。

2.病症

是指病原物在病部形成的特征性表现,主要有5种类型。

(1)粉状物。

①锈粉。又称锈状物,是病部的黄色、褐色或棕色病斑,破裂后散发出的铁锈粉状末,如菜豆锈病等。

②白粉。病株叶片正面产生的大量白色粉末状物,如黄瓜白粉病等。

③黑粉。病部形成的菌瘿内产生的大量黑色粉末状物,如禾谷类作物的黑穗病。

(2)霉状物。

①霜霉。多生于叶片的背面,由气孔伸出白色至紫灰色霉状物,如黄瓜霜霉病、月季霜霉病等。

②绵霉。在病部产生的白色、疏松、棉絮状霉状物,如茄子绵疫病、瓜果腐烂病等。

③霉层。如番茄灰霉病、柑橘青霉病等。

(3)点状物。在病部产生的形状、大小、色泽和排列方式各不相同的小颗粒状物。如苹果树腐烂病、各种植物炭疽病等。

(4)颗粒状物。如十字花科、茄科蔬菜菌核病、莴苣菌核病等。

(5)脓状物。是细菌性病害在病部溢出的含有细菌菌体的浓状黏液,如黄瓜细菌性角斑病。

(四)病害的诊断

1.非侵染性病害与侵染性病害的关系

侵染性病害有一个发生发展或传染的过程;在特定的品种或环境条件下,病害轻重不一;在病株的表面或内部可以发现其病原生物体存在(病征),它们的症状也有一定的特征。

非侵染性病害从病植物上看不到任何病征,也分离不到病原物。往往大面积同时发生同一症状的病害;没有逐步传染扩散的现象。两者之间有区别,有联系,在一定条件下相互诱发发生病害。

2.侵染性病害的诊断

(1)真菌性病害判断。

①出现霉层、粉状物、粒状物、线状物等。

②田间发生多,分布不均匀。

③有坏死的斑点、也有畸形、腐烂等症状。

④实验室分析,致病病原确诊。

(2)细菌病害诊断。

①病害的病症无霉状物出现。

②环境潮湿时,从叶片的气孔、水孔、皮孔及伤口上有大量的细菌溢出黏状物即细菌脓。

③观察茎部断面维管束有否变化,并用手挤压,在导管上流出乳白色黏稠液即细菌脓。

④病害病部软腐、黏滑,无残留纤维,并有硫化氢的臭气。

⑤实验室镜检确诊。

(3)病毒性病害诊断。

①病害有发病中心或中心病株,早期呈点状分布。

②症状分布不均匀,新叶叶梢症状明显。

③叶片出现皱缩、变小等特征。

④蚜虫、飞虱、叶蝉等昆虫发生较多。

⑤环境条件中温度较高、湿度较小。

⑥实验室镜检确诊病原物名称。

(4)线虫病害诊断。

①植株生长缓慢、衰弱、矮小、叶色失常类似营养不良。

②叶芽干枯、扭曲、坏死。

③籽粒变成虫瘿。

④根部出现根结、须根丛生、根部腐烂。

⑤实验室镜检确诊。

3. 非侵染性病害的诊断

这类病害的发生与植物生长的环境条件、农业或栽培管理措施密切相关。

(1)注意观察是个别发生还是区域性发生,病状是否有一致。

(2)检查田间农活记录,注意气候变化情况、栽培措施上有无重大改变。

(3)检查有无腐烂、发霉、灼伤或坏死情况。

(4)将发病植株的叶片、枝干以及病株附近的土壤进行成分及含量和酸碱度测定,并与正常植株比较分析。

(5)排除病因检验,如怀疑为药害、冻害、干旱、肥害、中毒等引起致病时,可以观察比较,病态是否重现等。

(五)病害的防治技术

1. 选用抗病品种

利用抗病品种防止植物得病是最经济最有效的途径。推广使用了抗病品种,就可以代替或减少杀菌剂的使用,大量节省田间防治费用,避免或减轻因使用农药而造成的残毒和环境污染问题。

(1)使用无病繁殖材料。可以有效地防止病害传播和压低初侵染接种体数量。

(2)建立合理的种植制度。合理的种植制度既可能调节农田生态环境,改善土壤肥力和物理性质,有利于作物生长发育和有益微生物繁衍,又能减少病原物存活,中断病害循环。如实行合理的轮作制度,可以防治土壤传播的病害。

(3)保持田园卫生。作物收获后彻底清除田间病株残体,集中深埋或烧毁,能有效地减少越冬或越夏菌源数量。

(4)加强栽培管理。改进栽培技术、合理调节环境因素、调整播期、优化水肥管理等都是重要的农业防治措施。

2. 生物防治

生物防治主要是利用有益微生物来减少病原物的数量和削弱其致病性。有益微生物还能诱导、增强植物抗病性,通过改变植物与病原物的相互关系,抑制病害发生。

3. 物理防治

物理防治主要利用热力、冷冻、干燥、电磁波、超声波、核辐射、激光等手段抑制、钝化或杀死病原物、达到防治病害的目的。物理防治方法多用于处理种子、苗木、其他植物繁殖材料和土壤。

4.化学防治

化学防治法是使用农药防治植物病害的方法。化学防治是防治植物病虫害的关键措施,特别是在面临病害大发生的时刻,化学防治是唯一有效的措施。为达到病害化学防治的目的,要求研制和使用"高效、低毒、低残留"的杀菌剂和杀线虫剂。

(1)喷雾法。利用喷雾器械将药液雾化后均匀喷在植物和有害生物表面,所用农药剂型均为乳油、可湿性粉剂、可溶性粉剂、水剂和悬浮剂(胶悬剂)等,对水配成规定浓度的药液喷雾。

(2)喷粉法。利用喷粉器械来喷洒粉剂。此法工作效率高,不受水源限制,适用于大面积防治。

(3)种子处理。常用的有拌种法、浸种法、闷种法和应用种衣剂。

(4)土壤处理。在播种前将药剂施于土壤中,防治植物根病。生长期用撒施法、泼浇法施药。撒施法是将杀菌剂的颗粒剂或毒土直接撒布在植株根部周围。

(5)烟雾法处理。用烟剂或雾剂防治病害。烟雾法施药扩散能力强,只在密闭的温室、塑料大棚中应用。

【任务实施】

植物病害症状类型识别

一、目的要求

认识植物病害的症状类型,能够描述植物病害的症状特点。

二、材料用品

各种植物病害症状类型的病害标本、新鲜标本、挂图、教学多媒体课件、放大镜及记载用具等。

三、内容方法

(1)结合教师讲解及对各种类型病害症状的仔细观察,分别描述植物病害病状和病征的类型。

(2)结合教师讲解叙述植物病原物的类群和植物病害的类型。

(3)根据温室和田间植物病害的症状观察及实验室标本、幻灯片、挂图等的观察,选择不同症状类型的病害,观察病状。

四、任务要求

将观察的结果记入表3-9。

表3-9 植物病害症状类型识别记录表

病害名称	发病部位	病状	病征	备注

【任务拓展】

植物病害病原的识别

1. 侵染性病害的病原

植物侵染性病害的病原物(或称病原体)有病毒、细菌、真菌、线虫和寄生性种子植物等,其中关系最大的是真菌病害和病毒病害。

(1)真菌。真菌是一类没有叶绿素,不能进行光合作用,典型的营养体为菌丝体,以产生各种类型孢子进行繁殖的真核异养生物。

真菌性病害是植物病害中最多最重要的一类,植物病害中真菌病害占80%以上。

(2)细菌。细菌是最小的单细胞微生物,肉眼看不见,在显微镜下放大五六百倍才可见到。细菌能危害许多种类不同的植物。

(3)病毒。病毒是一类体积极其微小,在普通光学显微镜下看不见的非细胞形态的寄生物。病毒病害主要是通过蚜虫、飞虱、叶蝉等昆虫传播。

(4)寄生性种子植物。种子植物中有1 000多种具有寄生的能力,其中主要危害植物的是菟丝子、桑寄生和槲寄生等。

(5)线虫。线虫在自然界分布很广,被寄生的植物很多,成为重要的植物病原。

2. 非侵染性病害的病原

植物的非侵染性病害是植物在生长发育过程中由非生物的不良化学因素和物理因素引起的一类病害,病害在植物不同的个体间不能互相传染,所以又称为非传染性病害或生理性病害。

非侵染性病害病原有自然因素和非自然因素。

(1)自然因素。

①气象因素。气象因素又称物理因素。包括温度、光照和水分因素。

②土壤因素。土壤因素主要指毒害和营养不匹配。

(2)非自然因素。非自然因素属于化学因素。包括化肥农药、土壤污染、水质污染和空气污染。

【任务评价】

任务评价表

任务名称:

学生姓名	评价内容、评价标准		自评 30%	组评 30%	教师 40%	得分
专业知识	40分					
任务完成情况	40分					
职业素养	20分					
评语总分	总分: 教师: 年 月 日					

【任务巩固】

1.植物病害分为________和________两种。

2.影响非侵染性病害的物理因素有________、________、________等。

3.植物病害的病状有________、________、________、________、________五种。

4.植物根部受害,导致水分运输困难,出现________现象。

5.植物侵染性病害的病原有________、________、________、________、________。

6.________是防止植物病害最经济最有效的途径。

任务3 农作物草害及其防治

【任务目标】

1. 了解杂草和草害的概念,熟悉杂草对农作物的危害。

2. 针对农田常见杂草的发生能够采取合理的防治方法。

【任务准备】

一、资料准备

各种作物生产田、解剖镜、显微镜、镊子、放大镜、剪刀、除草剂、喷雾器、任务评价表等与本任务相关的教学资料。

二、知识准备

杂草适应性强,分布广,对人们的生活带来一定的影响。在农业生产中,由于杂草的存在、繁殖,直接或间接对作物产量和品种造成影响,称为草害。

(一)杂草及草害

1. 杂草

杂草指生长在对人类活动不利、没有经济价值、有害于农业生产的植物。主要为草本植物,也包括部分小灌木、蕨类及藻类。

2. 草害

由于杂草的存在,导致农作物直接或间接减产,经济效益降低,杂草对作物生长造成的危害称为草害。

(二)杂草的分类

对杂草分类是进行识别的基础,而杂草的识别又是杂草的生物、生态学研究、特别是防除和控制的主要基础。

1. 形态学分类

根据杂草的形态进行分类,有三类,分别是禾草类、莎草类、阔叶草类。

(1)禾草类。主要是禾本科的杂草。茎圆或略扁,节间中空,无叶柄。如稗草、狗尾草、马唐、芦苇、野黍、看麦娘、野燕麦等。

(2)莎草类。主要是莎草科杂草。茎三棱、实心,无叶舌。如牛毛毡、异型莎草、水莎草、苔草、水葱等。

(3)阔叶草类。双子叶植物杂草及部分单子叶植物杂草。茎圆形或四棱形,叶片宽阔,有叶柄。如灰菜、慈姑、泽泻、苘麻等。

2.生物学特性分类

(1)一年生杂草。在一个生长季节内完成从出苗、生长及开花结实的生活史。如马齿苋、铁苋菜、马唐草等。

(2)二年生杂草。在两个生长季节内或跨两个日历年度完成从出苗、生长及开花结实的生活史。一般是冬季出苗,翌年春夏开花结实。如燕麦草、看麦娘、播娘蒿等。

(3)多年生杂草。一次出苗,可在多个生长季节内生长开花结实。如刺儿菜、蒲公英、打碗花等。

3.植物生态学的分类

即按照门、纲、目、科、属、种进行分类。这种分类对所有杂草可以确定位置,比较准确和完整,但是实用性较差。

4.生长环境分类

这种分类的实用性强,对杂草的防治具有指导意义。

(1)耕地杂草。在人们耕作的土地上进行生长繁衍的植物。有农田杂草、果园、茶园、桑园杂草、玉米地杂草、棉花地杂草、苹果园杂草等。

(2)非耕地杂草。在路边、宅旁、沟渠边等地方生长繁衍的植物。

(3)水生杂草。在沟、渠、塘等环境中不断自然繁衍的植物。

(4)草地杂草。在草原和草地中不断自然繁衍的植物。

(5)林地杂草。在林地中不断自然繁衍的植物。

(6)环境杂草。在人文景观、自然保护区、路边等环境中不断自然繁衍的植物。

(三)杂草的危害

杂草对农业生产的危害相当严重,会直接或间接造成作物的生长不良、病虫害增加,产量降低。

1.与农作物争夺养分、水分

杂草的生活能力较强,根系较作物根系发达,因而吸收水、肥、养分的能力大于作物,在与作物竞争中,争夺了作物大量的水分、肥料。

2.造成作物光照不足

杂草的生长速度快,枝叶繁茂,遮盖作物植株,使光照不足,影响作物正常发育，导致农产品数量和品质下降。

3. 恶化农田小气候

杂草为农作物病原菌、害虫提供了中间寄生，为病虫害的发生创造了条件。

4. 杂草的植株或种子有芒刺或毒素，影响田间作业，容易刺伤人

如毒麦、狼毒、豚草等能使人畜中毒；荨麻、白茅、葎草等能刮伤皮肤。

(四)杂草的防治方法

1. 植物检疫

对国际和国内各地区间所调运的作物种子和苗木等进行检查和处理，防止新的外来杂草远距离传播。

2. 物理防治

(1)人工除草。包括手工拔草和使用简单农具除草。

(2)机械除草。使用畜力或机械动力牵引的除草机具。一般于作物播种前、播后苗前或苗期进行机械中耕与覆土，以控制农田杂草的发生与危害。

(3)物理除草。利用水、光、热等物理因子除草。如用火烧法进行垦荒除草，用水淹法除去旱生杂草，用深色塑料薄膜覆盖土表遮光，以提高温度除草等。

3. 农业及生态防治

(1)农业防治。利用农田耕作、栽培技术和田间管理措施等控制和减少农田土壤中杂草种子基数，抑制杂草的成苗和生长，减轻草害，降低农作物产量和质量损失的杂草防治措施。如施用腐熟的有机肥；清选作物种子；清除田间地头的杂草、减少秸秆还田、耕作除草、覆盖除草、轮作除草、间套作除草等方法。

(2)生态除草。如利用作物竞争性治草、用水淹控草等。

4. 化学防治

利用化学药剂(除草剂)治理杂草的方法，非常快捷，在杂草治理中发挥了巨大作用。缺点是残留期长，造成土壤、环境污染。

5. 生物防治

利用杂草生物天敌的食害性、病原性来控制杂草的发生、生长蔓延和的防治方法。

6. 综合防治

杂草的综合防治是因地制宜地运用物理的、化学的、生物的、生态的手段和方法，有机的组成治草地综合体系，将有害性杂草有效地控制在生态经济水平之下。

【任务实施】

校园常见杂草识别

一、目的要求

通过看杂草实体,了解和掌握杂草在各个阶段的形态。

二、材料用品

荠菜、刺儿菜、马齿苋、牛筋草、燕麦草、播娘蒿、苋菜。

三、内容方法

(1)结合挂图或照片,对各种杂草进行采集。
(2)查看不同杂草的形态。
(3)掌握不同杂草的识别特征。
(4)可以结合实际情况,进行标本制作。

四、任务要求

将调查的结果记入表3-10。

表3-10 校园常见杂草识别记录表

序号	杂草名称	叶片形状	有无叶刺	根系深浅	备注
1					
2					
3					
4					

【任务拓展】

除草剂的施用

1.喷雾法

采用农药制剂对水稀释成一定容量或浓度,以满足均匀喷雾或药效发挥的需求。喷雾法是除草剂的最常用的施用方法。通常所说的“喷液量”即为“对水量”。

对苗后茎叶喷雾法而言，适宜的施药条件为晴天、气温27℃以下、空气相对湿度65%以上、风速4m/s，春天施药在上午9时之前，下午3时之后进行；夏季施药在上午8时之前，下午6时之后进行，一般要求施药后4 h无降雨。晚上施药效果好于白天。

2.甩施法

适用于水稻田的一种施药方法，即将农药制剂直接甩施或用水稀释后甩施于保持有一定深度水层的田块中。用于甩施的除草剂剂型应能在水面或水中自然扩散。

3.撒施法

剂型为颗粒剂的农药可直接撒施，其他剂型在必要时可用细土或细沙拌成药土(沙)混合物后进行撒施。

4.药土法

很多除草剂在水稻本田施用时，往往需要将除草剂制剂与一定量的载体如细土或细沙混拌后进行均匀撒施(要求田间有水层)，称为药土法。该方法类似于撒施法。

5.泼浇法

通常采用的一种施药方法，用容器将农药制剂对水成一定容量后均匀泼浇于田间。

6.甩喷法

北方地区水稻田采用的一种施药方法，将农药制剂采用喷雾器对水稀释成所需要的容量后，在一定的压力条件下，将药液以非雾化状态相对均匀地喷射到保持有一定深度水层田间。该方法比泼浇法更加方便快捷。

7.喷淋法

用容器将农药制剂对水成一定容量后，在无压力条件下以“雨滴”状态均匀浇于田间。该方法类似泼浇法施药，但要比泼浇法施药更均匀，常用于育苗(秧)田。

8.涂抹法

利用特制的绳索或海绵塑料携带药剂涂抹于杂草植株上，主要用于防除高于作物的成株杂草。要求药剂的传导性好，配制药液浓度要高。

【任务评价】

任务评价表

任务名称：

学生姓名	评价内容、评价标准		自评30%	组评30%	教师40%	得分
专业知识	40分					
任务完成情况	40分					
职业素养	20分					
评语总分	总分： 教师： 年 月 日					

【任务巩固】

1. 杂草主要是草本植物，也包括__________、__________及藻类。
2. 杂草的分类方法有__________、__________、__________、__________。
3. 根据杂草的形态学分类，有__________、__________、__________三类。
4. 根据杂草的生物学特性分类，有__________、__________、__________三种。
5. 杂草的__________防治非常快捷，但是残留期长。
6. 杂草的__________防治速度减慢，但是安全，不会有残留物。

项目五　农作物收获与储藏技术

【项目描述】

栽培作物的最终目的是收取农产品，在田间收取作物产品的过程称为收获。收获后作物产品通常需经粗加工处理，以便出售或储藏。收获时期和方法、粗加工与储藏方法对作物产量和品质有很大影响，不容忽视。

本项目分为农作物的收获技术和农作物的储藏技术 2 个工作任务。

通过本项目学习农作物成熟后的收获时期和收获方法；并掌握农作物收获产品的储藏方法；培养认真严谨、善于思考、沟通协作等能胜任岗位工作的职业素质。

任务 1　农作物的收获技术

【任务目标】

1. 了解不同作物的收获时期，熟悉不同作物的收获方法。
2. 能够对不同的作物采取合理的收获方法。

【任务准备】

一、资料准备

各种作物生产田、收获机、脱粒机、天平、镰刀、测绳、卷尺、皮尺、种子袋、任务评价表等与本任务相关的教学资料。

二、知识准备

(一)收获时期

适期收获是保证作物高产、优质的重要环节,对收获效率和收获后产品的储藏效果也有良好作用。收获过早,种子或产品器官未达到生理成熟或工艺成熟,产量和品质都会不同程度地降低。收获不及时或过晚,往往会因气候条件不适,如阴雨、低温、风暴、霜雪、干旱、暴晒等引起落粒、发芽霉变、工艺品质下降等损失。并影响后季作物的适时播种。作物的收获期,因作物种类、品种特性、休眠期、落粒性、成熟度和天气状况等而定。一般掌握在作物产品器官养分储藏及主要成分达最大、经济产量最高、成熟度适合人们需要时为最适收获期。当作物达到适合收获期时,在外观上(如色泽、形状等方面)会表现出一定的特征,因此,可根据作物的表面特征判断收获适期。

1. 种子和果实类

这类作物的收获适期一般在生理成熟期,如禾谷类、豆类、花生、油菜、棉花等作物。禾谷类作物穗子各部位种子成熟期基本一致,可在蜡熟末期和完熟初期收获。油菜为无限花序,开花结实延续时期长,上下角果成熟差异较大,熟后角果易开裂损失,以全田70%~80%植株黄熟、角果呈黄绿色、植株上部尚有部分角果呈绿色时收获,可达到“八成熟,十成收”的目的。棉花因结铃部位不同,成熟差异大,以棉铃不断开裂不断采收为宜。豆类以茎秆变黄,植株中部叶片脱落,豆荚变黄褐色,种子干硬呈固有颜色为收获适期。如用联合收割机收获,必须叶全部变黄、豆荚变黄、籽粒在荚中摇之作响时,才能收获。花生一般以中下部叶脱落、上部叶片转黄,茎秆变黄,大部分荚果已饱满,荚壳内侧已着色,网脉变成暗色时为收获适期。

2. 块根、块茎类

这类作物的收获物为营养器官,无明显的成熟期,地下茎叶也无明显成熟标志,一般以地上部茎叶停止生长,逐渐变黄,块根、块茎基本停止膨大,淀粉或糖分含量最高,产量最高时为收获适期。甘薯的收获期要根据种植制度和气候条件,收获期安排在后作适期播种之前,气温降至15℃时即可开始收获,至12℃时收获结束。过早收获降低产量,而且在较高温度下储藏消耗养分多;过迟收获,会因淀粉转化而降低块根出粉率和出干率,甚至遭受冷害,降低耐储性。马铃薯在高温时收获,芽眼易老化,晚疫病易蔓延,低于临界温度收获也会降低品质和储藏性。我国主要甜菜产区,工艺成熟期为10月上中旬,亦可将气温降至5℃以下时,作为甜菜收获适期的气象指标。

3. 茎叶类

甘蔗、麻类、烟草、青饲料等作物，收获产品均为营养器官，其收获适期是以工艺成熟期为指标，而不是生理成熟期。甘蔗应在叶色变黄、下位叶脱落，仅梢头部有少许绿叶，节间肥大，茎变硬、茎中蔗糖含量较高、还原糖含量最低、蔗糖最纯、品质最佳时为收获适期。烟草叶片由下向上成熟，当叶片由深绿变为黄色，叶起黄斑，叶面绒毛脱落，有光泽，茎叶角度加大，叶尖下垂，背面呈黄白色，主脉乳白、发亮变脆即达工艺成熟期，可依次采收。麻类作物以中部叶片变黄，下部叶脱落，茎稍带黄褐色时，茎部纤维已充分形成，纤维产量高，品质好，剥制容易即为收获适期。过迟收获，纤维过度硬化，产量虽高，但品质变劣。青饲料作物收获期越早，产品适口性越好，营养价值越高，但产量低，为兼顾产量与质量，三叶草、苜蓿、紫云英等作物，最适收获期在开花初至开花盛期。

（二）收获方法

收获方法因作物种类而异，主要有以下几种。

1. 刈割法

禾谷类、豆类、牧草类作物适用此法收获。国内大部分地区仍以人工镰刀刈割。禾谷类作物刈割后，再进行脱粒。油菜要求早晚收割运至晒场，堆放数天待完成后熟后再脱粒。机械化程度高的地区采用摇壁收割机、联合收割机收获。

2. 采摘法

棉花、绿豆等作物收获用此法。棉花植株不同部位棉铃吐絮期不一，分期分批人工采摘，也可在收获前喷施乙烯利，然后用机械统一收获。摘棉机从裂开的棉桃中摘取棉花，把没有裂开的棉桃和空棉桃留在树上。机器上一个旋转的转头把纤维从棉桃中抓取出来。棉桃机械采摘机是把整个植物上裂开和未裂开的棉桃都摘下来。机械收获要求植株一定的行株距、生长一致。株高适宜，棉花吐絮期气候条件良好。绿豆收获根据荚果成熟度，分期分批采摘，集中脱粒。

3. 掘取法

甘薯、马铃薯等作物，先将作物地上部分用镰刀割去，然后人工挖掘或用犁翻出块根或块茎。采用薯类收获机或收获犁，不仅收获效率高，而且薯块损坏率低，作业前应除去薯蔓。大型薯类收获机可将割蔓和掘薯作业一次完成。甘蔗收获时先用锄头自基部割取蔗茎或快刀低砍，蔗头不带泥，再除蔗叶、去蔗尾。也可用甘蔗收割机采收。甜菜收获可用机械起趟，并要做到随起、随捡、随切削（切去叶与青皮）、随埋藏保管等连续作业，严防因晒干、冻伤造成甜菜减产和变质。

（三）收获物的粗加工

作物产品收获后至储藏或出售前，进行脱粒、干燥、去除夹杂物、精选及其他处理称为粗加工。粗加工可使产品耐储藏，增进品质，提高产品价格，缩小容积而减少运销成本。

1.脱粒

脱粒的难易及脱粒方法与作物的落粒性有关，易落粒的品种，容易自行脱粒，易受损失。脱粒法有简易脱粒法，使用木棒等敲打使之脱粒，如禾谷类及豆类、油菜等多用此法。机械脱粒法，禾谷类作物刈割后除人工脱粒外，可用动力或脚踏式滚动脱粒机脱落。

玉米脱粒，必须待玉米穗干燥至种子水分含量达18%～20%时才可以进行，可用人工或玉米脱粒机进行。脱粒过程应防止种子损伤。

目前我国采用较多的小麦机械收获方式有两种：一种是用联合收割机一次完成收割、脱粒、清选等项作业的联合收获方式；另一种是用割晒机和场上作业机械分别完成收割、脱粒、清选等项作业的分段收获方式。

水稻机械收获主要有3种：机械割晒、机械打捆收割、联合脱粒收获。水稻联合收割机中，梳脱式联合收割机与传统的全喂入式和半喂入式联合收割机相比具有许多优越性。梳脱式机型由于机器物料的草谷比小(仅为0.18～0.48)使机器的相对作业量增大，喂入物料中草秸的含量大大减少，谷粒更易于分离，从而极大地减小了排草夹带损失。

油菜机械收获采用联合收割机一次完成油菜的收割、脱粒、茎秆分离、油菜籽清选等作业。

2.干燥

干燥的目的是除去收获物内的水分，防止因水分含量过高而发芽、发霉、发热，造成损失。干燥的方法有自然干燥法和机械干燥法。

(1)自然干燥法。自然干燥法利用太阳干燥或通风干燥。依收获物的摆放方式分为平干法、立干法和架干法。

①平干法。平干法是将作物收取后平铺晒干，扬净。禾谷类、油料作物均用此方法。

②立干法。立干法是在作物收获后绑成适当大小之束，互相堆立，堆成屋脊状晒干。如胡麻等作物用此法。

③架干法。架干法是先用竹木造架，将作物绑成束，在架上干燥。

自然干燥成本低，但受天气条件的限制，且易把灰尘和杂质混入收获物中。

(2)机械干燥法。机械干燥法利用鼓风和加温设备进行干燥处理。此法降水快，工作效率高。不受自然条件限制，但须有配套机械，操作技术要求严格，使用不当容易使种子丧失生活力。加热干燥切忌将种子与加热器接触，以免种子烤焦、灼伤；严格控制种温；种子在干燥过程中，一次降水不宜太多；经烘干后的种子，需冷却到常温才能入仓。粮食机械化干燥，能最大限度地减少粮食损失，确保丰产丰收；同时能提高粮食品质和收购等级，有效增加农民收入，具有显著的经济效益。但目前我国粮食干燥机械化水平不到1%，有待于大力发展粮食干燥机械化，加快推进粮食生产全程机械化。

3. 去杂

收获物干燥后，除去夹杂物，使产品纯净，以便利用、储藏和出售。去杂的方法通常用风扬，利用自然风或风扇除去茎叶碎片、泥沙、杂草、害虫等夹杂物。进一步的清选可采用风筛清选机。通过气流作用和分层筛选，获得不同等级的种子。

4. 分级、包装

农产品分级包装标准化，可提高产品价值，更符合市场的不同需求，尤以易腐蚀性产品，可避免运输途中遭受严重损害而降低商品价值。如棉花必须做好分收、分晒、分藏、分扎、分售等"五分"工作，才能保证优质优价，既提高棉花的经济效益又符合纺织工业的需要。

5. 烟、麻类粗加工

烟、麻类作物产品必须经初步加工调制才能出售。烟草因种类不同，初制方法也不同。晒烟是利用自然光、温度、湿度使鲜叶干燥定色，有的还要经发酵调制，产品可直接供吸用，也可作为雪茄烟、混合型卷烟的原料。烤烟主要是作香烟原料，利用专门烤房干燥鲜叶，使叶片内含物转化分解，达到优质。

麻类收获后应进行剥制和脱胶等初加工，才能作为纺织工业原料。苎麻在剥皮和刮制后，要进行化学脱胶；红麻、黄麻、大麻和苘麻等则需沤制，将麻茎浸泡水中，利用微生物使果胶物质发酵分解，晒干后整理分级和出售。

【任务实施】

作物的种子收获技术

一、目的要求

掌握不同作物种子收获时期和收获技术，种子收获与正常收获的区别。

二、材料用品

收获机械、袋子、镰刀。

三、内容方法

(一)种子的收获时期的确定

1. 水稻

水稻的收获适期在蜡熟末期,此时植株茎叶带绿色,穗枝梗呈黄色,谷粒 90% 变金黄色,标志水稻可以适时收获。

2. 玉米

玉米制种要严格把握收获关,在母本蜡熟末期,当果穗苞叶变黄,种皮光滑,籽粒变硬,呈现本品种固有的特征特性,出现黑层,说明已经成熟,可及时收获。

3. 大豆

大豆的收获适期一般在黄熟末期进行。此时,叶片枯黄,大部分脱落,茎秆仍有韧性,豆荚、籽粒呈现品种固有颜色,摇动植株,豆荚沙沙作响,表示大豆成熟,应及时收获。

(二)种子的收获方法

1. 人工收获

水稻矮茬收割,整齐均匀放小铺子,人工捆小捆,马上晾晒。

玉米采用站秆人工掰穗,也可以把茎秆割倒、放铺,然后按铺掰穗。

大豆人工收获应在午前植株含水量高、不易炸荚时收获,收割后晾晒几天在脱粒。

2. 人机结合收获

水稻、玉米收获采用机械收割,人工捆运到晒场、机械脱粒的方式。玉米果穗人工运到晒场、机械脱粒的方式。

3. 机械收获

用联合收割机收获时,要尽量减少自理的破损,提高清洁率。收获禾谷类作物留茬高度以 10~15 cm 为宜,大豆的留茬高度以不丢底荚为准。

四、任务要求

(1)鉴定作物种子的成熟时期,确定收获适期。

(2)根据作物特点确定收获方法。人工收获要根据不同作物选用相应的收获方法和收获工具,收获时严格按要求进行,防止人为混杂。

【任务评价】

任务评价表

任务名称：

学生姓名	评价内容、评价标准		自评 30%	组评 30%	教师 40%	得分
专业知识	40 分					
任务完成情况	40 分					
职业素养	20 分					
评语总分	总分： 教师： 年 月 日					

【任务巩固】

1. 作物最佳收获期的确定，一般依据＿＿＿＿＿、＿＿＿＿＿、＿＿＿＿＿。

2. 作物成熟期收获的方法主要有＿＿＿＿＿、＿＿＿＿＿、＿＿＿＿＿。

3. 种子干燥为了＿＿＿＿＿，防止因水分含量过高而发芽、发霉、发热，造成损失；干燥的方法主要有＿＿＿＿＿法和＿＿＿＿＿法。

4. 种子收获干燥后，需要除去＿＿＿＿＿，使产品纯净，以便利用、储藏和出售。去杂的方法通常用风扬。

任务 2 农作物的储藏技术

【任务目标】

1. 了解农产品储藏时的安全含水量，熟悉农产品储藏的方法。

2. 能够对不同作物收获的产品进行合理的储藏。

【任务准备】

一、资料准备

各种作物种子、鼓风机、晒场、温度计、干燥箱、种子检验仪器、水分测定仪、测湿仪器、任务评价表等与本任务相关的教学资料。

二、知识准备

收获的农产品或种子若不能立即使用，则需储藏。储藏期间，若储藏方法不当，容易造成霉烂、虫蛀、鼠害、品质变劣、种子发芽力降低等现象，造成很大损失。因此，应根据作物产品的储藏特性，进行科学储藏。

(一)谷类的储藏

大量种子或商品粮用仓库储藏。仓库必须具有干燥、通风与隔湿等条件，构造要简单，能隔离鼠害，内窗能密闭，以便用药品熏蒸害虫和消毒。

1. 谷物水分含量

谷物的水分含量与能否长久储存关系密切，水分含量高。呼吸加快，谷温升高，霉菌、害虫繁殖也快，造成粮堆发热而致粮食很快变质。一般粮食作物(如水稻、玉米、高粱、大豆、小麦、大麦等)的安全储藏水分含量必须在13%以下。

2. 储藏的环境条件

谷物的吸湿、散湿对储粮的稳定性有密切的关系，控制与降低吸湿是粮食储藏的基本要求。在一定温度、湿度条件下，谷物的吸湿量和散湿量相等。水分含量不再变动，此时的谷物水分称为平衡水分。一般而言，与相对湿度75%相平衡的水分含量为短期储藏的安全水分最大限量值。高温会提高害虫、微生物和谷物的呼吸速率。昆虫和霉菌在15℃以下生长停止，30℃以上生长繁殖加快。谷仓内谷温必须均匀一致，否则，会造成谷物间隙的空气对流，使相对湿度变化，形成水分移动。新谷物入仓应与仓内原有谷物湿度相同，以免含水量变化，造成谷物的损坏。随着农业的发展，人为控制环境的能力大大提高。新型的超低温储藏、超低湿储藏和气调储藏(增加惰性气体比例)正在研究应用中。

3. 仓库管理

谷物入仓前要对仓库进行清洁消毒，彻底清除杂物和害虫。仓库内应有仓温测定设备，随时注意温度的变化，每天上午和下午各一次固定时间记录仓温。在入仓前和储存期间定期测定水分，严格控制谷物含水量在13%以下。注意进行适度通风，以均匀和降低谷物温度，避免热点的产生和去除不良气味。谷温高于气温5℃以上且相对湿度不太高时，开动风机通风。注意防治仓库害虫和霉菌，密闭良好的仓库用熏蒸剂熏蒸。熏蒸、低水分含量和低温储存是控制害虫和霉菌的有效方法。另外，还要消灭鼠害。

(二)薯类的储藏

鲜薯储藏可延长食用时间和种用价值，是薯类产后的一个重要环节。薯块体大皮薄水分多，组织柔嫩，在收获、运输、储藏过程中容易损伤、感染病菌、遭受冷害，造成储藏期大量腐烂，薯类的安全储藏尤为重要。

1. 储藏的环境条件

甘薯储藏期适宜温度为10～14℃，低于9℃会受冷害，引起烂薯；相对湿度维持在80%～90%最为适宜，相对湿度低于70%时，薯块失水皱缩、糠心或干腐，不能安全储藏。马铃薯种薯储藏温度应控制在1～5℃，最高不超过7℃，食用薯应保持在10℃以上，相对湿度85%～95%。

2. 储藏期管理

储藏窖的形式多种多样，其基本要求是保温、通风换气性能好、结构坚实、不塌不漏、干燥不渗水以及便于管理和检验。入窖薯块要精选，凡是带病、破伤、虫蛀、受淹、受冷害的薯块均不能入窖，以确保储薯质量。在储藏初期、中期和后期，由于薯块生理变化不同，要求的温度、湿度不一样。外界温度和湿度的变化，也影响窖内温湿度。因此，要采取相适应的管理措施。甘薯入窖初期管理以通风、散热、散湿为主，当窖温降至15℃以下，再行封窖；中期在入冬以后，气温明显下降，管理以保温防寒为主，要严密封闭窖门，堵塞漏洞，使窖温保持在10～13℃，严寒地区应在窖四周培土，窖顶及薯堆上盖草保温；后期开春以后气温回升，雨水增多，寒暖多变，管理以通风换气为主，稳定窖温，使窖温保持在10～13℃，还要防止雨水渗漏或窖内积水。

(三)其他作物的储藏

1. 种用花生

种用花生一般以荚果储藏，晒干后装袋入仓，控制水分在9%～10%以内，堆垛温度不超过25℃。食用或工业用花生一般以种仁(花生米)储藏，脱壳后的种仁如水分在10%以下可储藏过冬，如水分在9%以下能储藏到翌年春末；如果要渡过次夏必须降至8%以下，同时种温控制在25℃以下。

2. 油菜种子

油菜种子吸热性强，通气性差，容易发热，含油分多，易酸败。应严格控制入库水分和种温，一般应控制种子水分在9%～10%以内，储藏期间按季节控制种温，夏季不宜超过28～30℃，春秋季不宜超过13～15℃，冬季不宜超过5～8℃，无论散装还是袋装，均应合理堆放，以利散热。

3. 大豆种子

大豆种子吸湿性强，导热性差，高温高湿易丧失生活力，蛋白质易变性，破损粒易生霉变质。经晾晒充分干燥后低温密闭储藏，安全储藏水分控制在12%以下，入库3～4周，应及时倒仓过风散湿，以防发热霉变。

4.蔬菜种子

蔬菜种子的安全储藏水分随种子类别而不同。不结球白菜、结球白菜、辣椒、番茄、甘蓝、球茎甘蓝、花椰菜、莴苣含水量不高于7%,茄子、芹菜含水量不高于8%,冬瓜含水量不高于9%,菠菜含水量不高于10%,赤豆(红小豆)、绿豆含水量不高于8%。南方气温高、湿度大的地区特别应严格掌握蔬菜种子的安全储藏含水量,否则种子发芽力会迅速下降。

【任务实施】

种子的储藏技术

一、目的要求

掌握种子储藏技术措施;能够对作物种子正确储藏。

二、材料用品

种子、温度控制器、温度计、测湿仪器、种子检验仪器。

三、内容方法

(一)水稻种子的储藏技术

1.严格控制入库种子水分

安全储藏水分标准应根据不同品种、温度而定,一般在高温季节稻谷含水量应在13%以下,而在低温季节可放宽至14%。

2.选择合适的储藏方式

根据具体情况,大量种子储藏和长期储藏,可采用散装,少量种子、品种多采用短期储藏,可用袋装。

(二)玉米种子的储藏技术

玉米储藏有穗藏法,可根据各地气候条件、仓库条件和种子品质而选择采用。刚收获的玉米含水量高,通常采用通风仓穗藏,以便继续干燥。粒藏种子北方水分一般在13%以下,种温不超过25℃;南方水分在12%以下,种温不超过30℃,可安全过夏。种子水分保持在14%以下,方可安全越冬。

(三)大豆种子的储藏技术

1. 带荚曝晒,充分干燥

大豆种子干燥以脱粒前带荚干燥为宜。大豆安全储藏水分在12%以下。

2. 低温密闭储藏

储藏大豆对低温的敏感程度较差,因此很少发生低温冻害。

3. 及时倒仓过风散湿

为了达到长期安全储藏的要求,大豆入库3～4周,应及时进行倒仓过风散湿,以防止发热、霉变等异常情况的发生。

四、任务要求

1. 仓库全面检查

检查仓库是否安全,门窗是否齐全,关闭是否灵便、紧密,防鼠、防雀设备是否完好。种子库应事先消毒。

2. 仓用工具的准备和清理

对包装、运输等仓用工具和材料进行清理和消毒。

3. 种子准备

种子清选、干燥、袋装后运送到种子库。

4. 按作物种类、批次等进行码垛或散放,防止混杂

5. 种子水分、温度的检查

【任务评价】

任务评价表

任务名称:

学生姓名	评价内容、评价标准		自评 30%	组评 30%	教师 40%	得分
专业知识	40分					
任务完成情况	40分					
职业素养	20分					
评语总分	总分:　　教师:　　年　月　日					

【任务巩固】

1. 一般粮食作物储藏时，安全含水量必须在__________以下。

2. 鲜薯__________可延长食用时间和种用价值，是薯类产后的一个重要环节。

3. 种用花生一般以__________储藏，晒干后装袋入仓，控制水分在__________以内，堆垛温度不超过__________。

参考文献

[1] 金银根. 植物学. 2 版. 北京：科学出版社，2010.
[2] 胡宝忠，胡国宣. 植物学. 北京：中国农业出版社，2002.
[3] 张爱芹，王彩霞，马瑞霞. 植物学. 成都：西南交通大学出版社，2006.
[4] 邹良栋. 植物生长与环境. 北京：高等教育出版社，2012.
[5] 宋志伟. 植物生产与环境. 北京：高等教育出版社，2013.
[6] 王孟宇. 作物生长与环境. 北京：化学工业出版社，2009.
[7] 宋志伟，姚文秋. 植物生长环境. 2 版. 北京：中国农业大学出版社，2013.
[8] 李振陆. 植物生产环境. 北京：中国农业出版社，2009.
[9] 马冬梅. 植物生长环境调控. 天津：天津大学出版社，2014.
[10] 杨文钰. 农学概论. 2 版. 北京：中国农业出版社，2011.
[11] 王辉. 农学概论. 徐州：中国矿业大学出版社，2009.
[12] 李存东. 农学概论. 北京：科学出版社，2007.
[13] 李建民，王宏富. 农学概论. 北京：中国农业大学出版社，2010.
[14] 李小为. 土壤肥料. 北京：中国农业大学出版社，2011.
[15] 宋志伟. 土壤肥料. 北京：高等教育出版社，2011.
[16] 金为民，宋志伟. 土壤肥料. 2 版. 北京：中国农业出版社，2009.
[17] 林宏明. 农业机械. 北京：高等教育出版社，2006.
[18] 陈效杰，曹延明. 作物育种生产与检验. 哈尔滨：黑龙江教育出版社，2011.
[19] 董钻，沈秀瑛. 作物栽培学总论. 北京：中国农业出版社，2000.
[20] 李清西，钱学聪. 植物保护. 北京：中国农业出版社，2002.
[21] 马成云，张淑梅，窦瑞木. 植物保护. 北京：中国农业大学出版社，2011.
[22] 陈啸寅，马成云. 植物保护. 2 版. 北京：中国农业出版社，2008.
[23] 张红燕，石明杰. 园艺作物病虫害防治. 2 版. 北京：中国农业大学出版社，2014.
[24] 闫凌云. 农业气象. 3 版. 北京：中国农业出版社，2010.
[25] 薛全义. 作物生产综合训练. 北京：中国农业大学出版社，2011.
[26] 李振陆. 植物生产综合实训教程. 北京：中国农业出版社，2003.

[27] 戴金平，陈啸寅．作物生产技术专业技能包．北京：中国农业出版社，2010.
[28] 马成云．农学专业技能实训与考核．北京：中国农业出版社，2006.
[29] 曹敏建．耕作学．北京：中国农业出版社，2007.